本书系湖北省社科基金一般项目(后期资助项目)
《教子有方——中国传统家训文化育德功能研究》(课题编号:2020266)最终成果

教子有方
——中国传统家训文化育德功能研究

Jiaozi Youfang—Zhongguo Chuantong Jiaxun Wenhua Yude Gongneng Yanjiu

何桂美　著

武汉理工大学出版社

图书在版编目(CIP)数据

教子有方：中国传统家训文化育德功能研究/何桂美著.—武汉：武汉理工大学出版社，2024.4

ISBN 978-7-5629-6727-9

Ⅰ.①教… Ⅱ.①何… Ⅲ.①家庭道德-研究-中国 Ⅳ.①B823.1

中国版本图书馆 CIP 数据核字(2022)第 195486 号

责任编辑：刘 凯
责任校对：张明华
装帧设计：艺欣纸语
排 版：武汉正风天下文化发展有限公司
出版发行：武汉理工大学出版社
社 址：武汉市洪山区珞狮路 122 号
邮 编：430070
网 址：http://www.wutp.com.cn
经 销 者：各地新华书店
印 刷 者：武汉邮科印务有限公司
开 本：710×1000 1/16
印 张：26.25
字 数：415 千字
版 次：2024 年 4 月第 1 版
印 次：2024 年 4 月第 1 次印刷
定 价：78.00 元

凡购本书，如有缺页、倒页、脱页等印装质量问题，请向出版社发行部调换。

本社购书热线电话：027-87523148 027-87391631 027-87165708(传真)

目　录

绪　论

中国传统家训文化是我们的祖先们在长期的家庭教育实践中不断总结、深入思考的智慧结晶，它在社会文明发展进程中扮演着教育家庭成员进而维持社会秩序的重要角色。我国古代，聚族而居的现象比较普遍，在人数众多的大家庭里，如何将家庭治理得秩序井然，如何教育家庭成员抑恶向善，如何使家庭（家族）事业和家庭（家族）声誉在自己的主持下发扬光大，是每一位家长所面临的头等大事。显然，对每个家庭成员耳提面命费时费力，而且对其他成员也起不到教育、激励和警示的作用。在这种情形下，家训文化应运而生。

一

中国传统家训文化的起源最早可以追溯到殷商末期。在2008年清华大学收藏的“清华简”（战国竹简）中，有一篇文章是周文王姬昌临终前留给儿子姬发的遗言，被命名为《保训》，即“护育教导”的意思。周文王在位第50年的时候突然病重，他担心再也无法向儿子姬发传授宝训，于是口述遗训，告诫儿子“身受大命”以后，要进一步磨炼自己，像帝舜那样尊奉道德标准、踏踏实实地追求真理，“祗备不懈”，创造辉煌业绩。这篇文章，算得上是目前有据可考的最早家训。

周文王病逝后，姬发继位。他不负父亲重托，统帅大军东征西讨，很快夺取政权，建立了西周王朝，是为周武王。然而天有不测风云，人有旦夕祸福，克殷（商）三年后，周武王驾崩。其子姬诵继位，史称周成王。成王继位时尚年幼，由皇叔周公旦（姬旦）摄政。摄政七年，周公旦在身体力行、勤勉辅政的同时，还对侄子成王、儿子伯禽谆谆教诲，要养成勤政爱民、谦恭自律、礼待贤才的品德，并写下《戒子伯禽》和《戒侄成王》二则传世之作，后人将之合称为《姬旦家训》。《姬旦家训》也被认为是我国历史上最早的、正规的、以文字记载的家训。《姬旦家训》对后世有着深远的影响，“周公吐哺，天下归心”的理政治国风范，为后世历代统治者所效仿。

此后，春秋、战国、秦汉以及两晋时期的家庭教育者们为了让自己的教子思想和处世态度一代接一代地传承下去，纷纷仿照《姬旦家训》的形式。

如春秋时期楚国令尹孙叔敖，他临终前告诫儿子不要受眼前利益迷惑：

> （我死之后）王则封汝，必无受利地。楚越之间有寝之丘者，此其地不利，而名甚恶。荆人畏鬼，而越人信机。可长有者其唯此也。（战国·吕不韦等《吕氏春秋·孟冬纪·异宝》）①

又如西汉丞相萧何：

> 后世贤，师吾俭，不贤，毋为势家所夺。（西汉·司马迁《史记·萧相国世家》② ）

①吕不韦，等. 吕氏春秋［M］. 高诱，注. 上海：上海书店出版社，1986：101.

②司马迁. 史记［M］. 胡怀琛，庄适，叶绍钧，等选注. 上海：商务印书馆，1947：124.

又如三国时期蜀国丞相诸葛亮的《诫子书》：

> 夫君子之行，静以修身，俭以养德，非澹泊无以明志，非宁静无以致远。夫学须静也，才须学也，非学无以广才，非志无以成学。（三国·诸葛亮《诫子书》[①]）

诸葛亮在北伐途中积劳成疾，病逝于五丈原（今陕西省宝鸡岐山县境内）的军营中，此时其子诸葛瞻尚年幼。临终之时，诸葛亮给儿子留下这封书信。全文通过智慧、理性、简练、严谨的文字，将普天之下为人父者的爱子之情表达得非常深切，成为后世历代学子修身立志的名篇。

从以上几例看出，从春秋到晋代有文字记载的家训，依然沿袭了《姬旦家训》的训诫风格，训辞皆侧重于某一方面，一事一议，言简意赅。这些训诫之辞，虽然已经初具家训的雏形，但是尚不足以称为真正意义上的家训。

直到南北朝时期，北齐教育家颜之推结合自己的人生经历和处世理念，写就了中国历史上第一部家庭教育教科书——《颜氏家训》。自此，家训开始正式得名。如果说，中国传统家训文化首开先河者是《姬旦家训》，那么，《颜氏家训》则是标准的家训文化之首创。《颜氏家训》内容丰富、体例宏大，洋洋七卷二十篇涉及范围相当广泛，涵盖了教子、治家、勉学甚至终制（丧葬礼制）等方方面面的家庭规范。全书旁征博引，篇篇皆以传统儒家思想教育子弟，告诫他们如何修身、治家、处世、为学等，被后世誉为“古今家训，以此为祖”（宋·陈振孙《直斋

①诸葛亮. 诸葛亮文译注［M］. 梁玉文，李兆成，吴天畏，译注. 成都：巴蜀书社，1988：187.

书录解题》)，“凡为人子弟者，可家置一册，奉为明训。”（清·王钺《读书蕞残》)《颜氏家训》算得上是中国传统家训文化里程碑式的著作。

《颜氏家训》流传到社会以后，受到人们的推崇与仿效，著述家训之风开始蔓延。像唐代杜正伦的《百行章》、李世民的《帝范》、李恕的《戒子拾遗》、柳玭的《柳氏叙训》等，都是标准的家训作品。例如，《帝范》是李世民为训诫儿子李治而写的家教教材，书中全面阐述了君主的治国修身之道，作为李治将来君临天下时的鉴戒；李恕鉴于前代家训存在的种种缺憾，“《崔氏女仪》戒不及男、《颜氏家训》训遗于女”等，不能满足家庭教子的要求，于是撰写《戒子拾遗》“兼教男女”，全书分十八篇，对男女修身、持家、处事之道都作了较为详细的阐述。还有无名氏撰写的《太公家教》《武王家教》《辩才家教》等，以生活化的语言论述了当时人们应当遵循的道德规范。

宋、元时期，传统家训文化逐渐成熟并进入繁荣时代。被《四库全书总目》评价为“节目具备，简而有要，似较《小学》更切于日用。且大旨归于义理，亦不似《颜氏家训》徒揣摩于人情世故之间”的《家范》(宋·司马光)、被《宋史》本传称为“居家之政，皆可为后世法”的《吕氏家范》(宋·吕祖谦)、可“达诸四海”“垂诸后世”的《袁氏世范》(宋·袁采）以及“型以仁，范以礼，而其敷词质实，妇孺尤易通晓”（清·胡丹凤《重刻旌义编序》）的《旌义编》(元·郑涛）等著名家训，均出自这一时期。这些家训，比较全面地阐述了家庭教育中的处己之要、治家之方、处世之道，语言明白切要，用意敦厚委曲，其道理易知易行。

例如：

为人祖者，莫不思利其后世。然果能利之者，鲜矣。何以言之？今之为后世谋者，不过广营生计以遗之。田畴连阡陌，邸肆跨坊曲，粟麦盈困仓，金帛充箧笥，慊慊然求之犹未足，施施然自以为子子孙孙累世用之莫能尽也。然不知以义方训其子，以礼法齐其家。（宋·司马光《家范》[①]）

这是强调为人“祖”者要如何爱护子孙的训辞，亦是治家之方。作为人之“祖”者，不要想着如何为后辈子孙遗财遗物。因为不靠自己劳动，财富终有用光之日，所以治家要依礼法，教子宜用义方。

又如：

木有所养，则根本固而枝叶茂，栋梁之材成；水有所养，则泉源壮而流派长，灌溉之利溥；人有所养，则志气大而识见明，忠义之志出。可不养哉！故孟子所谓苟得其养，无物不长也。（宋·林逋《省心录》[②]）

这是强调涵养品德重要性的训诫之辞，也是处己之要。树木得到滋养，就会根系牢固，枝繁叶茂，会长成栋梁之材；水流得到涵养补充，就能波澜壮阔，水道绵长，灌溉的土地就能无比宽广；对人进行培养，则志向远大、心明眼亮，才有忠义之士辈出。

再如：

言忠信，行笃敬，乃圣人教人取重于乡曲之术。盖财物交加，

①司马光. 钦定四库全书·家范［M］. 北京：中国书店，2018：35-36.

②林逋，等. 省心录［M］. 赵曼妮，王芝兰，陈哲，注释. 西安：三秦出版社，2006：8-9.

> 不损人而益己，患难之际，不妨人而利己，所谓忠也。有所许诺，纤毫必偿，有所期约，时刻不易，所谓信也。处事近厚，处心诚实，所谓笃也。礼貌卑下，言辞谦恭，所谓敬也。若能行此，非惟取重于乡曲，则亦无入而不自得。（宋·袁采《袁氏世范》[①]）

忠信笃敬，是“取重于乡曲之术”，当然也是处世之道。

从这些内容看出，宋、元时期的家训开始由一事一议的形式（除家书、遗训等归类于家训的文字外）向修、齐、治、平全方位道德引领的形式转变，这是家训文化走向成熟的重要特征。

此外，在这一时期，还出现了诸如《戒子通录》（宋·刘清之）、《少仪外传》（宋·吕祖谦）之类的集成式家训或辑录式家训文体。这些家训或“博采经史群籍凡有关庭训者，节录其大要”[②]，或采掇旧文，从典籍中摘录大量前贤的嘉言懿行，汇集成书，其内容基本涵盖了整个社会所需的家庭教育思想，对当时乃至后世的影响较大，成为家庭教育重要的参考书。这也是家训文化逐渐丰富和精深的特征。如《戒子通录》由西汉以来的帝王家训 47 篇、士大夫家训 89 篇和母训 35 篇结集而成，既有家庭伦理规范，也有个人修身准则，还有道德涵养要求，不失为家庭教育的“百科全书”。《少仪外传》中的格言警句，既来自于先贤们的家训，又为后来的家训所辑录，在传统家训文化中起到了承前启后、继往开来的作用，如“古之号为贤士大夫者，必谨乎礼，必重乎义，必从其厚，必本其诚者也”“治家可俭而不可吝也。俭者，省约为礼之谓也。吝者，穷急不恤之渭也”等。这些训诫之辞，都可以从其成书前后的家训册籍中找到表述相同或者意思相近的文字，有心者不妨

---

①袁采. 袁氏世范［M］. 上海：上海人民出版社，2017：63.

②永瑢，等. 四库全书总目（上下）［M］. 北京：中华书局，1965：782.

自行查阅。

明、清时期，是中国传统家训文化达到鼎盛的阶段。这一时期的家训文化具有以下三大特点：覆盖面广、数量庞大、体裁多样。

一是覆盖面广。明、清两代，撰写家训的风气更加浓郁。一方面，在家训风潮引领下，官宦家庭和乡绅家庭对家训的热情有增无减，撰写家训蔚成风气，家训成为教子、治家的一种时尚；另一方面，随着民间祠堂文化的兴起，家训迅速普及到民间普通家庭（家族）。民间的宗祠从西汉开始出现并逐渐兴起，由于等级制度的禁锢，真正具备建立宗祠资格的家庭（族）寥寥无几。直到明嘉靖十五年（1536 年）朝廷颁布了民间“联宗立庙”诏令，民间宗祠终于获得了合法的地位。民间宗祠的建立，从两个方面促进了家训文化在民间的普及：第一，宗祠用于祭祀祖先、商议族内重要事务以及作为各房子孙办理婚、丧、寿、喜等大事的场所，为了进行有序管理，发挥宗祠的功能作用，就要有相应的规则约束，于是就出现了祠规、祀规、家法、家典、祖训、庭训等。这些祠规、祀规、家法、家典、祖训、庭训中包含大量的家训内容，如建于明崇祯年间的安徽省休宁县黄氏宗祠祠规道，“圣谕当遵：孝顺父母，尊敬长上，和睦乡里，教训子孙，各安生理，毋作非为。……我祖诗礼传家，岂乐后人日习于非而不自觉哉！故家规内，宜时将圣谕多方指示，不特习俗返朴还醇，抑且忠孝贞廉皆从此出。”除“圣谕当遵”外，还有“宗族当睦”“蒙养当豫”“节俭当崇”等 15 款，实际上就是一族之家训。第二，宗祠作为祭祀祖先的场所，必然要对列祖列宗“序昭穆”（排辈分、位次），而“序昭穆”需要通过修谱来完成。因此，民间宗祠的建立促进与掀起了“修谱热”。家训成为各氏族家谱中的必备内容，以至于“人必有家，家必有谱，谱必有训”，家训的覆盖面由早期以士大夫与乡绅家庭为主全面扩大到几乎所有家庭。

二是数量庞大。明、清时期的家训远远超出元代以前所有家训的总和。据统计，《中国丛书综录》所列“家训”一类著作，公开印行的有117种，其中明、清两代就占89种（明代28种，清代61种）。[①]我国藏书中流传至今的家训，也以明、清两代数量最多。浙江大学人文学院楼含松先生主编的《中国历代家训集成》一书，全套12册，明、清两代就有10册，其中明代3册、清代7册；全书收录汉唐以来家训285篇，其中汉唐15篇、宋元40篇、明清230篇（明代92篇、清代138篇），明、清时期家训篇数占全书的80%。虽然年代久远文字资料散失的可能性很大，但是明、清时期大量的民间家训记载于尚未刊印的家谱之中，足以将散失的部分抵消，以士大夫与乡绅家庭为主的“贵族家训”显然要比明、清时期普及家谱中的“平民家训”少得多。

三是体裁多样。明、清时期的家训体裁也是多种多样，其中既有鸿篇巨制，也有精悍短文；既有格言警句，也不乏诗词骈文。例如，明人霍韬的《渭厓家训》，连同附录共17篇，篇幅之大，足可与“古今家训之祖”的《颜氏家训》媲美；清人王贤仪的《家言随记》以及其子王钟霖大量的注释与补充，更是洋洋数十万言，是清末辑录修身、齐家、为官之道的家训良篇。而明人何尔健所撰的《廷尉公训约》、清人胡方所撰的《信天翁家训》，文皆不足三千言，前者涵盖了孝悌[②]、励学、勤俭、守身、治家、教子等各个方面，后者亦有训子、训孙、训女以及终制等一应内容。明末清初的朱用纯，写下633字的《朱子治家格言》，从治家的角度论述了安全、卫生、勤俭、饮食、婚姻、读书、体恤、谦和、无争、交友、自省、向善、积德等方面的问题，成为清代以来家喻户晓、人人必读的蒙书之一。这不仅因为它集中体现了修身

①陈节．古代家训中的道德教育思想探析［J］．东南学术，1996（2）：70.

②在古代文献中，“孝悌”“孝弟”混用，本书统一写为“孝悌”。

齐家的理想与追求，而且它的文字形式既通俗易懂又讲究骈偶，读起来朗朗上口，容易记忆。清人涂天相作《幼仪杂箴》20首，以三言诗或骈偶文的形式论述坐、立、行、寝等20项仪礼规范的要求，亦是语言平实、通俗易懂。清人金珄撰《家诫》50章，每章8句，全篇以诗歌的形式将“切于日用、终身可行之理”垂示子孙，为家训的编写开创了一个全新的体例。

二

中国传统家训是中华传统文化宝库中极具特色的一种文化形式。家训，是指对子孙立身处世、持家治业的教诲①。在不同的家庭，家训被赋予不同的名称：家范、家乘、家规、家约、家语、家箴、家矩、家法、家则、家劝、家书、庭训、世范、宗训、户规、族规、族谕、庄规、条规、宗式、宗约、公约、祠规、祠约等，这些名称各异的家庭教育文字记述，构成了独特的家训文化体系。

传统家训文化的“独特”之处，不仅表现在它的名称上，它的作者群体、表现形式、表达内容、训诫方式等都有独特之处。

首先，它的作者群体大众化。从浩瀚的传统家训史籍中可以看到，家训的作者群体最为“庞杂”，既有帝王显宦，也有市井草民；既有学究宿儒，也有赳赳武夫；既有须眉男子，也有巾帼女流。总之，只要是“一家之长”，都可以是家训的制定者。他们从不同的阶级地位、不同的生活视角对治家之要、教子之义、处世之道进行诠释，使家训文化雅俗

①段广慧．文化修养与文明生活［M］．北京：中国言实出版社，2015：296.

共赏、充满魅力。因为作者的大众化，更使家训遍及深宫市井、豪门民户，成为几乎所有家庭的治家教子教科书。

其次，它的表现形式不拘一格。从篇幅上看，传统家训既有长篇大作，也有短篇美文。如《颜氏家训》《温公家范》《袁氏世范》等堪称家训的长篇大作，这些家训分门别类、旁征博引、夹叙夹议、说理透彻，像涓涓细流般慢慢浸润受教育者的心灵；又如《严光九诫》《傅山十六字格言》等家训，短小精悍、字字珠玑、言简意赅、义理深邃，读罢令人振聋发聩、经久不忘。从体裁上看，既有议论记叙，也有书信诗词，还有铭文碑刻。家训体裁多为记叙议论、箴言警句，但也有不少家训追求文笔工稳或亦庄亦谐，以增强家训的吸引力和感染力。如《王夫之示子侄书》《范氏家训》等，均是四字骈文，读起来朗朗上口。例如，《范氏家训》①：

一、耕读：田必力耕，书必勤读。不耕不读，不如犬畜。

二、教子：家有子弟，教之成人。若任游荡，必害终身。

三、安分：为人在世，各安本分。利己损人，终必无用。

四、贸易：公平交易，童叟莫欺。奸媒巧诈，害己损人。

五、交接：与人交接，务必正人。此须茶酒，切莫吝惜。

六、嫁娶：男婚女配，为理之常。慎择贤否，门户相当。

七、慎真：父母丧亡，早宜思量。不称有无，尽孝尽忠。

八、追远：祖宗虽远，祭祀必诚。清明冬至，不是闲临。

九、修身：严以待己，恕以待人。花街柳巷，谨步莫临。

十、谨训：家训至此，句句格言。子孙恪守，世代相传。

---

①田学超. 中华百家姓［M］. 北京：中国工人出版社，2013：125-126.

再次，它的内容表达各有特色。撰写家训是一种自发的行为，没有规定要写什么不能写什么，作者都是根据个人所长（文化水平、认识水平、治家需要等）确定家训内容。不同家庭的家训内容不完全一样，既有“综合性”家训，也有“专业性”家训；有的家训面面俱到，有的家训一事一议。例如，《颜氏家训》洋洋洒洒七大卷，分为序致、教子、兄弟、后娶、治家、风操、慕贤、勉学、文章、名实、涉务、省事、止足、诫兵、养生、归心、书证、音辞、杂艺、终制20篇，涉及人从出生到去世的所有经历与行为规范，其综合性、全面性堪称家训中的集大成者，至今无人能出其右；而朱用纯的《朱子治家格言》，全文包括标点符号633字，亦涉及劳作、安全、卫生、勤俭、有备、饮食、房田、婚姻、美色、祭祖、读书、教育、财酒、戒性、体恤、谦和、无争、交友、自省、向善、纳税、为官、顺应、安分、积德等20多个方面，亦不失为一篇“综合性”的家训。就事论事或一事一议的家训，则更多地表现在家书、铭文、碑刻之中，如明代周怡的《勉谕儿辈》：

> 由俭入奢易，由奢入俭难。饮食衣服，若思得之艰难，不敢轻易费用；酒肉一餐，可办粗饭几日；纱绢一匹，可办粗衣几件；不馋不寒足矣，何必图好吃好着？常将有日思无日，莫待无时思有时，则子子孙孙常享温饱矣。（明·周怡《勉谕儿辈》[①]）

以上这些无论长短都属于一般家训。除此之外，还有带有行业规范

①冯培兰，李英. 历代家书名篇选译［M］. 北京：中国青年出版社，1998：187-188.

的家训。如晋商代表乔致庸把儒家正心修身的理念融入商号经营中，并训诫儿女：

> 首以“信”为重，其次是“义”，第三才是“利”。唯无私才可讼大公，唯大公才可以无怨。宁愿自己赔钱，也要维护商号名声。(乔致庸《乔家商训》[①])

最后，它的训诫方式多种多样。传统家训源于治家和教子的需要，是前人向后代传承修身治家、为人处世道理最基本的方法和形式。著述家训只是起点，遵守与践行家训才是最终目的。传统家训的作者们为了提高训诫的效果，会根据本人的处事风格确定训诫的方式，反映在家训典籍中就产生了多种多样的训诫方式，既有箴言警句，直陈道理，也有借物喻事，以例感人；既有循循善诱的说理劝导，也有家规族法的惩罚条文。如《朱子治家格言》，通篇都是格言警句，教导子孙“要这么做”；而《温公家范》《颜氏家训》等，则是列举大量的事例，引导子孙“你也应该这么做”。除此之外，不少家训还辅之以惩罚条文，严令子孙“必须这么做”，如铁面青天包拯训诫子孙不要贪赃枉法，否则“不得放归本家，死不得葬于大茔中。不从吾志，非吾子孙”（《宋史》卷三百一十六）。

总之，一家一族的家训虽然“出身”不同，“体格”不一，“长相”各异，但功能却相对一致，都是治家教子的家庭秘籍。可以说，家训这种文化形式，其内容之丰富、覆盖之广泛、影响之深刻，不仅世界其他国家和民族的文化望尘莫及，而且中国其他形式的教育也难以企及。因

① 乔添锋. 乔家家规家训家风商规商训商道［M］. 太原：北岳文艺出版社，2017：73.

为它的独特性、广泛性、多样性、通俗性，才具有真正意义上的普适性，是能够普及全民教育的好形式。

人们通常认为，传统家训是一个家庭（家族）所提倡与奉行的道德价值取向，它的功能是规定家庭成员在处己、治家、经世等方面应该做什么以及怎么去做，是传统社会指导、规约家庭成员的行为准则。但这并非是传统家训的全部内涵，传统家训作为家庭教育活动的“教材”，既有丰富的道德价值规范内容，也有灵活的家庭教育活动方法；既有清晰的教育思想，也有完备的弼教措施。

第一，中国传统家训文化对于教育后代有十分明确的指导思想。他们认为，“家无贫富，人无智愚，子孙皆不可不教。”（宋·杨万里《诚斋集》）一个家庭也好，一个家族也好，柴米油盐、衣食住行，既是琐事，也是大事，因为这些都是人们正常生活的重要事物，不能缺少。特别是在生产力不发达、生产效率低下、物质相对匮乏的古代社会，食不果腹、衣不蔽体几乎是普通人家的常态，家长为了家庭成员吃饱穿暖，不得不日夜操劳。纵然如此，这些物质需求都没有教育子弟重要，在家庭千头万绪的工作当中，“士大夫教诫子弟，是第一紧要事”（明·孙奇逢《孝友堂家训》）。教诫子孙之所以是家庭的第一紧要事，不仅因为子孙教育得不好既毁了个人前途又毁了家庭声誉，更因为今日之子孙乃是明日之家长，“世上接续宗祀，保守家业，扬名显亲，光前耀后，全靠在子孙身上。子孙贤则家道昌盛，子孙不贤则家道消败，这子孙关系甚是重大”（清·石成金《传家宝》）。为了家庭香火永世传承，“无论贫富贵贱，为父祖的，俱该把子孙加意爱惜”（清·石成金《传家宝》）。所以教子的目的，是为了“整齐门内，提撕子孙”（《颜氏家训·序致篇》），使子孙们懂得礼义廉耻、稍通处世为人、知道稼穑艰难，而非取功名、登科第以光门户。

遗子以金，不如教子以贤。这是古代家庭教育者又一特色教育思想。宋代以后，随着理学的兴起和广泛传播，宗族血亲观念和伦理观念不断深入人心，人们以数代同居、相率畜子添孙为家庭盛事、荣事。浦江义门郑氏家族，十五世同居，横贯300多年，被明朝开国皇帝朱元璋誉为“江南第一家”；郓州寿张（今河南省台前县孙口镇）人张公艺，家族九代同居，合家九百余人，经历北齐、北周、隋朝、唐朝，多次受到朝廷旌表。由此可以看出，古人对于家族兴旺、家运绵长非常执着。然而，家族兴旺与家运绵长，需要相应的物质基础方能维持。因此，不少家长、父祖都以能给后辈子孙留下资财与遗产为责、为荣，生前不遗余力地敛财聚财，希望在自己百年之后，这些财富能够保证儿孙吃穿不愁、维持家族稳定和睦。但也有家庭教育者并不认同这种观念，认为遗子以金，不若遗子以经。例如，宋人杨万里以为，教导子孙使其“粗知礼义廉耻、稍通晓世务”，才是父母家长最重要的责任，“能由是以处子孙，则虽不遗以金谷爵禄，彼必能自致之；如其不教，遗以金谷爵禄，彼也不能守之”（宋·杨万里《诚斋集》）。司马光说，“为人祖者，莫不思利其后世，然果能利之者鲜矣。”他认为遗子孙以钱财，不如教子孙以贤德，“使其子孙果贤耶，岂蔬粝布褐不能自营，至死于道路乎？若其不贤耶，虽积金满堂，奚益哉！”（宋·司马光《家范·祖》）总而言之一句话：“财不足为后世计，德则可致后世绵远也。”（明·华悰韡《虑得集·家劝一》）

第二，中国传统家训文化具有鲜明的道德价值取向。中国传统家训教育内容相当广泛，既有居家制用的原则，比如陆九韶的《居家制用》，曰“故凡家有田畴，足以赡给者，亦当量入以为出。然后用度有准，丰俭得中”。讲的是要量入为出、用度有准、丰俭适中；也有日常生活规范，比如朱用纯的《治家格言》，告诫儿孙“黎明即起，洒扫庭除，要内外整洁；既昏便息，关锁门户，必亲自检点”，讲的是日常行为具体要求；还有不少关于家族内部事务的管理规条，比如浦江《郑氏规范》“立祠堂一所，以奉先世神主，出入必告正……子孙入祠堂者，当整衣冠”等。但传统家训的核心内容始终是围绕教子立身、睦亲治家、为人处世三个方面展开的，即便是上面所说的居家制用、生活规范、管理规条等，也都与这三个方面息息相关，是家庭道德在实际生活中的具体体现。

“四维八德”是传统家训道德价值取向的集中体现。春秋时期的管仲把礼、义、廉、耻称为国之“四维”，认为“四维不张，国乃灭亡”。宋代理学家朱熹，在“礼、义、廉、耻”四维基础上，加上“孝、悌、忠、信”，构成“孝、悌、忠、信、礼、义、廉、耻”八德精神。从此以后，四维八德成为漫长封建时期的社会道德基础。因此千家万户的“家训”的道德主张，虽然表述不同，但是大体上都是围绕“八德”而论的。如“子孙倘有出仕者，……以报国为务，抚恤下民”（元·郑太和《郑氏规范》），“富者之教子须是重道，贫者之教子须是守节”（宋·家颐《教子十章》），“父之所贵者，慈也。子之所贵者，孝也”（宋·朱熹《朱子家训》），“忠信笃敬，是一生做人根本”（清·张履祥《示儿》）等，充分体现了中华民族的爱国、诚信、敬业、友善等传统美德。只是由于教育对象的特殊性，因而在对道德规范的表述上，采取了简洁直白、平实浅近、通俗易懂的语言文字。如论“礼”：“见老者，敬之；见幼者，爱之”（宋·朱熹《朱子家训》），论“义”：“不须行小小束修之意气，若见穷乏而有可以赈济者，便见义而作”（三国·嵇康《嵇中散集·家诫》）等，将处世做人的大道理融汇在平凡小事之中，有利于唤起受教育者的思想认同和行为仿效。

第三，中国传统家训文化非常注重教育方式。传统家训的作者们普遍推崇春秋时期大教育家孔子“有教无类”的教育态度，认为家庭教育有没有实效或效果是否显著，不在于受教育者的智商高低，而主要取决于家庭教育者的教导方式正确与否，“子弟教不率从，必是教之不尽其道”（清·张履祥《初学备忘》）。因此，在家庭教育的实践中，强调“其教也，必以其道；其养也，必以其方”（《富溪程氏家规》），“教子须是以身率先”（清·陆世仪《思辨录辑要》），“教人至难，必尽人之材，乃不误人”（宋·张载《张子全书·语录抄》）。这些家训充分体现了古代家庭教育者的责任担当和教育智慧。在代代相传的家庭教育实践中，摸索与总结出的许多生动灵活、行之有效的教育方法，大大提高了家庭教育的针对性和实效性。例如“孟母三迁”式的环境濡染方法、“曾子杀彘”式的正身率下方法、“见贤思齐”式的典型示范方法、“量资循序”式的因材施教方法、“慈严相济”式的张弛训导方法等。这些贴近生活、灵活实用的施教方法，能够使受教育者感同身受、印象深刻、易于践履，取得了比较明显的教育效果。

第四，中国传统家训文化非常注重学用结合，强调道德践履。家庭教育的目的，既是对子孙道德意识的培育，又是对子孙道德行为的引导，取得理论与实践的双重教育效果。因此，古代家庭在教育主张上，强调着眼当前、小中见大，即培养子女的道德意识与道德行为，要从幼时开始、从小事做起，先能成己、然后成物。

然而，道德品质的涵养与道德行为的实施，是一个“道德”与“欲念”的限制和反限制的过程。“为善如负重登山，志虽确，而力犹恐不及。为恶如乘骏走坂，虽不加鞭策，而足亦不能制。”（宋·李邦献《省心杂言》）欲要家庭教育取得实效，除了采用灵活多样的教育方法之外，还须对受教育者日常涵养道德的行为表现“显罚以威之，明赏以化之”（唐·李世民《帝范》）。用严格的措施“明刑弼教”，才能使受教育者抑恶向善，在自律与他律的共同作用下，淬炼完美的人格品行。

因此，彰善瘅恶是传统家训的重要组成部分。例如，在《明清徽州族规家法选编》[1] 一书中，许多家族的训规都有彰善瘅恶条款，如休宁富溪程氏家规："立规例牌四扇，家正收执，以训勉其子姓；彰善、纠过薄两本，典礼、典事者收执，但遇善恶，随即书之。至期审议，以定赏罚。"又如黟县环山余氏家规："造牌两扇，一刻'劝'字，一刻'惩'字，下空一截。族中有善、有过者，直书，挂于祠堂，一月方易，庶知善善恶恶之戒。"明人韩霖认为，"赏善"与"罚恶"对教育而言，犹如鸟的双翅、船的双桨，他说："教之翼，有赏罚之二端焉。如鸟双翼，如舟双桨，废一不可。盖德蒙誉者勉焉，恶遭辱者退焉。"（明·韩霖《铎书·教训子孙》）通过彰善瘅恶，使"善者以有所劝，而为善愈力；恶者以有所惩，而去恶愈决"（清·金敞《宗约》），达到"弼教"的作用。

作为封建社会的产物，传统家训文化不可避免地被打上时代的烙印，体现封建专制主义的等级观念、尊卑观念以及明哲保身、顺天应命的处世之道也堂而皇之地在不同的家训中占据着一席之地。

在处理家庭关系中，不少家训大力推崇上尊下卑的封建等级观念，将父、兄的地位高高置于子、弟的地位之上。如袁采在家训中写道："子之于父，弟之于兄，犹卒伍之于将帅，胥吏之于官曹，奴婢之于雇主，不可相视如朋辈，事事欲论曲直。若父兄言行之失，显然不可掩，子弟只可和颜几谏。若以曲理而加之，子弟尤当顺受而不当辨。"（宋·袁采《袁氏世范》）他认为，子弟对于父兄的命令，只能遵从，不能有

---

①卞利. 明清徽州族规家法选编［M］. 合肥：黄山书社，2014.

异议，就算父兄的话完全没有道理，子弟也只能顺受。明人杨继盛临刑之前还不忘对小儿子杨应箕进行尊卑观教育，他在信中写道："应箕敬你哥哥，要十分小心，合敬我一般的敬才是，若你哥计较你些儿，你便自家拜跪，与他赔礼。"（明·杨继盛《父椒山谕应尾应箕两儿书》）兄弟之间相互尊重、相互友爱没错，但弟弟对待兄长要像敬重父亲一样，兄长若要计较弟弟（无论对错），弟弟便要下跪赔礼，兄尊弟卑的封建等级观念暴露无遗。

在性别关系上，不少家训极力鼓吹男尊女卑的封建专制观念，主张妇女"未嫁从父，出嫁从夫，夫死从子"，人格和尊严终生受到男性的主宰和践踏。女人只是男人的附庸，"夫不御妇，则威仪废缺；妇不事夫，则义理堕阙。……夫有再娶之义，妇无二适之文"（东汉·班昭《女诫》）。女人不能干预家庭事务，"夫与子既贤，外事自不必预。若夫与子不肖，掩蔽妇人之耳目，何所不至"（宋·袁采《袁氏世范》）。丈夫不能听信妻子的话，"听妇言，乖骨肉，岂是丈夫"（清·朱用纯《治家格言》）。女人不可学文化，"妇女只许粗识柴米鱼肉数百字，多识字，无益而有损也"（明·温璜《温氏母训》）。这些说教，不仅是男女之间婚姻上的不平等，更是对女性人格的蔑视以及尊严的践踏。

在人际交往关系中，许多家训将"各人自扫门前雪，莫管他人瓦上霜"作为立身处世的信条，不惜笔墨向子孙传授谨言慎行、明哲保身的中庸之道。如"戒后人，莫多事，多事多累宜省事。烦恼都因强出头，甘心守拙为高士"（清·石成金《天基遗言》），"言语最要谨慎，交友最要审择。多说一句不如少说一句，多识一个人不如少识一个人。……人生丧家亡身，言语占了八分"（明·高攀龙《高子遗书》）等，这些说教，实质上是对子孙的奴化教育、愚民教育，是对忠、勇、信、善等传统美德的反动。如果人人奉行中庸之道、个个只想明哲保身，天下何来仗义执言、见义勇为的壮举？社会何来惩恶扬善、激浊扬清的正义？明哲保身的奴化教育应当受到谴责与摒弃。

在人与自然关系中，由于缺乏科学的认知与思维，部分家训作者还热衷于对子孙进行宿命论和因果报应的教育。如“仕而至公卿，命也；退而为农，亦命也”（宋·陆游《放翁家训》），“就命上看，人生穷通利钝，即堕地一刻都已定下，如何增损得些子”（明·顾宪成《示淳儿帖》）。这些宿命观念，鼓吹人们的富贵贫贱、吉凶祸福，以及死生寿夭、穷通得失，乃至科场中举、货殖营利，无一不取决于冥冥之中非人类自身所能把握的一种力量。这些说教，严重销蚀了人的精神面貌，泯灭了人的进取之心与奋斗热情，使人毫无愧疚地安于现状、顺天认命、得过且过、甘于平庸。又如“天道福善祸淫，彼善而富贵，尔淫而贫贱，理也”（清·郑板桥《杭州韬光庵中寄舍弟墨》），“凡人为不善事而不成，正不须怨天尤人，此乃天之所爱，终无后患。如见他人为不善事常称意者，不须多羡，此乃天之所弃。待其积恶深厚，从而殄灭之。不在其身，则在其子孙”（宋·袁采《袁氏世范·处己》）。这些因果报应的论调，虽然旨在劝善，但是强迫人的所作所为必须遵从“天意”，否则就会遭到“天谴”甚至祸及家人，骨子里依然是宿命论的精神实质。它告诉人们，只能听从上天安排，如果强而求之，反而要招致报应。这种对自然现象的无知而产生的迷信思想，对人的思想和意志毒害匪浅，必须彻底地批判。

综上所述，传统家训文化源远流长、博大精深、内容丰富、良莠并存，我们要以正确的态度进行分析与甄别，扬其精华、弃其糟粕，使之服务于现代精神文明建设、传承于中华民族的千秋万代。

三

传统家训作为中国传统文化的优秀组成部分，是世世代代家庭教育者治家教子实践的智慧结晶，它像一座蕴藏量巨大的宝库，给后人留下的精神财富取之不尽、用之不竭，是中华文明保持长盛不衰的力量源泉，是中华民族强大凝聚力的精神支撑，在历史上为中华民族的美德传承起到了很大的推动作用，在现在和将来也将为中华文明的持续进步提供有益的借鉴。

2014 年 5 月 4 日，中共中央总书记习近平在北京大学师生座谈会上的讲话指出："中华优秀传统文化已经成为中华民族的基因，植根在中国人内心，潜移默化影响着中国人的思想方式和行为方式。今天，我们提倡和弘扬社会主义核心价值观，必须从中汲取丰富营养，否则就不会有生命力和影响力。"

社会主义核心价值观，是对中国传统道德有鉴别地、有扬弃地科学凝聚与升华，充分体现了当代中国人民的价值取向与精神追求。当前，我们正在加快进行以提倡和弘扬社会主义核心价值观为核心内容的新时期公民道德建设，在这项史无前例的思想教育工程中，从传统文化特别是传统家训文化中汲取丰富营养，是增强社会主义核心价值观生命力和影响力的重要任务和必要措施。

第一，借鉴传统家训文化中的道德规范形式对社会主义核心价值观的深刻内涵进行解读，为不同年龄、不同文化层次的公民培育社会主义核心价值观提供易懂易行的切入点。

"爱国、敬业、诚信、友善"是社会主义核心价值观公民层面的道德规范，虽然只有四个词八个字，却涵盖了修身养性、齐家兴业、报国恤民、为人处世以及生死观、荣辱观、义利观、得失观等对个人所有的道德要求，“反映了现阶段全国人民价值观的‘最大公约数’”①。正因为其内容丰富，要使不同年龄层次、不同文化背景的个体都能够理解其深刻内涵，就必须对其中蕴涵的道德指向进行系统的解读。同时，从抽象的道德规范到具体的道德行为，也要经历一个对道德规范“生活化”解读的过程，即将“道德”这个高远的目标拉近，融入身边发生的平凡小事中。例如，对爱国的解读。首先，爱国是一种朴素的情感，一个人具有从心底油然而生的爱国情怀，就会把个人的美好生活与国家的前途命运紧紧联系在一起，认识到国家利益高于个人利益，并愿意为了国家利益而牺牲个人利益；其次，爱国不是空泛的，而是有具体内容的，这就是爱祖国的大好河山、爱自己的骨肉同胞、爱祖国的灿烂文化、爱自己的国家；再次，爱国不仅是一种情感，更是一份义务与责任，国家兴亡，匹夫有责，当国家需要的时候，能够义无反顾地挺身而出，为国家、人民奉献自己的智慧、汗水、鲜血甚至生命；最后，爱国既有“捐躯赴国难”的壮烈方式，也体现在平凡小事之中，对于普通人而言，做好本职工作，友好对待他人，尽力扶危济困，勇于伸张正义等，都是爱国的表现。

在传统家训文化中，大多数家训并未简单地将孝、悌、忠、信、礼、义、廉、耻等古代的价值观念作为家庭教育的道德规范，而是通过生活化的解读，用普普通通的语言诠释这些道理，通过生活化的解读，使道德规范贴近生活，具有形象化、针对性，既容易理解，又便于践行。

第二，借鉴传统家训文化中的早教思想对未成年人进行私德教育，

---

①周潜之．家风是核心价值观的微观体现［N］．光明日报，2014-2-14（2）．

为树立和弘扬社会主义核心价值观夯实基础。

社会主义核心价值观内涵极为丰富，涵盖并升华了中华民族的传统美德。但它主要着眼于大德、公德教育，是对社会群体之间行为的规范与引导，其目的是维持社会公共生活正常、有序、健康地进行；而且社会主义核心价值观的教育对象侧重于成年人，对处于初级教育阶段的青少年要求并不很高，这与我国传统的早教思想并不相符。

中国近代思想家梁启超说："人人独善其身者谓之私德，人人相善其群者谓之公德"①。他认为"就析义言之"，公德和私德固然有所不同，但"就泛义言之，则德一而已，无所谓公私"②。如果在私人领域不"独善其身"，私德行为就会超出私域之外，跃升为公德行为，并受到公域的制裁。例如，对个人而言，勤俭是一种个人美德，但如果好逸恶劳、贪图享受，那么就有可能在私欲的推动下巧取豪夺、贪赃枉法，私德的缺失就变成公德的堕落。由此可见，私德是个人立身处世的根本，是培养公德、遵守公德的基础。"欲铸国民，必以培养个人之私德为第一义；欲从事于铸国民者，必以自培养其个人之私德为第一义。"③

第三，借鉴传统家训文化的教育范式，广泛开展以"立家训、树家风"为内容的家庭教育活动，以弥补学校教育、社会教育之不足。

社会教育、学校教育和家庭教育，构成了国民教育的三大支柱。目前，我国的学校教育最为健全和正规，社会教育也开展得有声有色，但家庭教育处于"被遗忘的角落"，是三大教育中的短板，这与我国传统的、具有勃勃生机的家庭教育恰恰相反。但家庭教育无论是在内容上还是在形式上，具有社会教育、学校教育无法替代的意义和作用。

---

①梁启超. 中国人的启蒙［M］. 北京：中国工人出版社，2016：30.
②梁启超. 新民说［M］. 北京：商务印书馆，2016：26.
③梁启超. 新民说［M］. 北京：商务印书馆，2016：26.

古人对撰写家训、开展家庭教育的必要性有着深刻的认识：

> 圣贤彝训，备载六经，又何必要家训？家训所以济圣训之所不及也。盖六经惟读书人知之，至愚夫愚妇，不读诗书，若无家训，则全不知伦理，此风俗所以坏也。故家训必须粗言俗语，妇孺皆知。（清光绪绩溪县南关许氏宗族惇叙堂家训①）

意思是，古今圣贤们著书立说，宣扬道德的书籍已经够多了，又何必要写家训？这是因为家训可以补充圣贤之书所不及之处。圣贤之书只有读书人知道，如果没有家训加以弥补，那些没有读书的人就不知道伦理道德，风俗就要变坏。所以，既要有家训，又要把家训写得言简意赅，以便妇孺能懂易记。这个道理同样适用于当今社会。虽然社会主义核心价值观是对中华民族传统道德的集合与升华，但是无论是内容还是形式，家风家训对于宣传、弘扬社会主义核心价值观来说，仍然具有价值导向上的明晰作用、伦理关系上的修正作用和教育层面上的协同作用。

从形式来说，家风、家训作为中华文明的微观载体，以一种无言的教育，潜移默化、润物无声地影响着受教育者，对涵养社会主义核心价值观具有直接作用。相较于社会、学校的“公众教育”，家庭教育至少有三大优势：一是生活化。家训文化最为鲜明且最有实效的特点是贴近生活、贴近实际，深入浅出、如话家常，细心启诱、反复训诫，从而达到潜移默化、积沙成塔的效果。它没有“公众教育”那种带有明显目的性的表征，而是将抽象的道德取向不着痕迹地贯穿在治家理念、人生教育之中，使受教育者在日常生活中耳濡目染，逐渐取得教育的效果。二

---

①卞利. 明清徽州族规家法选编［M］. 合肥：黄山书社，2014：36.

是互动性。在社会与学校的思想政治教育活动中，施教者通常要面对几十乃至成百上千的受众，这种群体性的教育形式，决定了教育只能是“灌输式”，教与学之间的交流极为有限。相比于“公众教育”的“大锅饭”，家庭教育基本上是“开小灶”，对于现代家庭来说，更是“一对一”甚至是“多对一”的教育与互动，施教者很容易把握教育对象的思想动态和具体行为，继而进行有针对性的教育。三是亲和力。家庭教育的教育者与受教育者一般都是父母与子女，这种亲缘关系不仅能够消除“教”与“学”之间的对立与隔阂，更重要的是借助家长的慈爱与权威，把爱与教有机地结合起来，对子女慈严并用、劝学笃行，最大限度地提升教育效果。

从内容来看，家庭教育侧重于个人品德的涵养。古代家庭早期教育的内容，一是日常言行的礼仪规范，如“子能食食，教以右手。能言，男唯女俞”（《礼记·内则》），“行必徐，立必拱，必后长者。毋背所尊，毋践阈，毋跛倚。视听必端”（宋·程端蒙《朱子论定程董学则》），这些有关吃饭、说话、站立和行走的规矩，表面看是教导婴幼儿的生活基本常识，似乎与道德品质的培养没有太多的联系，但在古人的眼中，这些“寻常小事”都是做人的基本礼节，关乎人的品行操守，不可忽视。二是根据家庭、孩子的实际情况进行针对性教育，为孩子培养健全的人格打下基础。如“富者之教子须是重道，贫者之教子须是守节”（宋·家颐《教子语》），“远邪佞，是富家教子第一义；远耻辱，是贫家教子第一义”（明·温璜《温氏母训》）。这些针对性的教育，类似于医者治病“缺啥补啥”的道理，有利于不同家庭背景的孩子树立正确的人生观、价值观。所有这些，都是社会教育、学校教育难以做到的。

将新时期家风家教活动引入正轨、推向高潮，有两个亟待解决的问题：

一是社会与广大家长开展家风家教活动的意识与积极性问题。毋庸讳言，中华民族几千年自发地开展家风家教的优良传统在当代家庭逐渐消失。当今社会，人们对房产的重视已经到了无以复加的地步，房宅建了一幢又一幢、买了一套又一套，室内装修极尽奢华豪阔。人们拼命积累，要给儿孙辈留下丰厚的物质财富，却罔顾家风家教，不知“遗汝子孙清白在，不须厦屋太渠渠”（宋·陈俊卿《示二子》）的道理所在。从主观上看，在新时期，传统家族式的大家庭不复存在，大多数家庭都呈现出八四二一的倒金字塔结构，因此对子女的溺爱是很多家长的教子方式。与带着子女踊跃参加各类特长班、对子女进行拔苗助长式技能性训练的热情相比，大部分家长对家风家教的认知程度微乎其微，在日常生活中即使发现孩子的不良习性与举止，也以孩子小不懂事为由疏于管教。就客观而言，由于现代社会生活节奏快、工作压力大，不少夫妻长期外出打工造成“留守儿童”现象，也不利于开展家风家教。总之，无论是主观上的“疏于”管教，还是客观上的“无暇”管教，都是家庭伦理边缘化、家庭教育式微化的表现，其根源在于人们对家庭教育重要性的肤浅认知。因此，要卓有成效地推进新时代的家风建设，首先要培养千千万万个家庭的家长们开展家庭教育的责任感，使他们自觉地将教子育德摆在家庭的重要位置，才能帮助孩子迈好人生的第一个台阶。

二是社会与广大家长开展家风家教活动的经验与技能的问题。开展新时期家庭教育活动，面临着许多问题，如教什么？怎么教？对于新时代家庭的家长来说，是一项全新的课题。当代家庭的家长们，包括父亲母亲、爷爷奶奶，都是中华人民共和国成立以后出生的“新一代”，在他们的成长过程中，正赶上“文化大革命”和改革开放两次大潮对传统家训文化的冲击，家长们自身就缺少传统家训文化的熏陶，更无从谈及家教经验和智慧；加上我国很多家长都是在上一辈的特殊呵护下长大成人的，个人品德存在不足。因此，对家训家教的无知和对孩子过分的溺爱，成为当代家长两个最为明显的特征。受这些特征的影响，他们在教育孩子时容易出现溺而不教或教不得法，甚至作为教育者的父亲母亲之间、爷爷奶奶之间会出现很多分歧，严重时还会使孩子无所适从、扭曲孩子的道德观念和价值倾向。家庭作为孩子教育的初始之地，也是传承家训和家风的重要场所，如何开展家庭教育，对传承传统家训文化有着至关重要的影响，而传承传统家训文化也是新形势下家风建设的重要组成内容。因此，新时期开展家训家风教育，离不开对传统家训教育智慧的发掘与传承。

传统家训文化，是历史上灿若星辰的思想家、政治家、文学家、教育家与盈千累万的普通家庭教育者共同书写的瑰丽篇章，是无数家庭教育活动的经验总结与智慧结晶，它不仅记录了古老中华文明发展的历史轨迹，而且昭示了中华民族对美好道德的向往与追求。习近平总书记指出，对“先人传承下来的价值理念和道德规范，要坚持古为今用、推陈出新，有鉴别地加以对待，有扬弃地予以继承，努力用中华民族创造的一切精神财富来以文化人、以文育人”，“使中华优秀传统文化成为涵养社会主义核心价值观的重要源泉”（习近平《在中共中央政治局第十三次集体学习时的讲话》2014 年 2 月 24 日）。在坚持“道路自信、理论自信、制度自信、文化自信”的新时代，借鉴传统家训文化的家庭教育经验与智慧，对于我们大力弘扬和开展家风教育，具有十分重要的现实意义。

第一章　家无贫富，子孙不可不教

崇尚与重视教育，尤其是重视家庭教育，是中华民族从古至今历久不衰的优良传统。“养不教，父之过”，教育子女是家长们责无旁贷的工作，只要为人父母，无论是王公显贵还是市井草民，无一例外。在漫长的古代社会中，虽然偶有“武姜纵子”“庄公失教”之类的纵容、溺爱子女现象发生，但是留给我们后人更多的是严格管束子弟的佳话和重视家庭教育的警语箴言。例如，“孟母断机”“欧母画荻”“李晟教女”等，都是古代家庭教育的生动事例和教子楷模。“人生至乐，无如读书；至要，无如教子”（宋・家颐《教子语》），“教诫子弟，是第一紧要事”（明・孙奇逢《孝友堂家训》）等，都是古人重视家教的至理名言。清初学者张履祥对于教育子女更有一番高论，他在《训子语》中说：“有子不教，不独在己薄其后嗣，兼使他人之女配非其人，终身受苦。有女失教，不特自贻他日之忧，亦使他人之子娶非贤偶，累及家门。凡为父母，莫不如是，故劬劳也。”中华文明得以延续数千年长盛不衰，正是得益于中华民族一代接一代的家庭教育者对子女教育的执着与坚持。

“不怕饥寒，怕无家教；惟有教儿，最关紧要。”（清・李惺《老学究语》）重视和开展对子女的教育，家庭教育者们首先面临着“爱”与“教”的问题。慈心父母古来多，天下鲜有不疼爱子女的父母。但问题在于，怎样才算爱子女，是健在时挣下万贯家财，让子女过着锦衣玉食的生活，还是死去时留下丰厚遗产，让子孙凭借祖上的余荫衣食无忧。在古代家庭教育者看来，这种只为子孙聚货敛财的行为是不足取的。传统家训普遍主张，真正爱护子女，就要教育好子女，使他们自信、自立、自尊、自强。因为，“世上接续宗祀，保守家业，扬名显亲，光前耀后，全靠在子孙身上。子孙贤则家道昌盛；子孙不贤则家道消败，这子孙关系甚是重大。”因此，“无论贫富贵贱，为父祖的俱该把子孙加意爱惜。……何谓爱惜之道？‘教’之一字时刻也是少它不得。”（清·石成金《传家宝》）这段话虽然或多或少带有封建时代的烙印，但亦说明了教育后代的重要意义，可算是古人重视子女教育的一个注脚。

在传统家训中，要求后人注重教育子孙的训诫是很常见的内容，在一些比较“规范”的家训文献中，甚至还有独立的“教子”专题，如北齐颜之推《颜氏家训》“教子第二”、宋代袁采《袁氏世范》“教子当在幼”、明代张永明《张庄僖家训》“训子孙”、清代傅超《傅氏家训》“教子篇”等，以阐述教子的重要性、教子的内容方法以及笃行措施。在休宁县富溪《程氏祖训》中，有一条“教训子孙”是这样强调的：

> 指教子孙，使知礼法，便是教训。人家子孙，幼时便当以孝悌忠信之言教之，使知如何是孝，如何是悌，如何是忠，如何是信。知道卑尊上下，自然不敢凌犯。莫教他说谎，亦莫教他恶口骂人。待稍长，资性聪者，择师教之读书，务期德器成就，为国家用，光显门户。若性资庸下，不能读书者，亦要指教，使知谨守礼法，勤做生理，不可纵其放肆骄惰，自由自在，便去吃酒、赌博，无所不为，家门必被其败坏，产业必被其荡散，子孙所以不可不教训也。（休宁县富溪《程氏祖训》[①]）

在这段训辞中，除强调教育子孙的重要性之外，更强调了应从道德（孝悌忠信）、经世（谨守礼法）、应务（勤做生理）等方面对子孙进行规范与教育，使之“德器成就，为国家用”。由此可见，古人对于子孙

---

①卞利. 明清徽州族规家法选编［M］. 合肥：黄山书社，2014：168-169.

的教育不仅非常重视，而且目标也很明确，即重在教子立德、教子立志、教子立身、教子立业。总之一句话，“人爱其子，当教子成人”（宋·司马光《温公家范》）。

不忧子孙之乏财，惟忧子孙之不德

财不足为后世计，德则可致后世绵远也。子孙诚能慎守而培固之，吾宗之嗣有未易量。此吾所以不忧子孙之乏财，惟忧子孙之不德尔。

——（元）华贞固《虑得集》①

公元前549年春天，鲁国大夫叔孙豹出使晋国，晋国统领中军的元帅范宣子亲自到京城近郊去迎接。欢迎仪式结束后，范宣子向叔孙豹道：“叔孙大夫，你是个大学问家，我有个百思不解的问题想请教你，古人说的‘不朽’，究竟指的什么？比如我的祖先从虞、夏、商、周以来世代为贵族，家世显赫，香火不绝，这算不算‘不朽’？”叔孙豹想了想，认真地说：“依我看来，您说的这只能叫作‘世禄’，世世代代吃官禄，不是‘不朽’。”范宣子既不服气又有些疑惑，问道：“这都不算‘不朽’？那什么才是‘不朽’呢？”叔孙豹笑了笑，答道：“太上有立德，其次有立功，其次有立言，虽久不废，此之谓三不朽。”范宣子听了叔孙豹这番高论，一时陷入了沉思，良久才说道：“哦，您说的好像

①楼含松. 中国历代家训集成2［M］. 杭州：浙江古籍出版社，2017：1341.

有点道理，容我再想一想。”①

何谓立德、立功、立言？孔子第三十一世孙、唐初十八学士之一、经学家孔颖达在《春秋左传·正义》中分别做了这样的诠释：

> 立德，谓创制垂法，博施济众；
> 立功，谓拯厄除难，功济于时；
> 立言，谓言得其要，理足可传。②

意思是，所谓立德，就是要为社会创建做人的准则或者为国家创建律法，这些准则或律法实施下去就可以扶助、救济众人（当然在实施的过程中也要与大众融合在一起，率先垂范）；所谓立功，就是要解除天下百姓的困苦、拯救苍生于劫难，为国为民建立功业；所谓立言，就是著书立说，且言之有理，自成体系，能够传之于世。说白了，立德、立功、立言是人生的三个最高标准，或者说是成功人生的至高目标，即修养完美的道德品行，建立伟大的功勋业绩，确立独到的理论学说。

对于叔孙豹提出的“三不朽”论，有人提出质疑，认为立德需要治心修身，立功需要时势机遇，立言需要禀赋才能，这是“三立”的基本前提或条件。虽然治心修身可以通过自身的努力来实现，但是时势机遇却非人力可为，禀赋才能也有部分先天因素。立德者不见得一定有机遇或者天赋，故不见得能够立功立言；立功者可以立德，却不见得有立言的天赋；立言者也可以立德，也不见得能够遇见立功的时势机遇。总之，能够达到“三不朽”至高境界之完人，不啻凤毛麟角。

---

①左丘明《春秋左传·襄公二十四年》。

②杜预注，孔颖达等正义.《春秋左传正义》，上海中华书局据阮刻本校刊，第12册，第84、85页。

但质疑归质疑，“三不朽”论对于后世产生的影响是毋庸置疑的。人们普遍认为，有没有或者有几个能够达到“三不朽”境界的“完人”并不重要，重要的是把“不朽”定位在“立德”“立功”“立言”上，将“立德”“立功”“立言”作为人生价值的最高体现，这是对长期盛行于封建社会庸俗“不朽”观的否定与批判，给社风民俗以清晰而又积极的价值导向，从而大大提升了人们的精神境界与精神追求。而且，在“立德”“立功”“立言”三者的关系上，将“立德”摆在“太上”的位置，突显了中华民族崇德尚善的优秀品质。德是才之帅，才是德之资，立德是立功、立言的前提和基础。只有在德的统帅之下，才能建立造福于社会、造福于大众的丰功伟业；也只有在德的统帅之下，才能做出符合历史前进潮流、符合大众利益的学说。换言之，只要严于律己、培养良好的德行，即便没有“立言”的天赋，没有“立功”的机遇，同样能够在平凡小事中实现自己的人生价值，成为一个有益于社会的人。相反，逾越道德规范的“立功”，很可能“功”在个人或少数人，“祸”在国家、社会和民众；没有道德规范的“立言”，要么“言”之无理，要么妖“言”惑众，甚至是异端邪说。

所以，在中华民族的传统观念中，“德”，被视为人最重要的品质，是人们修身养性的首要与基石。《大学》开篇第一句，就是“大学之道，在明明德，在亲民，在止于至善”。其中的“明明德”，就是弘扬彰显光明正大的德。孔子在教导弟子们如何为学时说：“志于道，据于德，依于仁，游于艺。”（《论语·述而》）意思是以道为志向，以德为根据，以仁为凭借，活动于六艺的范围之中。其中“据于德”则是四者之重。宋代哲学家陆九渊评注说：“德之在人，固不可皆责其全，下焉又不必其三。苟有一焉，即德也。”（《论语说》）他认为，能够做到志道、据德、依仁、游艺，固然最为理想。但人与人不同，每个人的资质、品性、条件以及后天教育、所处环境总有一些差别，不能对所有人都苛求要做得很全面，但起码要做到的一点，那就是“德”。

“德”对于成就人生具有举足轻重的作用。《礼记·乐记》中说：“德者，得也。”何为“得”？东汉经学家刘熙在他的著作《释名》中解释说：“德者，得也，得事宜也。”即立德者，人与人之间的关系就能够处理得合适，事情就能够得到安排与成功，自己和他人都有所得。另一位东汉经学家许慎在他所著的《说文解字》中亦有类似的释义：“德，得也，外得于人，内得于己也。”即立德就是各得其所，德行外施能有益于别人，德念内存能有益于自己。西汉皇族淮南王刘安在其主持撰写的《淮南子》中写道：“天下不可以智为也，不可以慧识也，不可以事治也，不可以仁附也，不可以强胜也。五者皆人才也，德不盛不能成一焉。”意思是，天下的事情不是单凭智力就能做成的，也不是单靠聪明就能认识清楚的，更不能只靠人的本事就能办成的，同样不能只以仁术就能使人归顺，单凭强力取胜更不可能。智力、聪明、本事、仁术、强力五项都归属人的才能范畴，但如果只有这些才能而德行不高，就不能做成任何一件事情。总之，有“德”才有“得”，无“德”便无“得”。“士庶人有德，能保其身；卿大夫有德，能保其家；诸侯有德，能保其国；天子有德，能保其天下。无德而富，徒增其过恶，重后日之祸患，今日虽富，岂能长保？”（宋·陆九渊《杂说》）

教子千方首为德，是古代家庭教育者的共识。元代无锡人华贞固著华氏家训《虑得集》，以自己家族发展的历史告诫后人遗子孙以财不如遗子孙以德，他说：

> 愚见祖宗为子孙虑者，极深远也。既积德，又积财，田庐产殖，亦不为少矣。自兵火之后，赀业所存者几何？……是知财不足

为后世计，德则可致后世绵远也。子孙诚能慎守而培固之，吾宗之嗣有未易量。此吾所以不忧子孙之乏财，惟忧子孙之不德尔。噫！设或不贤，虽赀货充积，亦弗能有，适足为累身之具。使其果贤，则能景行前哲，以义为利，衣食自当裕然。岂可不以积德为重哉？（元·华贞固《虑得集》①）

他忆及先祖深谋远虑，既为子孙积德，又为子孙留下不少的财产，但遭逢战乱之后，这些田地、房屋几乎丢失殆尽，所剩者只有祖宗留下的嘉言懿行、谆谆教诲，方知聚财聚物留给儿孙无法长远庇护他们，要使后世绵远，唯有培养他们的道德品行。由此，他并不担心子孙缺少钱财，而担忧他们缺乏德行。子孙有德，他们就能效仿先贤前哲，以德立身、以德处世，衣食自然宽裕。身为家长，怎么能不以教子孙积德为重呢！

在传统家庭教育活动中，对子孙的道德教育，主要体现在两个方面：

一是重视道德规范、家训的传世，确定贴近生活、易懂易行的“规矩”，为子孙指明修养德行的方向。

宋代学者曹淇对于“德”有句通俗的解释，他说：“所谓德者，亦非有甚高难行之事，不过孝悌雍睦、宽厚爱物而已。”（《训儿录》）他认为，做有德之士，并不是要做什么非常难的事情，不外是要孝敬长辈、敬爱兄弟、和气待人、宽容厚道、爱护万物等这些平常事情而已。

“德为人表”，这句话出自《北史》：

隋开皇初，拜尚书祠部侍郎。文帝尝大集群下，令自陈功，人

①楼含松. 中国历代家训集成2［M］. 杭州：浙江古籍出版社，2017：1341-1342.

皆竞进，昌衡独无所言。左仆射高颖目而异之。……未几，出为徐州总管长史，甚有能名。吏部尚书苏威考之曰："德为世表，行为士则。"论之者以为美谈。（唐·李延寿《北史·卷三十·列卷第十八》[①]）

说的是隋朝开皇初年，卢昌衡任祠部（负责国家仪礼事务的部门）侍郎。隋文帝时常召集大臣，让他们各自说出自己建立了什么功劳，所有人都争相表功，唯独卢昌衡什么也没说。左仆射高颖望着他，感到很奇怪。不久，卢昌衡出任徐州总管长史，留下了非常能干的名声。吏部尚书苏威考核他的政绩时夸赞说："（卢昌衡的）德行是为人的楷模，行为是士人的准则。"朝中大臣认为这是对卢昌衡最好的评价。

这个小故事也说明，"德"虽然有点抽象，但是并不遥远，而是跟随在每个人的日常生活之中，能从人的言行举止中反映出来。

正是由于"德"具有生活化、广泛性的特征，古代家庭教育者们通常会根据自己的价值观倾向，为子孙制定贴近生活、易懂易行的家庭道德规范。

如明朝嘉靖进士庞尚鹏作《庞氏家训》，分"务本业""考岁用""遵礼度""禁奢靡""严约束""崇厚德""慎典守""端好尚"几节，将不同的道德要求融入生活细节之中，便于子孙看得懂、用得上。例如，在"严约束"中说：

傲，凶德也。凡以富贵学问而骄人，皆自作孽耳。即使功德冠古今，亦分内事，何与于人？天道恶盈，惟谦受益。（明·庞尚鹏

①周国林. 北史 2［M］. 上海：汉语大词典出版社，2004：834.

《庞氏家训》[1] ）

傲慢是不良的德行。凡是以富贵、学问在别人面前骄横的人，都是在给自己招来罪孽。即使一个人的功德冠绝古今，也是他分内的事，有什么值得向别人炫耀的呢？高傲遭祸，谦虚受益，这是规律。

在“端好尚”一节中说：

> 处身固以谦退为贵。若事当勇往而畏缩深藏，则丈夫而妇人矣。古人言若不出口，身若不胜衣，及义所当为，虽孟贲不能夺。此以义为尚者也。（明·庞尚鹏《庞氏家训》[2] ）

立身处世本应以谦虚退让为重，但是遇事应当勇敢前往却畏缩躲避，那么大丈夫就像妇道人家了。古人衰弱到几乎没有力气说话，身体经不住衣衫的重量，但到了义当所为的时候，即使像孟贲那样的勇士阻挡也不能使他动摇，这是把义看得极为高尚的人。

这一段以通俗的语言将谦恭礼让、见义勇为的美德演绎为生活化的规范，对于子孙涵养道德意识、勇于道德践履，无疑具有非常好的指示效果。

又如晚清湘军名将胡林翼的父亲胡达源撰家训《弟子箴言》，从“奋志气”“勤学问”“正身心”“慎言语”“笃伦纪”“睦族邻”“亲君子”“远小人”“明礼教”“辨义利”“崇谦让”“尚节俭”“儆骄惰”“戒奢侈”“扩才识”“裕经济”等16个方面立下家庭道德准则，其中许多要求都是对子孙日常生活的规范。如告诫子孙“崇谦让”：

---

①楼含松．中国历代家训集成4［M］．杭州：浙江古籍出版社，2017：2468.

②楼含松．中国历代家训集成4［M］．杭州：浙江古籍出版社，2017：2471.

谦者非徒貌言退让也。……我才也，不恃才而狂；我能也，不恃能而傲；我富贵也，不恃富贵而骄。（清·胡达源《弟子箴言》[①]）

要求子孙“正身心”：

一语一默，一坐一行，事无大小，皆不可苟处之，必尽其道。（清·胡达源《弟子箴言》[②]）

如何“辨义利”：

利者，人之所同欲也，可公而不可私，可共而不可专。（清·胡达源《弟子箴言》[③]）

由于“德”的内涵比较宽泛，在一些传统家训中，对子孙的立德要求则统称为“做人”。例如，明代政治家、思想家高攀龙在其家训中用了一句极为简练、通俗的话对子孙立德作了经典的概括：

吾人立身天地间，只思量作得一个人，是第一义，余事都没要紧。（明·高攀龙《高子家训》[④]）

“作得一个人”，不是指做一个只知穿衣吃饭、能走会跑的“人”，

①胡达源．胡达源集［M］．长沙：岳麓书社，2009：98.
②胡达源．胡达源集［M］．长沙：岳麓书社，2009：26.
③胡达源．胡达源集［M］．长沙：岳麓书社，2009：89.
④喻岳衡．历代名人家训［M］．长沙：岳麓书社，2003：204.

而是指如何做好一个“人”、如何做一个“好人”。用哲学语言说，不是做一个单纯具有自然属性的人，而是做一个具有思想品质的社会属性的人。故此高攀龙接着说：

作人的道理，不必多言，只看《小学》便是。依此作去，岂有差失？（明·高攀龙《高子家训》[①]）

他说的“《小学》”，是指宋代理学家朱熹编纂的著作《小学》，内容包括立教、明伦、敬身、稽古、嘉言、懿行等，是一部教育儿童如何处事待人、如何孝顺父母、如何尊敬长辈的道德启蒙书籍。高攀龙要求子孙“依此作”，就是要子孙按照书上的道德规范锤炼、培养自己的品性，做一个真正意义上的“人”。

明代著名思想家、理学家薛瑄对“人”进行了明确的定义，进一步阐明了做“人”的内涵。他说：

人之所以异于禽兽者，伦理而已。何为伦？父子、君臣、夫妇、长幼、朋友五者之伦序是也。何为理？父子有亲、君臣有义、夫妇有别、长幼有序、朋友有信五者之理是也。于伦理明而且尽，始得称为人之名。苟伦理一失，虽具人之形，其实与禽兽何异哉！（明·薛瑄《戒子书》[②]）

这里的“伦理”，即人在处理各种社会关系中反映出来的道德属性，人要在社会上立足，就必须使外在的社会规范内化为个人品质，成为一

---

①喻岳衡. 历代名人家训［M］. 长沙：岳麓书社，2003：204.

②楼含松. 中国历代家训集成 9［M］. 杭州：浙江古籍出版社，2017：5599-5600.

种德行。若无德行，这人就与禽兽无异。从这里可以看出，古人心目中的“人”，就是指具有优良品行的道德之士。

二是在日常生活中耳提面命，敦促子女一言一行都要崇德遵德守德，于细微处淬炼人格。

古人不仅重视对子女的道德灌输，更重视督促他们的道德践履，在日常生活中随时教诲与引导，帮助子女自觉培养道德意识和道德行为。

蔡邕，东汉时期名臣，文学家、书法家，他有两个女儿蔡贞姬、蔡昭姬。长女蔡贞姬，嫁上党太守羊衜为妻，是魏晋时期著名战略家、政治家羊祜的母亲；次女蔡昭姬，就是谱写中国古代十大名曲之一《胡笳十八拍》的蔡文姬（因晋朝避司马昭讳改“昭”为“文”）。蔡文姬自幼喜爱弹古琴，蔡邕便专门为她写了一段《女训》的训词，告诫女儿操琴击鼓时应注意的各种礼节。他说：

> 舅姑若命之鼓琴，必正坐操琴而奏曲。若问曲名，则舍琴兴而对，曰某曲。坐若近，则琴声必闻；若远，左右必有赞其言者。凡鼓小曲，五终则止；大曲，三终则止。无数变曲，无多少。尊者之听未厌，不敢早止。若顾望视他，则曲终而后止，亦无中曲而息也。琴必常调，尊者之前，不更调张。私室若近舅姑，则不敢独鼓。若绝远，声音不闻，鼓之可也。鼓琴之夜，有秭妹之宴则可也。（汉·蔡邕《女训》[①]）

意思是，如果长辈要求你鼓琴，你就一定要先坐端正，然后奏曲。如果别人问你曲名，就要放下乐器再回答是某某曲子。不管是奏大曲

①蔡邕. 蔡邕集编年校注（下）[M]. 石家庄：河北教育出版社，2002：493.

还是小曲都有一定的限制，如果客人没有尽兴，就绝不可停止。在奏曲的时候还要顾及周边环境，不可打扰到他人。在弹琴这一桩小事上，古人就能教子女这么多的礼节，足见古代家庭教育者们对教子立德的重视程度。

还有前面提到的“李晟教女”，也能看出古人在寻常小事上教子（女）立德的智慧与良苦用心。

号称“万人敌”的中唐名将李晟，虽为一介武夫，却从未忽视对子女的教育。李晟有一个女儿，许配给吏部尚书崔枢为妻。这一年李晟做寿，他的女儿从婆家赶回娘家为父亲庆贺。酒宴中，崔家一个侍女匆匆来到女儿身旁耳语了几句，女儿听后似乎有点不耐烦，但依旧与客人们推杯换盏，谈笑自若。后来在侍女的再三催促下，女儿才被迫退席。不大一会儿，女儿重新回到了宴席上。这一幕被李晟看到了，他觉得其中必有缘故，便召来女儿问个明白。

女儿答道：“刚才侍女来报，昨晚我婆婆得了一场小病，我看也没有什么大不了的，便派人回婆家代我去看望婆婆了。”

李晟听罢大怒，对女儿说道：“你真是个没有教养、不懂礼仪的女儿啊！你的婆婆病了，你作为媳妇，就应该在婆家侍奉左右，要像对待自己父母一样孝敬公婆，这才是我李家知书达理的女儿啊。”女儿听罢父亲的训教，急忙赶回婆家照料婆婆去了。宴会结束后，李晟又亲自来到崔家看望亲家，同时对自己疏于对女儿的管教表达了深深的歉意。

李晟教女的故事在当时传为美谈。由于李晟曾被封为西平郡王，因此李家的家训也被时人称为“西平礼法”，成为当时的家教表率。

欲正心者，必以立志为主

> 欲正心者，必以立志为主。志在于道德，则无修而非道理；志在于名，则无修而非名；志在于利，则无修而非利。
>
> ——休宁富溪《程氏宗族祖训》①

诸葛亮被后人誉为“智慧之化身”，他不但是三国时期蜀汉丞相及杰出的政治家、军事家，而且还是一位非常重视对后辈培养教育的家长。建兴十二年（公元234年）八月，诸葛亮在率军攻魏的途中，因操劳过度，病逝于五丈原（今陕西省岐山南）。临终前给年仅8岁的儿子诸葛瞻留下一封书信：

> 夫君子之行，静以修身，俭以养德，非澹泊无以明志，非宁静无以致远。夫学须静也，才须学也，非学无以广才，非志无以成学。淫慢则不能励精，险躁则不能治性。年与时驰，意与日去，遂成枯落，多不接世，悲守穷庐，将复何及！（三国·诸葛亮《诫子书》②）

这封书信在后世广为流传，尤其是文中“静以修身，俭以养德”以

①卞利. 明清徽州族规家法选编［M］. 合肥：黄山书社，2014：179.

②诸葛亮. 诸葛亮文译注［M］. 梁玉文，李兆成，吴天畏，译注. 成都：巴蜀书社，1988：187.

及“非澹泊无以明志，非宁静无以致远”被人们奉为修身养性、笃学励志的至理名言。这篇《诫子书》连同诸葛亮生前为外甥庞涣写的《诫外甥书》，成为古代家训中的名篇，是后世历代学子修身立志的座右铭。从这两封信中可以看出，诸葛亮对儿子和外甥的要求是一致的：教育他们要有远大志向，戒绝欲望，心态平和，珍惜光阴，重视学习。

“志”，从士从心，即士之心之所向，通俗地说，就是心里已经确立的、没有表露出来的大而长远的打算。古人在强调“志”的重要性时说：“三军可夺帅也，匹夫不可夺其志也。”（《论语·子罕》）可见，“志”，其实是人的一种精神气质。人们在夸赞、佩服某个人时，往往会说“有志气”；而当不满、瞧不起某人时，通常也会鄙视他“没有志气”。

“志”，不是从母胎里带出来的先天性格，而是后天培养的人格品质。一个人从母腹来到人世之后，要学习和掌握吃饭、穿衣、走路、说话这些日常生活的必备技能，这是生存的需要，也是人类学习的本能，无须任何外力督促便能自觉地进行。但人生在世，总要有所作为，不能虚度年华。当人具备基本生存条件之后，个体成长所面对的课题就是如何成为一个“有价值的人”，即古人所说的立德、立功、立言。立德需要治心修身、克服自我；立功需要披荆斩棘、攻坚克难；立言需要废寝忘食、勤学苦思。这一切，不仅会遇到外界的重重困难与阻力，还须经受本身意志上的考验。若意志不坚定，就会使我们半途而废、功亏一篑。只有认准个人奋斗的目标，下定决心迎难而上、百折不回，才能不惧任何艰难险阻，向着既定的目标前进。而这个“决心”，就是“志”。

古代家庭教育者们深知这个道理，所以在家庭教育中，“励志”是相当重要的课程，而这个课程又分三步循序而进：

一、人须立志

晋初文学家、竹林七贤的精神领袖嵇康遭人诬陷被捕入狱，被不喜欢他的司马昭下令处死。临刑前，嵇康向兄长嵇喜要来文房四宝，提笔写了一篇训诫儿子的《家诫》，第一句话就写道，“人无志，非人也”，如当头棒喝。其意是说，一个人，活在世上要有口志气，假如浑浑噩噩地过日子，那么他就不配做个人了！明朝嘉靖名臣杨继盛同样也是在临刑前的晚上，“仓促之间”就着昏暗的烛光写下《父椒山谕应尾应箕两儿书》：

> 人须要立志。……若初时不先立下一个定志，则中无定向，便无所不为，便为天下之小人，众人皆贱恶你。你发愤立志要做个君子，则不拘做官不做官，人人都敬重你。故我要你第一先立起定志来。（明·杨继盛《父椒山谕应尾应箕两儿书》①）

临刑之前还念念不忘对子弟的励志教育，可见立志对人生的重要性。

清代学者杜堮一生致力教育，主张“为学先须立志”。他在家训中说：

> 凡人日用云为，皆依其心之所向，未有心不欲而为之者。一技一能，亦必志在必成，而后能专其思虑，勤其操习，虽苦且烦不为惮，亦不肯辞也。志不立，则漫然尝试之而已矣。不旋踵而思退，

①楼含松．中国历代家训集成4［M］．杭州：浙江古籍出版社，2017：2286.

何以能成？（清·杜堮《杜氏述训》①）

从人的行为来看，平日的一举一动都是心里有想法然后才有行动，没有什么事是心里没有想到而动手为之。这个心里的想法说大了就是志向。学习任何技能，必须有必成的决心，然后才能专注其事，勤学苦练，即使遇到很大的困难、吃了很多苦头，也决不放弃。如果没有必成的决心，只是浅尝辄止，遇难而退，技能怎么能够学成？这里的决心，也是志向。与孔子、孟子、朱熹并称为“孔、孟、朱、王”的明代心学集大成者王守仁，对立志与否说得相当形象与透彻：

志不立，天下无可成之事。虽百工技艺，未有不本于志者……志不立，如无舵之舟、无御之马，漂荡奔逸，终亦何所底乎？（明·王守仁《教条示龙场诸生》②）

人若没有志向，就失去了奋斗的目标，犹如没有舵的船只，只能随波逐流，甚至原地打转；又像没有笼头的野马，随心所欲，四处乱闯，没有哪里是目的地。各行各业的成功，莫不与立志有关。没有“志”，普天之下难成一事。有了“志”，才有指路的航标、奋斗的方向，才能在漫长的道德修养过程中、在艰难的创业道路上，长期保持旺盛的进取精神，进而建功立业。

“孟母断机”是古代家庭励志教育的典型事例：

孟子在子思书院读了几年书，学到不少知识。后来就到鲁国的都城曲阜学习。到15岁时，他觉得自己有了学问，于是自满骄傲起来，常常

①楼含松. 中国历代家训集成10［M］. 杭州：浙江古籍出版社，2017：5835.

②王阳明. 王阳明诗文选译［M］. 吴格，译注. 成都：巴蜀书社，1997：160.

逃学跟学友外出游玩，荒废了学业。有一天回家，母亲询问孟子的学习情况，他支支吾吾，态度浮躁。孟母很生气，想到对儿子已经进行了多次教育，显然没有什么作用，现在再说也无用，于是拿刀将织布机上未织完的布"哧啦"全都割断了。孟子当时目瞪口呆，急忙双膝跪下，流着眼泪哀求母亲："孩儿何罪惹您老人家生气？儿有不对处，请母亲教诲。"孟母叹了口气，说："孩子，你是世族之后，3 岁时你父亲舍下咱母子而去，我日夜纺织供你求学，就是希望你学有所成。你却整日和那些纨绔子弟游逛嬉戏，荒废了学业，不图上进，娘能不痛心吗？你学业未成，不思上进，就和我剪断这匹布一样，岂不是半途而废？"孟子顿悟，从此发奋读书，学业猛进，最终成为仅次于孔子的亚圣。

"自古及今，有志而无成者则有之，未有无志而能有成者也。"（明·王守仁《寄张世文》）立志虽不是成功的充分条件，但是必要条件。但凡成大事者，必是有志之人。

二、志当高远

"志"本义为意念、心意，引申为意向、意愿，再由意向引申为目标。从字面意思讲，志可大可小，大到建功立业，小到生活日用。但在人们的认知中，意念、心意、意向都已经排除在志的范畴之外，只有目标、理想才能称为志。真正的志向，不是"我想吃饭""我要穿衣"之类张口就来、唾手可得的"意念"，而是"不经一番寒彻骨"就不能实现的理想。只有这样的理想，才能够激励人勇往直前，不断超越自我；也只有这样的理想，才能发扬奋斗不息的精神，推动社会不断向前进步。因此，人不仅要立志，更要立志高远。诸葛亮《诫外甥书》中的首句就是"夫志当存高远，慕先贤，绝情欲，弃凝滞，使庶几之志，揭然有所存，恻然有所感”。意思是，一个人应当有高尚远大的志向，仰慕先贤，戒绝情欲，抛弃阻碍自己进步的因素，使几乎接近圣贤的那种高尚志向能够保存在自己的头脑中，使内心震动，心有所感。有了理想，就有了奋斗目标，远大的志向更加弥足珍贵。一个人成功与否、事业大小，都是与其志向分不开的，志向的大小决定成就的高低。所以，人不仅要立志，而且还要立大志。王守仁说：

故立志而圣则圣矣，立志而贤则贤矣。（明·王守仁《教条示龙场诸生》①）

从字面上理解，这句话的意思是立志成为圣人，就会成为圣人；立志成为贤人，就会成为贤人。这个“会”，不是“一定”，而是“可能”的意思，就是说立志成为圣人，就“可能”成为圣人；立志成为贤人，就“可能”成为贤人。反之就是“不能”，也就是说，如果你没有成为圣人的志向，那么无论如何也成不了圣人。这个定论是不是太武断？假如没有“立志而圣”“立志而贤”，可能成圣成贤么？答案自然是否定的。试想，定下的目标走五十里，有可能走了三十里就不想走，绝无可能一不小心就走了一百里的道理。这是因为，“志小则易足，易足则无由进。”（宋·张载《经学理窟·学大原下》）一个没有远大志向、走一步算一步、活一天算一天的人，是不可能成就大事业的；而一个有志向的人，志向越大，前进动力就越大，对自己的要求就越严，工作标准就越高，坚持时间就越长，遇到困难也不会轻易被压倒，能坚韧不拔地朝着自己的目标前进，矢志不渝，坚持不懈，往往会得到命运之神的垂青，最后踏上成功的坦途。

①王阳明. 王阳明诗文选译［M］. 吴格，译注. 成都：巴蜀书社，1997：160.

回顾历史，有许多真实的事例充分证明了志向大小对事业成就的影响。

秦朝末年的陈胜，年轻时在富人家当雇工，当时正值秦朝的残暴统治时期，阶级压迫极深。他不甘心受人奴役，同情和自己命运相同的人。有一天，他对一起耕田的伙伴们说："以后我如果富贵了，一定忘不了今天在一块吃苦受累的穷兄弟。"大伙听了都觉得好笑："咱们卖力气给人家种田，哪儿来的富贵？你这不是异想天开吗？"陈胜不免有所感慨，叹息道："燕雀怎么知道鸿鹄的志向呢！"① 后来，陈胜发动并领导了我国历史上第一次农民起义——大泽乡起义，做出了惊天动地的壮举。如果不是胸怀"苟富贵"之志，陈胜当然不会"振臂一呼"，以至于青史留名。然而，也正是因为他的"苟富贵"之志并非如他所说的"鸿鹄大志"，因此，当义军得势之后，他很快忘记了"无相忘"的承诺，志满意得于陈郡一隅，自立为王，很快断送了起义的大好形势。假如他真正立下匡世济民的"鸿鹄之志"，"仍以昔之爱民者爱之，则中原逐鹿，又多一劲敌，汉之为汉，未可知也"②。

宋朝文学家柳开自幼喜欢文学，十分仰慕唐朝文学家韩愈、柳宗元的文风，因而自己改名为肩愈，字绍元，表示欲与韩愈比肩和绍承柳宗元的意愿。他立定志向以后，每天都要用功诵读这两位唐朝大文豪的作品，逐字逐句体会文章的意思，揣摩篇章结构的奥妙。在向韩柳二人学习的过程中，柳开体会到文如其人的道理，认为写文章并非只是用字造句的技巧，而是跟个人的思想修养和对事物的观察力有关。韩愈、柳宗元为人正直而有骨气，在政治上遭受挫折时也毫不气馁，从不向人乞求

---

①司马迁《陈涉世家》。

②周恩来. 周恩来早期文集（上卷）［M］. 北京：中央文献出版社，1996：77.

怜悯，所以他们的文章才有气势；他们对事物的观察又很细致，所以文章中有精彩的描写，读起来娓娓动人。柳开决心也要做个正直的人，既努力学习韩柳二人的写作风格，又注重以韩柳的优秀品德为榜样。他的修养不断提高，文章也越写越好，一扫五代十国时期的柔弱文风，开创了北宋诗文革新运动的风气。柳开的成功，与他立志高远并努力去实现自己的志向是分不开的。

志有大小之分。高远之志，既不是异想天开，更不是狂妄自大，而是给自己的人生确立一个理想、一个终身为之奋斗的目标。志有优劣之别。高远之志，既不是要显赫于世，也不是要利己肥家，而是一心为公、匡世济民的抱负与价值追求。

宋代台州人曹淇告诫儿子：

> 志气不可不察。志在人上，则气在人下；志在人下，则气在人上。人不能立志修身，乃徒以气傲物，吾恐日沦丧其所守，而以此气非刚大，故志易摧折。志气又有两种：有道义之志，有名利之志，有刚大之气，有骄淫之气。道义之志常在物表，恬然无欲；名利之志所欲无厌，患得患失之不已。刚大之气常在内，外则不与物竞；骄淫之气常在外，色厉而内则荏矣。（宋·曹淇《训儿录》①）

志气，是指做成某件事的决心与气概。在这里，曹淇对志与气进行了辩证的分析，认为志向高于人，则态度愈加谨慎，对人谦恭；志向低于人，则多表现为高傲自负、轻视他人。而且，志向越小，就越容易放弃。而志又分道德正义之志（道义之志）和追名逐利之志（名利之志），

---

①楼含松．中国历代家训集成 2［M］．杭州：浙江古籍出版社，2017：885.

气又分刚直正大之气（刚大之气）和骄纵放荡之气（骄淫之气）。人有道义之志，则超然于物外，对物质利益无欲无求，必然具有刚直正大之气并内敛于心，对外无争；若是名利之志，则满眼都是物质和利益，贪得无厌、患得患失，外表貌似坚强，内心却无比虚弱。名利之争，君子不为；名利之徒，人所不齿。所以，我们在决心立高远之志的同时，还要审视所立之志是否符合道义。这样，才能在理想目标的指引下，不断前行，乃至成功。即如清末重臣曾国藩所言："人的素质高下，要看他的志趣而决定。志趣低的人安于流俗平庸浅陋的陈规，于是越来越卑下；志趣高的人则摹仿先贤隆盛的行事，从而变得越来越高明。人才的优劣与智愚，从此可以区别开来。"（《答欧阳勋》："凡人材高下，视其志趣。卑者安流俗庸陋之规，而日趋污下；高者慕往哲盛隆之轨，而日即高明。贤否智愚所由区矣。"）也许远大的理想就像夜空中的明星一样，立志者永远不能触摸到它，但能借着它的清辉坚持前行，而不致迷失方向。

三、矢志不移

立志是成事之基，守志是成事之本。前面已经说过，立志是成功的必要条件，但不是成功的充分条件。立志很简单，但要想守住自己的志向就不是一件容易的事情，要想终生坚定志向更是难上加难。守志如行路，有行十里者，有行百里者，有行终生者。行十里者众，行百里者寡，行终生者鲜。所以立志与否，不在其人是否"有志"，而是要看其人是否"守志"。俗话说，无志之人常立志，有志之人立志长。一个人在奔向目标去学习、去工作的时候，如果朝三暮四、浅尝辄止，遇到困难就改变志向，遭受挫折就转换方向，这样的人，看似有志，其实无志。

宋代词人叶梦得在撰写《石林家训》后，又专门就治生（即经营家业、谋生计）的方法与原则写下著作《石林治生家训要略》，除教育子孙“要勤”“要俭”“要和气”外，还告诫子孙“要耐久”，他说：

昔东坡曰：“人能从容自守，十年之后，何事不成?”今后生汲于谋利者，方务于东，又驰于西，所为欲速则不达，见小利则大事不成。人之以此破家者多矣。故必先定吾规模，规模既定，由是朝夕念此为此，必欲得此，久之而势我集、利我归矣。故曰善始每难善继，有初自宜有终。（宋·叶梦得《石林治生家训要略》[①]）

“必先定吾规模”，即确定目标，也可以称为立志。他要求子孙目标确定之后，从此就要为实现这个目标去工作、去努力，不达目的决不放弃。不能急功近利，做着这件工作，又觉他处有利可图，忽而改做其他事情。这样虽然暂时可以得到一点小利，但是初时立下的目标就不能实现。由此而导致破败家业的情况也有很多，因此一定要坚守目标，有始有终。

南宋哲学家、“淳熙四先生”之一的杨简，在其家训著作《纪先训》中，多次强调子孙要立志，告诫子孙“有志，可以夺造化。……无志，久久与流俗同。”关于守志，他作了一个形象的比喻：“事无大小，有志者皆得之。窃盗取地窟，一锹复一锹，不敢作声，不敢思量他事，但一心求彻。学者似之，不患所学不成也。”将守“道义之志”与盗墓人的伎俩相比固然不妥，但不忘初心、坚守始终，的确要不畏艰难，不作他

①楼含松．中国历代家训集成 1［M］．杭州：浙江古籍出版社，2017：291-292.

想，一心一意为达到目的而努力。

晚清中兴名臣左宗棠青年时代就志向笃定，23 岁时自题对联以明志："身无半亩心忧天下，读破万卷神交古人。"他也十分注重家风家教，他在《与子书》中告诫儿子：

> 志患不立，尤患不坚。偶然听一般好话，听一件好事，亦知歆动羡慕，当时亦说我要与他一样，不过几日几时，此念就不知如何销歇去了，此是尔志不坚，还由不能立志之故。如果一心向上，有何事业不能做成！（清·左宗棠《给子孝威》①）

纵观左宗棠的一生，从办理洋务、主持船政到收复新疆、抗击法军，一以贯之地践行自己的志向；他的孩子长大后能够报效国家、不辱使命，也与左宗棠对他们早立志、立长志的教导有很大关系。

北宋大文豪苏东坡，因抨击朝廷横征暴敛，被贬谪黄州，薪俸也随之锐减，几乎到入不敷出的窘况。有人劝他找朝中的朋友"活动活动"，他却不愿意"为五斗米折腰"。一天，一位老朋友来访，见他家客厅的大梁上悬挂着 30 个小竹筒和 1 个大竹筒，十分纳闷。这时，苏东坡嘱咐家人备一席酒菜，要与老友痛饮三杯。家人应诺后用叉挑下那个大竹筒，退到内屋去了。这位老友见状，忍不住向苏东坡发问："子瞻兄，不知你这屋梁上挂的是啥？"苏东坡没有马上回答，只是起身又叉下一个竹筒，倒出筒中数十枚铜钱置于桌上。这位老友仍是不解。苏东坡朗声大笑，说出了竹筒之谜。原来，苏东坡为了计划开支，量入为出，把每月领到的薪俸分为 30 份，然后装入竹筒中挂在屋梁上，每天早上用木

①李渔村．左宗棠处世箴言［M］．大连：大连出版社，1994：204.

又挑下一个竹筒，作为当日的开支。每日节余部分，集中贮放在大竹筒中，逢年过节或有来客才从大竹筒中取出结余的钱备办酒席。这位老友听了，十分感佩。计划开支，量入为出，表面看来只是生活琐事，是家庭经济困窘的无奈之举。但要知道，以苏东坡在当时的文坛地位，或找昔日同僚疏通关系提高一点待遇，或写几篇吹捧达官显贵的文章诗词，都能够缓解经济上的困境。但他始终坚持自己的政见与处世态度，宠辱不惊，乐守清贫。而按苏东坡自己的话来说，这就是“宜守不移之志，以成可大之功”（《赐太师文彦博乞致仕不允断来章批答》）。

守志是出自内心的对志向的坚持，是一个人坦然面对生活、面对人生的态度。嵇康临刑前不仅对子孙发出“人无志，非人也”的警告，同时又对子孙提出“口与心誓，守死无二”的期望，他引经据典地对子孙们说：

> 若夫申胥之长吟，夷叔之全洁，展季之执信，苏武之守节，可谓固矣！故以无心守之，安而体之，若自然也，乃是守志之盛者耳！（魏晋·嵇康《家诫》①）

申包胥赴秦长哭借兵复国，伯夷、叔齐归隐以全洁行，柳下惠秉守信义，苏武忍辱守节，他们都称得上是意志坚定。所以，不存他心而恪守志向，平和安定而履行志向，这才是最好的守志。不刻意为“守志”而守志，乃是守志的最高境界。只有“一思尚存，此志不懈”“生、死、穷、达不易其志”者，才称得上“有志之士”。

---

①韩格平．竹林七贤诗文全集译注［M］．长春：吉林文史出版社，1997：550．

孝悌忠信， 立身之大本

孝悌忠信，立身之大本。礼义廉耻，行己之先务。

——（宋）李邦献《省心杂言》①

立身，就是为人和处事，也可以理解为安身立命。人生天地间，任谁也绕不过这两宗事。人虽然具有自然属性（人的肉体存在及其特性），但是其最根本的特性是社会属性，也就是在实践活动的基础上人与人之间发生的各种关系。在错综复杂的联系中，每个人都有一定的“人气”。如果一个人不待人见，人见人烦、人见人厌，旁人对他唯恐避之不及，那么这个人虽然在自然属性上还存在于世间，但是在社会属性上却已无立身之地。所以，作为一个具有社会属性的人，要有积聚“人气”的立身之本。

所谓“立身之本”，是指作为具有一个社会属性的人，所拥有的安身立命的本领、能力。它包括人的品质、知识才华、处世能力、从业技能、身体素质等各个方面。毫不夸张地说，立身之本是人“活”着的必要条件，是生而为人的基础。

古人对立身之本的内涵有各种各样的理解。例如：“立身之道，内刚外柔”（宋·李邦献《省心杂言》），“‘信’字是立身之本，‘恕’字是接物之要”（明·陈继儒《小窗幽记 围炉夜话》），“孝悌为人之本”

①楼含松. 中国历代家训集成1［M］. 杭州：浙江古籍出版社，2017：282.

(清·张之洞《致儿子书》)，“勤以立身”（清·钱谦益《明崇祯瞿式耜刻本》）等。正是因为“立身之本”具有多元特征，传统家训的立身教育几乎涵盖了古代家庭教育的全部内容，许多家训甚至还置有“立身”的专门章节，如明代宋诩的《宋氏家要部》、清代王心敬的《丰川家训》等。限于篇幅，以下仅择要点对古代家庭教育者教子立身的思考与方法进行粗略的阐述。

一、立身百行，以学为基

元代学者许名奎写了一本“旷世奇书”，名曰《劝忍百箴》，在此书中，许名奎将他认为的人应当具备的品行归纳为一百句“忍”字箴言，希望人们将“隐忍”这样一种生活态度转化为一种处世的能力。在“好学之忍”一句中，他说：“立身百行，以学为基。”指出在安身立命的诸多本领中，学习是最为基本的一件事，不管将来做什么事情，都应该以学习作为基础。撇开这本书给人们带来的是积极影响还是消极影响（此书将中国古代的“忍”文化发展到极致），单这“立身百行，以学为基”一句，还是比较中肯的。一个人要想很好地融入社会，在芸芸众生中获取“人气”，必须先要锤炼自己的人格品质，以自身良好的精神风貌去打动他人，获取他人的信任与拥戴。而人要改变气质，就需要学习。

“立身以力学为先”（宋·吕祖谦《少仪外传》），学习是人获取知识的重要途径，无论修身养性，还是扩宽眼界、习得技艺，都要在学习的过程中实现。故此，从孔子教导儿子“君子不可以不学”开始，“勉学”就成为传统家训中必不可少的内容之一。分章节而写的家训，几乎都有独立的劝学篇章，如颜之推的《颜氏家训》，全书20篇，其中就有一篇“勉学第八”；袁采的《袁氏世范》，在“睦亲”一卷中，就有“子弟不可废学”一节；明代张永明的《张庄僖家训》，有“勤学业”一节。篇幅较短的家训，亦有劝学内容，如“非学无以广才，非志无以成学”（三国·诸葛亮《诫子书》）；“子孙虽愚，经书不可不读”（清·朱用纯《朱子治家格言》）；“有志气无学问，至欲用学问时，往往被穷，始知志气不可空抱”（清·傅山《杂训》）等。

“腹有诗书气自华”（宋·苏轼《和董传留别》）。只有通过学习才能变化气质。明末清初思想家陈确，在家训中这样描述学与不学的区别：

> 端庄静慎者，望而知为学人；慢易轻诞者，望而知为草野市井人。（明·陈确《书示仲儿》①）

外在的表现有没有气质，腹内有没有知识一望而知。他间接地告诉儿子，书读得多了，人的精神状态随之改变，这样在与人交往时，就会彬彬有礼、“端庄静慎”，必然受到他人的欢迎与尊重；反之，如果不学无术、腹内空空，其外表必然是“慢易轻诞”，与人交往时，必为人所不喜，甚至敬而远之。

彬彬有礼、“端庄静慎”的气质，不单指人的外表和语言，更是涵盖人的言谈举止、所作所为。举个例子，假如某人见到一位老人，他在言语之间很是尊敬，但老人需要帮助的时候，却无动于衷甚至避之不及，这还能称得上“彬彬有礼”么？所以，学习的重要意义在于实践、在于更好地服务于社会。

---

①王瑞昌. 陈确评传［M］. 南京：南京大学出版社，2002：387.

明末清初理学大家孙奇逢，在勉励子孙勤奋学习的同时，还特别强调要学以致用。在《孝友堂家训》中，孙奇逢告诫子孙，应试科举，不是读书的主要目的，读书“全为明道理做好人。道理不明，好人终做不成”。如何明道理做好人？就是“学问须验之人伦事物之间，出入食息之际”。意思是，须将所学学问在待人接物之间，及一切日常生活中进行验证，这个“验证”，就是实践。在实践中“日用循习，始终靡间，心志自是开阔，文采自是焕发，沃根深而枝叶自茂”。

清代萧山人汪辉祖作《双节堂庸训》六卷，其中第五卷“蕃后”专门讲述教子之道。在谈到子孙读书时，他说：

> 读书以有用为贵。所贵于读书者，期应世经务也。（清·汪辉祖《双节堂庸训·蕃后》①）

读书贵在致用。之所以看重读书的人，就是期望他们通过学习，能够阅历世事、应酬事务，有益于国家、社会和大众。

清初著名学者、教育家李毓秀把学和用两者的关系说得比较透彻，他告诫子弟说：

> 不力行，但学文，长浮华，成何人！但力行，不学文，任己见，昧理真。（清·李毓秀《弟子规》②）

这句话的意思是，不能身体力行、勤于实践，只是死读经典，纵有

①傅浩军，王国平. 汪辉祖家训［M］. 杭州：杭州出版社，2017：153.
②李译安. 三字经·百家姓·千字文·弟子规［M］. 北京：中华书局，2017：217.

知识，也只是增长自己华而不实的浮夸习气，变成不切实际的人。仅仅是身体力行，却不肯读书学习，就容易任由自己的偏见引导着去做事，事理的真谛也就蒙昧不清了。

战国时期的赵括就是一个“不力行，但学文，长浮华”的典型代表。

赵括，赵国名将赵奢之子。赵奢是战国时期东方六国八大名将之一，无论是政治还是军事，赵奢都有很高的才能。秦赵阏与之战，赵奢纵兵击之，大破秦军，因此获封马服君，并留下“狭路相逢，勇者胜”的名言。受父亲的影响，赵括从小就学习兵法，论战谈略，与父亲谈论战阵布设之道时也能够说得头头是道，连久经战阵的赵奢也难不倒他，以至于自以为论军事才能天下没有人能比得上他。公元前260年，秦军和赵军在长平对峙，当时赵奢已经去世，赵相蔺相如也身患重病，赵孝成王派廉颇带兵迎敌。廉颇采取坚守营垒的战术，紧闭城门拒不接战。秦军见无法取胜，便派间谍在赵国军队中散布谣言，说秦军最忌讳、最害怕的，就是马服君赵奢的儿子赵括做赵军的将帅。赵孝成王求胜心切，便让赵括代替廉颇当了带兵的统帅。赵括取代廉颇之后，就立刻全盘更改战术，要与秦军决一死战。秦国将领白起得到情报，运用奇兵巧计，假装战败退走，却从背后偷袭赵军的辎重及补给路线，把赵国的军队截断为两部分。慌乱之下，赵括率军四次突围，但均告失败，自己也在混战中中箭身亡，只留下“纸上谈兵”的历史笑柄。

可见，学为立身百行之基，只是立身处世的起点和基本条件，通过学习，才能明白做人的道理，但还须在生活中践行。

二、戒尔学立身，莫若先孝悌

封建社会的道德规范，是孝、悌、忠、信、礼、义、廉、耻，简称“八德”。其中“孝”乃“八德”之首，“悌”（古代“弟”是“悌”的通假字）居“八德”之次，由此可见，“孝”与“悌”在古人心中的分量。

北宋初年，范质因“能循规矩、慎名器、持廉节”（赵光义语）被黄袍加身的赵匡胤继续任命为宋朝开国宰相，他的侄子范杲见他官居一人之下、万人之上，便来信希望通过这种关系迁升自己的官职。范质对侄子这种想法深感不安，于是写了一首八百字的长诗作为回信，除了以自己的亲身经历教育侄儿要勤奋好学、清白做人之外，还给侄儿提出了六戒，其中第一戒就是：“戒尔学立身，莫若先孝悌。怡怡奉亲长，不敢生骄易。”（《范鲁公戒从子诗》）

为什么立身要“先孝悌”？我们不妨把古人关于孝悌的训诫串联起来理解：首先，孝道是衡量一个人道德品质的标杆，如果不能孝敬父母、维护家庭和睦，又岂能和以处众？“父者，人之天也；母者，人之地也。天地之德于人大矣，父母之恩于人深矣，何以报之也哉？……呜呼！为人子者，虽竭力致身，有不足以罔极之恩者矣。”（宋·王十朋《家政集》）乌鸦尚能反哺，羊羔亦知跪乳，作为人子，父母的生养之恩大于天、深于海，当竭力致身、以尽孝道。如果对自己的亲生父母都不能尽孝道，那么对父母之外的人还有情义吗？这样的人必然为人之不齿，何来立身之地？其次，孝是涵养一个人道德品质的基础，如果不具有孝的品行，又谈何修身养性、涵养道德？“人性苟有一孝，则无所不包，犹树根一固，而百枝生焉。”（宋·唐子滂《孝义篇》）这不是说人只要有孝心孝行，就拥有了所有的道德品行，而是说孝是最基本也是最优秀的品质，就像树生了根就会长出千百根枝条一样，人有孝心孝行，他在其他的方面懂得如何去做，品行也不会差。这个结论并非妄断，而是来自于孝的内涵。什么是孝？王十朋在他的家训《家政集》中作出了生动的诠释，他说：“事亲之道，以养为先；养亲之道，以敬为主。贫者啜粟饮水，欲其尽欢；富者备三牲之养，八珍之奉，欲其尽礼。夫子有言曰：‘今之孝者，是谓能养。至于犬马皆能有养，不敬，何以别乎？’然则养而能敬，虽菽水之微，不害其为孝；苟不敬焉，虽日用三牲、具八珍，犹为不孝也。”简而言之，对父母只养不敬，不是真孝。不敬父母，不见得就是恶语相向，自己的言行不得体，辜负了父母的期望，也是对父母的不敬。对此，王十朋作了一番分析，他认为，为人子者，除了孟子说的“五不孝”之外，还有三件事也是不孝，那就是酒、色、赌。酒色两件事，伤身、败德、破家、辱身，自不必说，单说赌，那便是盗贼之行。其一，好赌者，起心于贪，欲占他人钱财，品性已坏。其二，赌博有赢有输，输了钱财，必然希望追回本钱，于是再赌，赌而又输，输了再赌，最终输光家财，沦为乞丐甚至盗贼；而赢人钱财，夺人家产，又与持刀抢劫何异？所以，真正的孝心孝行，除了竭尽所能赡养父母之外，还须远离恶习，行善积德，给父母一个好的环境安享晚年，才能不辜负父母的养育之恩。

“兄弟辑睦，最是门户久长之道。”（宋·叶梦得《石林家训》）除了孝道之外，维护家庭和睦也是立身的基本品质。“戒尔学立身，莫若先孝悌”之“悌”，在这里不仅是敬重兄长的意思，而且指以自身的修养维护家庭和睦，是齐家之道。家庭是一个特殊的小社会，只有齐家得法，使家族成员齐心协力、和睦相处，才能获得社会的认可。“立家有道，则邻里悦而归之，以是为验。”（宋·杨简《纪先训》）

“芳林新叶催陈叶，流水前波让后波。”眼下的子女就是将来的家长，齐家治家的责任终究会落到子孙的肩上，所以古代家庭教育者在教子立身时，通常要提前传授给他们齐家之道。

古代家庭教育者对于子孙“治家”的教育，也是一门分量很重的课程。在一些系统的家训家规中，均有独立篇章来规范治家原则，如《颜氏家训》二十篇，其中第五篇即为“治家”，该篇详细规定了教育、刑罚、勤俭、嫁娶、迎送等居家原则；司马光的《温公家范》共十卷，其中卷一就是“治家”，该卷系统地提出了“治家必以礼为先”“谦恭治家，尊贵集门”“勤俭致富，仗义疏财”“家庭和睦之道：忍忍忍”等治家思想；袁采的《袁氏世范》共三卷，其中卷三为“治家”，提出了“居家贵宽容”“处家多想别人长处”“当家需要理解”等治家思想。也有专门针对治家而作的家训家规，如朱柏庐的《治家格言》六百余字，通篇都是居家、治家的思想；曾国藩的《治家方略》，基本内容就是“居家之道”“居家美德”“居家五戒”等。此外还有一些篇幅比较短小的家训、家书，都不乏齐家方面的道德教育内容，此处不一一列举了。

除治家之道外，还有不少家训对子弟家人的行为也进行了具体的规定。如安徽歙县潭渡孝里黄氏宗族家训：

子弟幼者，必后于长者，言语必有伦序。应对宾客，不得杂以里俗方言；不得戏谈乐道、议人短长；不许谈人闺阃。即他省外府者，亦不得轻信妄谈；不得谑浪败度，背手跣足，勾肩搭背，以陷于轻儇；不得信口歌唱，率意胡行，以致流为游手游食之人。（歙

县潭渡孝里《黄氏家训》[1])

总之，“孝悌为人之本，本之不存，学也何用?”（清·张之洞《致儿子书》）人有孝悌之德，其为人之品行虽不见得可以“免检”，但至少具备了立身的基本条件。

三、不信不立，不诚不行

诚实守信是一切道德的基石，是人立身的根本，也是个人融入大众、立身社会的基本法则。

早在春秋时期，孔子多次向弟子们强调“信”对于人立身处世的重要性。他说：“人而无信，不知其可也。大车无輗，小车无軏，其何以行之哉?”（《论语·为政》）意思是，人要是失去了信用或者不讲信用，不知道他还可以做什么？就像大车、小车的车辕（车前部驾驭牲口的两根直木）与横木衔接处没有木销，它靠什么行走呢？后来，在弟子子贡请教如何治理政事时，他回答说：“自古皆有死，民无信不立。”（《论语·颜渊》）意思是，自古以来人都有一死，但如果人们不信任政府，那么国家也就不能存在下去了。宋代理学家朱熹对此批注说：“民无食必死，然死者人之所必不免。无信则虽生而无以自立，不若死之为安。”（《论语集注》）这个批注，将“民无信不立”引申出人没有信用就没有立足之地的含义（实际上，无论是国家、政府或任何组织，都是由人组成的集合体）。

“信”不仅是古代贤人、学者推崇的道德观点，也是社会所提倡的

①卞利. 明清徽州族规家法选编［M］. 合肥：黄山书社，2014：21.

道德价值体现。我国传统的道德观念，有“三纲五常”“五伦八德”（亦有“四维八德”之说，然“四维”已为“八德”所涵盖），在这些道德观念中，都能看到“信”的存在。例如，“五伦”，父子有亲、长幼有序、夫妇有别、君臣有义、朋友有信；“五常”，仁、义、礼、智、信；“八德”，孝、悌、忠、信、礼、义、廉、耻。可见，“信”在人们心目中的分量是非常重的。

信，从人从言，本义为言语真实，是人的外在表现。而诚，则是人内在的德行，是信的基础。“诚，五常之本，百行之源也。”（宋·周敦颐《通书·诚下》）诚于中，必信于外；心无诚，无所谓信。因此，不仅现代汉语中常将“诚”“信”二字连用，在古代，“诚”“信”二字亦经常在一起出现。例如，“是故贤者之祭也，致其诚信，与其忠敬”（《礼记·祭统》）；“先王贵诚信，诚信者，天下之结也”（《管子·枢言》）；“雄虽武将，而性质宽厚，治民颇有诚信”（《北齐书·尧雄传》）；等等。

诚信教育在传统家训中是作为“正性”“养心”“成德”的基础教育来开展的。

北宋著名理学家程颢、程颐兄弟，在父亲程珦、母亲侯氏的严格家教中成长，良好的家教，不仅成就了他们的学识，更成就了他们的品行。在《河南程氏遗书》中，他们给后代留下了这样的告诫：

> 人无忠信，不可立于世。
>
> 不信不立，不诚不行。
>
> 不诚，无以为善；不诚，无以为君子。（宋·程颢、程颐《河南程氏遗书》[1]）

---

①程颢，程颐. 河南程氏遗书［M］. 合肥：黄山书社，2022：455、462.

他们认为，忠信是立世的基本品质，人没有信义就无法立足于社会，缺乏真诚就无法进行正常的人际交往；诚信是君子修身立德的重要途径，是为人处世的重要原则。

袁采将“人贵忠信笃敬”作为处己的重要品德，他说：

> 言忠信，行笃敬，乃圣人教人取重于乡曲之术。……有所许诺，纤毫必偿；有所期约，时刻不易，所谓信也。……若能行此，非惟取重于乡曲，则亦无入而不自得。（宋·袁采《袁氏世范·处己·人贵忠信笃敬》① ）

待人诚实守信、厚道谦逊，是圣人教导人们获得乡邻敬重的方法。对别人许下的诺言，再细小的事也要兑现；与别人约定的时间，一时半刻也不能改变，这就叫作信。如果能这样做，不仅能得到乡邻的敬重，而且自身也无时无刻不感到舒畅安闲。

明末清初朱子学倡导者张履祥训诫儿子：

> 忠信笃敬，是一生做人根本。若弟子在家庭，不敬信父兄，在学堂，不敬信师友，欺诈傲慢，习以成性，望其读书明义理，向后长进难矣。（清·张履祥《示儿》② ）

他教导儿子做人要忠实、诚信、厚道、敬重师长，这是一辈子做人的根本所在。如果在家中不能对父兄尊敬、诚信，在学校不能对老师朋

---

①袁采．袁氏世范［M］．上海：上海人民出版社，2017：63.

②颜之推，等．中国家训精华［M］．周彪，译注．天津：天津古籍出版社，2018：267.

友尊敬、诚信，狡诈骗人，傲慢无礼，指望能够读书明义理、日后有所长进，恐怕很难。

汪辉祖在《双节堂庸训》中告诫后世：

> 以身涉世，莫要于信。此事非可袭取，一事失信，便无事不使人疑。果能事事取信于人，即偶有错误，人亦谅之。（清·汪辉祖《双节堂庸训》[①]）

人立身于世，最重要的是信誉。这个信誉是不能从祖宗父兄那里沿袭取用的，要靠自己平时积累建立。如果有一件事失信于人，那以后无论做什么事都会使人怀疑；而如果能够做到事事取信于人，就算偶尔有点错误，别人也能够体谅。

在《宋名臣言行录》中，记载了一则北宋谏议大夫陈省华教子诚信的故事。陈谏议家里有一匹烈马，性情暴躁，不能驾驭，踢伤咬伤了很多人。一天，他走进马棚，没看到这匹马，于是问马夫："那匹烈马怎么不见了？"马夫回答说："翰林（陈省华三子陈尧咨，时任翰林学士）把马卖给一个商人了。"陈谏议问："那商人买马干什么？"马夫说："听说是买去拉货。"陈谏议又问："翰林有没有告诉那商人这是匹烈马？"马夫摇摇头，"没有。"又笑着说道："老爷真会说笑话，要是对那人说了这马又踢人又咬人，他还会买么？"陈谏议马上召来儿子，生气地训斥道："你是朝中重臣，家里的人都不能制服这匹马，商人又怎么能养它呢？你这不是骗人么？"陈尧咨申辩说："马是他自己看中的，他愿意买，我就卖给他了，又没有强迫他，怎么是骗人呢？"陈谏议叹了口气，

---

①傅浩军，王国平. 汪辉祖家训［M］. 杭州：杭州出版社，2017：124.

说道："这么多年的书你是白读了。你听过'不欺买主'的故事么?"陈尧咨摇头说不知。"唉，这都是我的错，只顾教你读书诵经，却很少教你怎么做人。今天我就给你补补课。唐朝时有个叫陆元方的人，想卖掉城外的一所宅院，一切都与买家谈好了，就等拿钱来交割。陆元方送买房人时边走边说：'这房子哪里都好，就是没有出水的地方。'买家听了也没说什么，回家后左思右想，最后找个借口推辞了。事后，儿子和两个侄儿都埋怨他不该多言，他却说：'难道可以为了卖掉房子欺骗别人吗?'"见儿子低头不语，陈谏议缓声说："你手下那么多驯马高手都驯服不了这匹马，一个到处游走的商人怎么养得了它?你不把实情告诉他，这不是在欺骗人家吗?""父亲，是我错了。我这就去把那匹马追回来。"陈尧咨找到买马人，向他说明原因并道歉，将卖马的钱如数退还，自己把马牵了回来。

陈谏议通过卖马这件事，教育儿子做人要诚实无欺，体现了推己及人、处处为他人着想的优秀品德。

诚实守信既是人的品质，也是一种处世原则。只有以诚待人，信以为本，才能获得别人的理解与尊重。

四、立身之本，义让为先

"义"是一个内容相当丰富的道德范畴。在传统文化中，"义"与"仁"通常是连在一起的道德概念，即"仁义"。"仁，人之安宅也；义，人之正路也。"（《孟子·离娄上》）这是孟子对仁义的理解。他认为"仁"是人的思想道德，而"义"是将其付诸实践的行动。为人处世要怀着仁爱之心，做符合道义的事，这是作为一个有德之人的要求。西汉思想家、教育家董仲舒在其著作《春秋繁露·仁义法》中，是这样定义

“仁义”的：“仁之法在爱人，不在爱我；义之法在正我，不在正人。”他认为仁义就是爱人正我，用仁爱的德行对待别人，用道义的规范约束自己。正是因为有爱人正我的内涵，无论是在人们的道德观念中还是在一定社会时期的道德规范里，“义”都有着重要的地位。例如，国之“四维”乃“礼、义、廉、耻”，儒家“五常”是“仁、义、礼、智、信”，无论“五伦”“八德”，都有“义”的规范相互交集。在古人看来，“义”是处理群己关系的一条基本行为准则，也是个人养德修身的重要价值取向。

“义”是一种道德行为，而在具体的行为中又可能牵涉自身利益的取舍，因此义与利之间总有一种解不开的联系，这在古代哲学上叫作“义利之辨”，在现代哲学上叫作“义利观”。董仲舒说：“天之生人也，使人生义与利，利以养其体，义以养其心，心不得义不能乐，体不得利不能安。”（《春秋繁露·身之养莫重于义》）义与利都是人所需要拥有的东西，关键是当面临义与利二者必选其一时，该如何取舍。荀子认为，“先义而后利者荣，先利而后义者辱。”（《荀子·荣辱》）这是一种朴素的却代表着中华民族优秀道德的义利观。孔子在回答弟子关于如何成为一个完美的人时说：“见利思义，见危授命，久要不忘平生之言，亦可以为成人矣。”（《论语·宪问》）见到利想到义的要求，遇到危险能献出生命，长久处于穷困还不忘平日的诺言，这样就可以成为一个完美的人。

中华民族乐善好义的传统美德，在传统家训文化中具体体现为重义轻利、见义勇为、义让为先等各个层面。

（1）重义轻利

就人的需求而言，义与利是统一的；但从道德立场上讲，义与利又是对立的。不管是对立还是统一，义与利是人生道路上绕不开的选项。基于中华民族优秀道德传统，见利思义、重义轻利是家庭教育所一致推崇的价值取向。例如，南宋著名哲学家、教育家陆九渊说："君子义以为质，得义则重，失义则轻，由义为荣，背义为辱。"（《与郭邦逸》）明初"读书种子"方孝孺作《幼仪杂箴》，用坐、立、行、寝等20个字对子孙的日常行为制定了具体的规范，其中关于"取"，他说："非吾义，锱铢勿视；义之得，千驷无愧。物有多寡，义无不存。"他告诫子孙，不义之财，一丝一毫也不能取；符合道义之财，一千驾马车的财富也无愧于心。财物可多可少，但义决不能不存。明代嘉靖进士方弘静在家训中教育子孙，如何正确取舍义利，是做君子还是为小人的关口，懂得命运的人必然是重义轻利。在安徽宣成四安的《孙氏家乘》中，有一条家规规定："读书尚礼，交财尚义，毋致骄慢啬吝，有玷家声。"

（2）见义勇为

义有大小之分，由于私人关系而甘于承担风险或牺牲自己利益表现的是"小义"，而见义勇为、舍生取义则是"大义"。明代中期著名经济改革家庞尚鹏在谈到谦和与大义的关系时说："处身固以谦退为贵。若事当勇往而畏缩深藏，则丈夫而妇人矣。古人言若不出口，身若不胜衣，及义所当为，虽孟贲不能夺。此以义为尚者也。"（《庞氏家训》）明末清初理学大家孙奇逢在其家训《孝友堂家规》中，一字不差地抄录了《庞氏家训》的这段话。他们认为，处身固然要谦恭退让，但到了义所当为的时候，就要像古人那样，即使口里讲不出话来，身体虚弱到不能承担衣服的重量，即使像孟贲那样的勇士来阻拦，也不能改变自己的"勇往"行为。这里所说的义，无关个人利益，却关乎社会公平正义，所以它是大义。

春秋时期的申包胥"哭秦庭"，是一个负小义而全大义的典型事例。

楚平王昏庸无道，听信费无忌的谗言，诛杀了太子傅伍奢和他的大儿子伍尚，迫使太子建和伍奢的小儿子伍子胥亡命天涯。公元前506年，伍子胥协同孙武带领吴国兵马攻入楚都。此时楚平王已死，伍子胥掘楚平王墓，鞭尸三百，报了父兄之仇。从“私义”来说，他为父兄是尽“义”，但从“大义”来说，他为报一家之仇而背叛祖国，引来外敌屠杀同胞，此举受到不少人的非议，伍子胥也因此成了历史上颇有争议的人物。伍子胥有个好友叫申包胥，他虽然同情伍子胥的家庭遭遇，却对他引吴兵灭自己的祖国十分不齿。他抛弃与伍子胥是朋友的“私义”，一路跋涉来到秦国，在秦王宫前哭了七天七夜，滴水不进，终于感动了秦国君臣，秦哀公亲赋《秦风·无衣》，诗曰：“岂曰无衣？与子同袍。王于兴师，修我戈矛，与子同仇！”并发战车五百乘，遣大夫子满、子虎救楚，楚得以复国。复国后楚昭王要封赏申包胥，他坚持不受，带一家老小退入山中隐居。

显然，申包胥在“大义”和“小义”发生矛盾的时候，让朋友之间的“私义”服从了国家的“公义”，因此获得了楚国人的尊敬。

（3）义让为先

前面讲过，义之法，在正我，不在正人。所以，“义”在古代往往又与“让”联结为词，如：“宪以前太尉邓彪有义让，先帝所敬，而仁厚委随，故尊崇之。”（《后汉书·窦宪列传》）《太公家教》甚至提出“立身之本，义让为先”。

在传统家训中，关于礼让、谦让、忍让的训诫之词，都属于义让的范畴，这既是处己之道，亦是处众之道。

宋代台州人曹淇，作《训儿录》以“训饬于家庭之间”，在谈及处世之道时，他说：

> 处众之道，全在退后一步。……若能退逊一步，所逊其实不多，而可以得众情，且免纷争之祸，而志气又高尚，非得便宜而

何？（宋·曹淇《训儿录》[①]）

退让一步，其实让的也不多，对自己没什么损失，却可以得到众人的理解，既避免了争吵，又凸显了自己的高尚人格，这不是得到了便宜么？

浦江《郑氏规范》第一百二十三条规定：

子孙当以和待乡曲，宁我容人，毋使人容我。切不可先操忽人之心。若累相凌逼，进退不已者，当理直之。（元·郑涛《旌义编》[②]）

意思是，子孙对待乡邻应当和睦，宁可以我容纳别人，不可让他人来迁就我。处理事情时，切不可事先对对方持愤怒的心态；对方如果老是咄咄逼人，不肯罢休时，则应当理直气壮与之论理。

还有明代“了凡先生”袁黄的“处众之道，持己只是谦，待人只是恕，这便终身可得”（《训儿俗说·处众》）以及“抱独居士”吕坤的“处世无巧术，一谦让尽之矣”（《四礼翼·处世》）等教诫，都是传授给子孙的处世（处众）之道。

古人口中的“义让”，是基于大义的谦让。今人对古人谦退、忍让的道德观颇有微词，甚至将近代中国积贫积弱、遭受世界列强的欺凌归咎于儒家的中庸之道，以至中国人性格懦弱，只知一味地谦和忍让。这其实是并没有真正理解古人道德价值取向的精髓和智慧。我们可以从明代学者王祖嫡的一段话中深刻理解古人关于“忍让”的道德内涵。

王祖嫡撰家训《家庭庸言》，专置“容忍”一节，说“容忍”二

①楼含松．中国历代家训集成2［M］．杭州：浙江古籍出版社，2017：887.

②楼含松．中国历代家训集成2［M］．杭州：浙江古籍出版社，2017：1183.

字，不但能够避祸，而且可以磨砺性格，培养人的雅量，增进道德修为。但到本节结束处，话锋一转，说道：

> 此“忍”字是义理之忍，自不忍之心来。若贪昧隐忍之忍，惨礉刻薄之忍，忘亲事仇之忍，又所当深戒也。（明·王祖嫡《家庭庸言·容忍》①）

忍，是限于道义范围的谦让，是“人民内部矛盾”，是非原则性的生活小事，不必太过计较。但若为了贪财昧利、受到苛刻待遇甚至忘记耻辱为仇人办事而忍让，这是必须深以为戒的。前面讲到的“处身固以谦退为贵……及义所当为，虽孟贲不能夺”也是同样的道理。

人之有子，须使有业

> 人之有子，须使有业。贫贱而有业，则不至于饥寒；富贵而有业，则不至于为非。
>
> ——（宋）袁采《袁氏世范》②

在清人梁恭辰的《北东园笔录》中，记载了一则故事，说的是有个姓胡的人，精通地理风水的学问。这天，他为了替别人寻找一块风水宝地，走了不少的路，远远看见一座邮亭。于是快步走进亭子，准备休

①楼含松. 中国历代家训集成 4［M］. 杭州：浙江古籍出版社，2017：2494.

②袁采. 袁氏世范［M］. 上海：上海人民出版社，2017：16.

息。他看见一个乞丐，年近四十，身边带有一个七八岁的小孩，在邮亭的一旁煮饭。姓胡的人就斥责他说："看你的身体很健壮，干吗不去给人当雇工挣钱，而要讨饭呢？"乞丐说："这是我娘害了我。"姓胡的风水先生不解，追问他的缘故，乞丐回答道："我本来出身有钱人家，小时候，祖父督促我读书学手艺，我娘护着我，坚持不肯。娘又样样事都依顺我，凡是吃东西，一定要使我吃得高兴满意。等到祖父死去，我什么事都不懂。每天与不三不四的人来往，弄出祸事，将家财卖得一干二净，妻子也另外嫁人，只留下这个孩子。如今想要给人家做雇工，但又不晓得如何耕种，只好带上孩子讨饭，这难道不是我娘害我吗？"

乞丐儿时，他的母亲怕儿子受苦，不让他读书学艺，处处顺着儿子，护着儿子，使儿子从小娇生惯养，长大后身无一技之长，只得以乞讨为生。此时的儿子，才痛苦地认识到是"我娘害我"。可见，顺儿护儿，貌似爱儿，实是害儿。天下做父母的须知，护儿也许护得了孩子一时，但护不了孩子一世。为孩子的将来着想，应该从小就抓紧对他们进行自立能力的培养。

有个成语叫建功立业，意思就是建立功勋，成就大业。本节教子立业中的"立业"，虽然也包含这个意思，但是更多的是指人类谋生的手段——从业。颜之推在《颜氏家训》中指出，"人生在世，会当有业"，否则何以生存？何以养家糊口？依靠先人留下的遗产过日子，终有"坐吃山空"之时；只有凭借自己的劳动，才能生产物资、创造财富。所以"父兄不可常依，乡国不可常保，一旦流离，无人庇荫，当自求诸身耳。谚曰：'积财千万，不如薄伎①在身'"。"有学艺者，触地而安"（北齐·颜之推《颜氏家训》）。"立言立行之外，尚须立德、立功。人有一技

① 通"技"。

之长以自养，不求人以取辱，便是大丈夫”（清·彭玉麟《彭氏宗规家训》）。鼓励子弟、后人学习和掌握一些具体的技能，以便于自食其力。

有这么一则寓言故事。有一个父亲给他的两个儿子留下了两样财产：家产与手艺。他让两个儿子自己选择，大儿子认为家产很贵重，于是选择了继承家产；小儿子认为技艺是立身之本，于是选择跟着父亲学手艺。父亲死后，选家产的大儿子坐吃山空，最后成了乞丐；二儿子继承了父亲的手艺，靠手艺养家，生活得幸福美满。

这则寓言告诉人们：靠财产生活，财尽就等于路尽；靠着自己的本事吃饭，就可以生活无忧。

古人诫子学艺、使子就业，除了忧虑子孙们经济生活上的问题之外，还从道德层面进行了深入的思考。认为人有职业，对于人的品德修养也有极大的好处。

首先，有了职业，就有了生活上的保障；生活上安定，心里就少了一些欲望。

按照管仲的话就是“仓廪实而知礼节，衣食足而知荣辱”（《管子·牧民》）。有人对管仲这句话提出质疑，认为温饱不是道德的必要条件，并举例说，历史上石崇和王恺两家，富则富矣，可他们的德行并不是很好；范仲淹两岁丧父，出身贫寒，却“先天下之忧而忧，后天下之乐而乐”，其道德境界与石崇、王恺判若云泥。这是混淆了个例的特殊性与社会的普遍性概念。就整个社会而言，“仓廪实”和“衣食足”是“知礼节”和“知荣辱”的基础，只有粮仓充实、衣暖食饱，荣辱观才有条件深入人心，人们也才能自发、自觉、普遍地注重礼节、崇尚礼仪。反之，“三日不粒，父子不能相存”（北齐·颜之推《颜氏家训·涉务》）。极端一点说，人不吃饭，就不能活着；不活着，又怎么去谈道德？

其次，有了职业，就有了工作压力和奋斗目标；生活充实，就没有时间和精力作非分之想。

明人许相卿说："人有常业，则富不暇为非，贫不至失节。"（《许云村贻谋》）意思是，人有一个固定的职业，如果富裕就没有工夫去为非作歹，如果贫穷也不至于失去节操。

"勤"是古代家训最为提倡的道德之一。何谓勤？就是"尽力多做或不断地做"，如勤学、勤奋、勤劳、勤勉等。有了职业（学习算是学生的职业），"勤"就有了践行的对象。当一个人"尽力多""不断地"去做某件事的时候，就无暇顾及其他的事情，只会专注工作中的困难、收获和成就，在不经意间锤炼自己的品德修养。

> 凡富贵之子弟，耽酒色，好博弈，异衣服，饰舆马，与群小为伍，以至破家者，非其本心之不肖，由无业以度日，遂起为非之心。（宋·袁采《袁氏世范·睦亲·子弟须使有业》①）

袁采抓住了富贵子弟的特点，指出没有一份正当的工作必然带来的后果，可谓一语中的。试想一下，没有事情可做，那还能做什么？只有吃喝玩乐、惹是生非了。当然，"有业"不仅是富贵子弟所必需的，其他人家的子弟亦然。清人张师载的《课子随笔钞》里，录有天津人牟允中的一段训辞：

> 少年子弟，断不可令浮闲无业。凡人一有事做，则心有所关，身有所拘，外而经营，内而谋画，自然无暇他想。若浮闲无业，饱食终日，必然流入淫酒赌斗之中，诸般不好事俱要做出，往往荡其

①袁采. 袁氏世范［M］. 上海：上海人民出版社，2017：16-17.

家产，坏其品行。故为人父兄者，于少年子弟，或小或大，必要寻一件事令他去做，非定要得利也。（清·张师载《课子随笔钞》[①]）

这与袁采所言岂非异曲同工？总之，家庭无论贫富、子弟无论大小，都要让他们“有事做”，其目的是“以业养德”，而“非定要得利也”。

最后，有了工作，就知道劳动的艰辛、收获的不易，就能远离好逸恶劳的恶习，人品自然高尚。

宋代“七里先生”江端友告诫子孙：

凡饮食，知所从来，五谷则人、牛、稼穑之艰难，天地风雨之顺成，变生作熟，皆不容易。（宋·江端友《家训》[②]）

意思是，知道饮食时所吃的食物从何处来，五谷是农人经过艰苦的农业劳动，在风调雨顺时才能长成的，再把生的做成熟的，这些都是不容易的。如果“知乐而不知苦……必将以骄奢为失也”（三国·曹衮《诫子言》）。只有亲身经历劳动的艰辛，才能懂得收获的不易，才会珍惜眼前的一切。明代嘉靖进士史桂芳在给儿子史言、孙子史稽父子写的书信中说：

陶侃运甓，自谓习劳，盖有难以直语人者。劳则善心生，养德养身咸在焉。逸则妄念生，丧德丧身咸在焉。吾命言儿稽孙，不外一“劳”字，言劳耕稼，稽劳书史，汝父子其图之。（明·史桂芳

①张师载：《课子随笔钞》，光绪乙未年湖南官书局本，第 260 页。

②楼含松．中国历代家训集成 1［M］．杭州：浙江古籍出版社，2017：491．

《训家人》[①])

陶侃运甓，是一个历史典故。据《晋书·陶侃传》载，陶侃无事时，不愿悠闲自处，早晨将砖搬到屋外，到晚上再搬回屋内。有人问他为什么这样做？他回答说，不过是活动筋骨而已。史桂芳认为，陶侃自称是为了活动筋骨，大概还有不便向外人道的心里话。一个人勤劳就会产生善心，涵养品德、锻炼身体都要依靠它；淫逸就会产生邪妄的念头，丧失道德、戕害身体都是由于它。为此史桂芳告诫儿孙：耕稼与书史，都不外乎一个“劳”字，言儿（儿子陶言）要勤于农活，稽孙（孙子陶稽）要勤于读书，你们父子努力吧！与史桂芳同时期的霍韬在《渭厓家训》中论述了子侄辈参加农耕的重要性，认为“幼事农业，则习恒敦实，不生邪心。幼事农业，力涉勤苦，能兴起善心，以免于罪戾，故子侄不可不力农作”。袁采更是断言“凡人生而无业，及有业而喜于安逸，不肯尽力者，家富则习为下流，家贫则必为乞丐”，提出“爱子莫若使其立业”（《袁氏世范》）。

以上我们探讨的是古人对子孙立业重要性的认识，下面再来看看古代家庭教育者们对择业的态度。

我国古代，大致有四个行业，即官宦、农耕、商贾和工匠（除此之外还有大量的“贱民”，称为“贱籍”阶层，不在四业之中），合称“四民”。春秋时期齐国人管仲最早提出“四民分业论”，他将四业列为士农工商，士为第一等，农为第二等，工为第三等，商为第四等，其中士是最高等级，并主张四民分业分居，以便职业分工世袭化。（原文：“桓公曰：‘成民之事若何？’管子对曰：‘四民者，勿使杂处，杂处则其

①喻岳衡. 历代名人家训［M］. 长沙：岳麓书社，2003：199.

言哤，其事易。’公曰：‘处士、农、工、商若何？’管子对曰：‘昔圣王之处士也，使就闲燕；处工就官府，处商就市井，处农就田野。’”《国语·齐语》）这一划分对后世产生了重大影响，在以后漫长的封建社会里，一直都沿用这个分类。在这个分类的影响下，“万般皆下品，唯有读书高”“学而优则仕”，成为封建社会人们的优先选项，因此也形成了今人对古人“重士、轻农、抑工、贱商”的印象。

在传统家训典籍中，古代家庭教育者们留给子孙后人对择业的训诫，并没有多少类似“重士、轻农、抑工、贱商”的文字，更多的则是古代家庭教育者根据家庭情况实事求是地进行职业定位，充分反映了古人“业不分贵贱”的朴素思想和齐家智慧。东汉史学家班固认为，士、农、工、商四种人所拥有的都是正当职业。刻苦学习以获取爵位的是“士”，开辟耕地、种植谷物的是“农”，钻研技巧、制作器皿的是“工”，从事财货买卖交易的是“商”。只要国家能够根据人的才能安排一定的职业，士、农、工、商各阶层人民也就能够尽力职守（原文：“士农工商，四民有业。学以居位曰士，辟土殖谷曰农，作巧成器曰工，通财鬻货曰商。圣王量能授事，四民陈力受职”。《汉书卷·食货志》）

在传统家训中，虽然不乏希冀子孙读书以光大门庭的说教，但是对于子孙从业的价值导向上，几乎都体现了“业不分贵贱”的朴素思想。例如，明朝江山（今属浙江省）人何伦，在其家训《何氏家规》中，以殷商政治家伊尹、傅说，周初政治家吕望，三国蜀相诸葛亮等历史上的知名人物为例，他们在出仕之前或耕于有莘之野，或佣于版筑之间，或垂钓于渭水之滨，或高卧于南阳之郊，做的是农工渔隐之事，何曾感到这些都是卑下的事情而急急忙忙地出去做官呢？接着他说：

今人知出而不知处，知进而不知退，凡读书不遂，即鄙农工商贾之事，而不屑为。所以有济世之才，而无资生之策者多矣。（明·何伦《何氏家规·出处进退之规》①）

明末贡生朱舜水（朱之瑜）在明亡之际，追随名将郑成功、张煌言从事抗清斗争，后见清政权日趋坚固，复明无望，为了保全民族气节，他毅然弃离故土，流亡日本。期间与家人书信往来，在写给孙辈的信中，教诫他们在“家道益至艰难”之际，找些力所能及的事情做，以便为他们的父亲分担家庭重任。在择业观上，将士、农、渔、樵均列为从业的首选，他写道：

汝辈既贫窘，能闭户读书为上；农、圃、渔、樵，孝养二亲，亦上也。（明·朱舜水《与诸孙男书》②）

总的来说，虽然人们对读书做官都很向往，但是入仕者不过寥寥，因此古代家庭教育者对子孙选择职业都采取折中的态度，强调只要能够谋生，农工商贾均可选择。

与此同时，反“士为四民之首”观念的也大有人在。清代“扬州八怪”的代表人物郑燮（郑板桥）写信对堂弟郑墨说：

我想天地间第一等人，只有农夫，而士为四民之末。（清·郑燮《范县署中寄舍弟墨第四书》③）

---

①楼含松. 中国历代家训集成 9［M］. 杭州：浙江古籍出版社，2017：5284.

②《诫子弟书》编委会. 诫子弟书［M］. 北京：北京出版社，2000：330.

③郑板桥. 郑板桥诗文集注［M］. 王庆德，注. 北京：文化艺术出版社，2014：11.

清代史学家纪大奎也不赞同士、农、工、商这样的排序，认为多数称为“士”的人，读书不过为了写写文章，考取功名，鲜有著书立说者，实际上是假“士”，怎么能与农工商贾相比？他说：

> 士为四民之首，然世间农工商贾，都是真的，士却大半是假的。如农所作真是五谷，工所作真是器用，商贾所交易真是货物。士所读书，却只做时文用，并不是孔孟真道理；所学文字，却只做富贵利达用，并不是身世真经济。以此为四民之首，试一思之，岂不赧然汗下？（清·纪大奎《敬义堂家训》[①]）

尽管这样的声音很微弱，但它代表了人类社会进步的趋势，“业不分贵贱”终究要成为人们的共识。

此外，古代家庭教育者在教子立业时，还强调要干一行、爱一行，既要精研业务，更要有职业道德。如：“居有常，业无变”（清·李毓秀《弟子规》）。“务本业：士农工贾，各有其业，业精于勤、荒于嬉。凡务其业者，宜自食其力，切勿闲游于度”（《广传公家训》）。“如有出仕者又当蚤作夜思，实心办理，正务以报国为务，抚恤下民，实如慈母之保赤子。有申诉者当哀矜恻怛，平心静气，各得其情，为之平反，毋得任性苛虐”（《歙县潭渡孝里黄氏宗族家训》）。在此不多赘述。

---

①楼含松. 中国历代家训集成 10［M］. 杭州：浙江古籍出版社，2017：5771.

第二章　诲诱须早，教子勿失时机

“教妇初来，教儿婴孩”是中国民间一句古老的谚语，也是我国古代家庭教育者的经验总结和治家思想。其中“教儿婴孩”就是指教育孩子要从小开始，即早期教育。

远在我国的奴隶社会，人们对早期教育就有了一定的认识。《周易》说：“蒙以养正，圣功也。”（周·姬昌《周易·蒙》）要理解这句话的意思，先要弄明白什么是“蒙”？传说周文王推演八卦为六十四卦从而写成《周易》，其中第四卦是蒙卦，卦曰：“物生必蒙，故受之以蒙。蒙者，蒙也，物之稚也；物稚不可不养也，故受之以需。”（周·姬昌《周易·序卦传》）意思是，万物刚生下来，必定都是蒙昧的，故屯卦之后，接着是蒙卦。蒙就是蒙昧，稚就是幼小。万物在稚小的时候，不可以不养育，所以接着是需卦。据此，“蒙以养正，圣功也”的意思就是，启蒙是为了培养孩子走上正道，这是一件神圣的事情。所以，古人把对儿童进行的初等教育称为“蒙养”或“发蒙”，所用的教材就是蒙养教材。

西汉初年的著名政论家、文学家贾谊，少有才名，人称贾生。在短暂的生命（33 岁英年早逝）中，他写下了《治安策》《过秦论》《论积贮疏》等大量政论文，这些政论文被晚于他一百多年的西汉文学家刘向收录于《新书》。其中《治安策》是作者根据当时中央与地方诸侯之间、汉庭与北方异族之间，以及社会各阶层之间的种种矛盾，向汉文帝刘恒上疏而写的一篇政论文。该文除指出了西汉王朝面临的多种社会危机外，还提出了相应的对策和补救措施。其中重要的一条就是，身为“天下之首”的“天子”，一定要贤明。他列举夏、殷、周三朝历经六十余世，秦却二世而亡，乃因“三代之君有道之长，而秦无道之暴”。因此，作为未来的接班人，对“太子”的早期教育一定不能忽视与松懈。在《治安策》中，贾谊明确提出了对太子要“早谕教”“选左右”（即选择好的老师）的观点：

太子之善，在于早谕教与选左右。夫心未滥而先谕教，则化易成也。（西汉·贾谊《治安策》[①]）

贾谊认为对太子的教育应尽早实施，因为在婴幼儿时期的赤子之心还未受到外界环境的熏染时，及早教育就会收到最佳的效果，养成良好的行为习惯。后来，在被谪为长沙王太傅期间又写了一篇文章《胎教》，认为胎教是早期教育之始端，王室之家应当重视对太子实施胎教，在太子未出生以前要设置专门实施胎教的处所——“宴室”，安排专人监护孕妇的饮食、视、听、言、动等，使其合乎礼的规定。贾谊虽然写的是太子的早期教育，但是其早教思想已经跨越了宫廷的界限，成为具有普世价值的教育主张。

南北朝乃至隋唐以后，早期教育逐渐为人们所认识并运用于实践，这从后来不断丰富的启蒙读物中可见一斑。南北朝时期，梁武帝萧衍命人从王羲之书法作品中选取一千个不重复汉字，让散骑侍郎、给事中周兴嗣编纂成四字韵文，取名为《千字文》。《千字文》全文对仗工整，条理清晰，平白如话，易诵易记，成为古代第一本启蒙书。成书于北宋初年的《百家姓》，采用四言体例，由四百四十一个姓氏排列成文，虽然

①贾谊．贾谊集［M］．上海：上海人民出版社，1976：195．

它的内容没有文理，但是句句押韵，对于中国姓氏文化的传承、中国文字的认识等方面起到了很大作用，成为继《千字文》之后又一本启蒙教材。《童蒙须知》（又称《训学斋规》）为南宋理学家朱熹所著。全书分为衣服冠履、言语步趋、洒扫涓洁、读书写文和杂细事宜五大部分，指导和规范孩子的日常行为，对早期教育产生过很大的影响。比朱熹晚一个世纪的南宋经史学者王应麟，编写了融会经史子集的三字歌诀《三字经》，“以课家塾”，成为私塾和家庭教育的教材；随着历史的发展，为了体现时代变迁，此后有人对《三字经》不断地加以补充，直到清代道光年间贺兴思在王应麟编写的版本上，增补了二十四句关于元、明、清三代的历史，成为《三字经》的终稿。清代“国学”生员李毓秀根据《童蒙须知》改编成《训蒙文》，后经清代儒生贾存仁修订，改名《弟子规》。《千字文》《百家姓》《三字经》（俗称“三百千”）将早期的识字教育与中国的历史文化以及人格修养教育巧妙地融合在一起，成为明代以来最具影响力和广泛性的启蒙读物。明代思想家吕坤曾说：“初入社学，八岁以下者，先读《三字经》，以习见闻。《百家姓》，以便日用。《千字文》，亦有义理。”（《社学要略》）

我国传统家庭特别重视早期教育，“父善教子者，教于孩提”（宋·林逋《省心录》）。颜之推所著《颜氏家训》，被看作中国古代早期教育的代表性著作，他写道：“人生小幼，精神专利，长成已后，思虑散逸，固须早教，勿失机也。”同时，他以自身为例，向后代讲明了为什么要进行早教的道理。他说：“我在七岁时诵读《灵光殿赋》，直到今天，十年温习一次，还不忘记。二十岁以后所诵读的经书，一个月搁置，就生疏了。”（“吾七岁时，诵《灵光殿赋》，至于今日，十年一理，犹不遗忘；二十以外，所诵经书，一月废置，便至荒芜矣。”《颜氏家训·勉学》）司马光在《温公家范》中，同样强调了家庭早教问题，他说：古代的帝王圣贤，孩子生下后，很小的时候，就有少师少保来负责教他孝仁礼义了。普通百姓虽然不能和皇家一样，也应当在孩子小的时候，能识人颜色、知人喜怒的时候，就加以教诲，叫他做什么他就做什么，叫他什么不能做他就不去做。（“古者圣王，子生孩提，师保固明仁孝礼义，道习之矣。凡庶纵不能尔，当及婴稚，识人颜色，知人喜怒，便加教诲，使为则为，使止则止。”《温公家范》）

安徽休宁周氏宗族的《宗祠规约》中，有“端蒙养”之规：

> 教养蒙童，人家之首务。凡我族人有子弟者，当要择师竭力教养习学。达则为之上人，不达者亦通明理，行正道，做好人，不致卤莽愚顽，终身有益。人生幼小无知，内有贤父兄，外有严师友，未有不成者也。（安徽休宁《周氏宗谱·卷九·宗祠规约》①）

“人生百年，立于幼学。”（清·梁启超《论幼学》）一个孩子长大后能成为一个什么样的人，在很大程度上取决于孩子在幼小时所接受的教育。古人提出的教子婴孩、勿失时机的早教主张，已经得到实践与科学的证明，儿童早期教育也已受到当今社会的普遍重视。

①卞利．明清徽州族规家法选编［M］．合肥：黄山书社，2014：387．

正之以礼， 胎教之道

古者，圣王有胎教之法：怀子三月，出居别宫，目不邪视，耳不妄听，音声滋味，以礼节之。

——（北齐）颜之推《颜氏家训·教子第二》①

胎教，很多人以为是从西方传到中国的“舶来品”。其实不然，“胎教”这个概念是中国人最早提出来的。据《列女传·周室三母》记载：

大任者，文王之母，挚任氏中女也。王季娶为妃。大任之性，端一诚庄，惟德之行。及其有娠，目不视恶色，耳不听淫声，口不出敖言，能以胎教，溲于豕牢而生文王。文王生而明圣，大任教之，以一而识百，卒为周宗。君子谓大任为能胎教。（西汉·刘向《列女传·周室三母》②）

周室三母，文史资料中多为太姜、太妊、太姒，简称周朝三太，也有古书分别写作大姜、大任、大姒。这段话的意思是，大姜的儿媳大任，是周文王的母亲、挚任氏的二女儿。季历（即姬历，季是排行，所

①颜之推. 颜氏家训［M］. 檀作文，译注. 北京：中华书局，2017：6.

②刘向. 古列女传译注［M］. 绿净，译注. 上海：上海三联书店，2018：16.

以称季历）娶她为妻。大任生性端正严谨、庄重诚敬，凡事合乎仁义道德才会去做。大任在怀孕时实行了胎教，小时候的周文王非常聪明，母亲教他一件事，他能举一反三，会知道上百件事。人们赞叹说，这都是大任的胎教做得好。仅从有记载的文字看，周文王的母亲大任是古代进行胎教的第一人。这个时间节点，比西方最早的古希腊文明还早了四百多年（周文王姬昌出生于约公元前 1213 年，古希腊文明兴起于约公元前 800 年）。

"胎教"一词最早出现在春秋时期晋国史官青史子的小说集《青史子》，朱熹对其进行了介绍：

> 青史氏之记曰：古者胎教之道，王后腹之七月，而就宴室。太师持铜而御户左，太宰持升而御户右，太卜持蓍龟而御堂下，诸官皆以其职御于门内。比三月者，王后所求声音非礼乐，则太师抚乐而称不习。所求滋味者非正味，则太宰荷升不敢煎调，而曰："不敢以待王太子。"（宋·朱熹《朱子全书》①）

学术界有人认为"胎教"一词最早出自《大戴礼记·保傅篇》或贾谊《新书·保傅篇》，系以讹传讹所致。《大戴礼记·保傅篇》和贾谊《新书·保傅篇》所引的"胎教"，均冠有"青史氏之记曰"之语。鲁迅先生在编订《古小说钩沉》时还就《大戴礼记·保傅篇》和《新书·保傅篇》引文中出现的错误进行了订正，如"王后腹之七月，而就宴室"，《新书》误引为"王后有身之七月而就蒌室"。

这段文字还描述了远古胎教的具体形式：王后怀孕七个月之后，就

①朱熹. 朱子全书（第 2 册）［M］. 上海：上海古籍出版社，2002：190.

要移居到准备生产的侧室中，太师拿着铜（古代的一种乐器）侍奉在门的左边，太宰拿着升（古代一种餐具兼炊具，方形，口大底小，有柄）侍奉在门的右边，太卜拿着占卜用的蓍草与龟甲居于侧室阶下，其他有关官员各安其职守在侧室前。最后三个月（即产前三个月），如果王后要求听的乐曲不符合礼的标准，负责吹奏的太师就会抚摸着乐器说自己不熟悉，不会演奏；要求吃的菜肴滋味不是太好，负责饮食起居的太宰就会将炊具倚靠着不敢烹调菜肴，并说自己“不敢做这样的食物给（未来的）太子吃”。总之一切依礼而为，此为胎教。

不过，从有记录的文字资料来看，最先兴起的胎教，似乎是帝王家的专利，他们将胎教之道“书之玉版，藏之金柜，置之宗庙，以为后世戒”（汉·贾谊《新书·胎教》），对外“秘而不宣”。而且，深宫高院的那一套胎教之法普通人家也根本无法仿效，如前所述，王后怀孕时，不仅需要移居到“宴室”，而且在宴室前，“太师持铜而御户左，太宰持升而御户右，太卜持蓍龟而御堂下，诸官皆以其职御于门内”，这阵势普通家庭根本无法做到。尽管如此，民间的胎教仍然以其独特的方式在市井坊间流传。例如，孟子的母亲仉氏因教子成名，在中国乃至世界家训史上都享有很高的声誉，她的教子就始于胎教。她说：“吾怀妊是子，席不正不坐，割不正不食，胎教之也。”（西汉·韩婴《韩诗外传》）她处处依礼来约束自己的行为，这样就可以影响到腹中的孩子，使他在尚未出生前能受到“礼”的熏陶。

秦汉以后，民间的胎教认识和胎教实践进一步发展，胎教的文字记载也在传统家训家规中陆续出现。有“古今家训，以此为祖”之称的《颜氏家训》，将胎教写入正式的家训教材之中：

古者，圣王有胎教之法：怀子三月，出居别宫，目不邪视，耳

> 不妄听，音声滋味，以礼节之。（北齐·颜之推《颜氏家训·教子第二》①

也许是由于《颜氏家训》的示范与推动，后来的家训文献中不乏关于胎教的文字。例如：

唐代朝散郎侯莫陈邈②之妻郑氏撰《女孝经》一卷，分十八章，其中第十六章借用东汉才女班昭的原话作为“胎教章”：

> 大家③曰：“人受五常之理，生而有性习也，感善则善，感恶则恶，虽在胎养，岂无教乎？古者妇人妊子也，寝不侧，坐不边，立不跛；不食邪味，不履左道，割不正不食，席不正不坐，目不视恶色，耳不听靡声，口不出傲言，手不执邪器；夜则诵经书，朝则讲礼乐。其生子也，形容端正，才德过人，其胎教如此。”（唐·郑氏《女孝经》④ ）

翻译成白话，即曹大家说：人们接受五常（仁、义、礼、智、信）教育，生来就有习性，受到善的影响自然就善，受到恶的影响自然就恶。虽然是母腹中的胎儿，怎么能没有教育呢？古代的女人身怀六甲时，睡觉不随便侧身，坐姿端正，站立正直；不吃味道不正的食物，不走旁门左道，不按一定方法砍割的肉不吃，座位摆得不正不坐，眼睛不

---

①颜之推．颜氏家训［M］．檀作文，译注．北京：中华书局，2017：6.

②朝散郎：唐朝官名，文官第二十阶，从七品上。侯莫陈：古代极为少见的三字复姓。

③大家：曹大家，即班昭。十四岁嫁给曹世叔为妻。因博学高才，汉和帝多次召班昭入宫，让皇后和贵人们视为老师，号“大家”，因古代妇女出嫁后从夫姓，故史称“曹大家”。

④楼含松．中国历代家训集成［M］．杭州：浙江古籍出版社，2017：104.

看邪恶的事物，耳朵不听靡乱的乐声，嘴里不说傲慢的话，手里不拿邪僻的器具；夜晚要诵读儒家经典著作，早晨要讲习各种礼节规范（包括符合礼节的音乐和舞蹈）。这样生出的孩子，相貌庄严端正，才学德行过人，这就是胎教的结果。

司马光在其家训《家范》中几乎照录《列女传·周室三母》中有关胎教的内容：

周大任之娠文王也，目不视恶色，耳不听淫声，口不出敖言。文王生而明圣，卒为周宗。君子谓大任能胎教。（宋·司马光《家范·卷三·母》① ）

无锡荣氏家训有一则“蒙养当豫”：

古人有胎教，又有能言之教，自小教起，立法周详，是以子弟易于成材。（荣德生《荣氏家训十二则·蒙养当豫》② ）

总的来看，我国古代胎教理论发源于王室贵族的胎教思想，又逐渐流传扩散到民间，经过广泛的、长期的家庭胎教实践与总结，逐渐形成内容丰富的胎教习俗。虽然其中掺杂着某些神话传说，具有一定的历史局限性，但是亦不失为儿童早教的方式之一。

古人如此推崇胎教，究竟是出于何种考虑？胎儿在母体中真的能够受到母亲的言行感化吗？

西汉文学家刘向在《新序》《列女传》中，都有论述胎教的问题。

---

①司马光. 钦定四库全书·家范［M］. 北京：中国书店，2018：57.

②荣德生. 荣德生文集［M］. 上海：上海古籍出版社，2002：560.

他说：

> 古者妇人妊子，寝不侧，坐不边，立不跸，不食邪味，割不正不食，席不正不坐，目不视于邪色，耳不听于淫声，夜则令瞽诵诗，道正事。如此，则生子形容端正，才德必过人矣。（西汉·刘向《列女传·周室三母》[①]）

刘向认为，妇女在孕期注意胎教，在多方面严格约束自己，所生的孩子就会长得非常漂亮，而且智慧和德行都会超过一般的人。为什么胎教能生出貌、才、德俱佳的孩子呢？他解释说：感受善的事物则善，感受恶的事物则恶。人之所以在出生以后和自然万物有类似的品格，是因为母亲在怀孕时感受到了外界事物。（原文："感于善则善，感于恶则恶。人生而肖万物者，皆其母感于物，故形音肖之。"《列女传·周室三母》）

东汉思想家、文学批评家王充，一生致力于倡导"疾虚妄而归实诚"的批判思想，批判有鬼论及各种世俗迷信思想，可就是这样一个强烈反对宗教神秘主义的思想家，同样对胎教持肯定态度。在他的著作《论衡》里，有对胎教的专门论述。他说：

> 有三性：有正，有随，有遭。正者，禀五常之性也；随者，随父母之性；遭者，遭得恶物象之故也。故妊妇食兔，子生缺唇。《月令》曰："是月也，雷将发声。"有不戒其容者，生子不备，必有大凶，喑聋跛盲。气遭胎伤，故受性狂悖。（东汉·王充《论

①刘向．古列女传译注［M］．绿净，译注．上海：上海三联书店，2018：16.

衡·卷二·命义第六》[1])

即人有三种性：有正性，有随性，有遭性。正性，就是禀承仁、义、礼、智、信的性；随性，就是顺从、跟随父母的性；遭性，就是遭受恶物影响的性。

古代胎教思想也得到了医学界的广泛认同。南朝医学家徐之才，隋代名医巢元方，唐代孙思邈，明代医家虞博、郭子章、万全等，在自己的著作中都有关于胎教的论述。如隋代名医巢元方在他的医学名著《诸病源候论》中，首先阐述了“外象内感”的道理，他说：

> 妊娠三月，名始胎。当此之时，血不流，开像始化，未有定仪，见物而变。……欲令子美好端正者，数视白璧美玉，看孔雀，食鲤鱼……
>
> 欲令子贤良盛德，则端心正坐，清虚和一，坐无邪席，立无偏倚，行无邪径，目无邪视，耳无邪听，口无邪言，心无邪念……(隋·巢元方《诸病源候论·妊娠候》[2])

唐代孙思邈在其医书《千金方》中记述：

> 居处简静，割不正不食，席不正不坐；弹琴瑟，调心神，和情性，节嗜欲。庶事清净，生子皆良，长寿忠孝，仁义聪慧，无疾。

---

①王充. 论衡［M］. 长沙：岳麓书社，2015：16.

②巢元方. 诸病源候论［M］. 黄作阵，点校. 沈阳：辽宁科学技术出版社，1997：193.

（唐·孙思邈《千金方·养胎第三》[①]）

宋代名医陈自明在他的《妇人大全良方》一书中，更是直接指出：

胎教产图之书，不可谓之迂而不加信，然亦不可狎泥之。（宋·陈自明《妇人大全良方》[②]）

他们从中医学的角度论述了“外象内感”“因感而变”的胎教原理，与前述刘向、王充等人的胎教思想异曲同工，不谋而合。

现代医学证实，怀孕26周（6个月）左右，胎儿的条件反射基本上已经形成。在此前后，科学地、适度地给予早期人为干预，可以使胎儿各个感觉器官在众多的良性信号刺激下发育得更加完善，同时还能起到发掘胎儿心理潜能的积极作用，为出生后的早期教育打下良好的基础。因此，古人关于胎教的认识与实践具有一定的科学道理和积极意义。

既然胎教可以对胎儿产生潜移默化的影响和作用，那么胎教应该怎样教、教什么？这个问题其实在之前探讨胎教的起源与作用时曾多次论及，如“目不视恶色，耳不听淫声，口不出敖言”“割不正不食，席不正不坐”“弹琴瑟，调心神，和情性，节嗜欲”等，都是古人比较认同的胎教之道，从中可以看出，古人认为胎教与其他类型教育的最大不同之处，是教育者与受教育者并非面对面的“教”与“学”，而是通过母体对外界的感受来对孩子产生潜移默化的影响。因此，胎教不仅是对胎

①孙思邈．千金方［M］．刘清国，吴少祯，韩秀荣，校注．北京：中国中医药出版社，1998：33.

②陈自明．妇人大全良方［M］．盛维忠，校注．北京：中国中医药出版社，2007：203.

儿的教育，更重要的是孕母自身的言行要符合规范，即女性在受孕以后，寝、坐、立、视、听、言、动，都要自持以正。

首先，母亲的人品是胎教的前提条件。贾谊在论述胎教的必要性时，认为母亲在孩子的教育中起到至关重要的作用，所以为子孙物色妻子时，必须选择世世代代躬行仁义、有道德名声家庭出生的女子。他说：

> 谨为子孙婚妻嫁女，必择孝悌世世有行义者。如是，则其子孙慈孝，不敢淫暴，党无不善，三族辅之。故凤凰生而有仁义之意，虎狼生而有贪戾之心，两者不等，各以其母。（西汉·贾谊《新书·胎教》①）

意思是，谨慎地为儿孙辈娶妻嫁女儿，一定要选择世世代代都是家庭和睦、行善积德家风好的人家。这样，孩子们的子孙也就慈爱孝敬，不敢放纵凶暴，亲族都是好人，亲戚也会给予正当的辅助。

其次，对怀孕母亲言行的规范，核心内容是“正之以礼”。什么是“正礼”？贾谊说：

> 正之礼者，王太子无羞臣，领臣之子也，故谓领臣之子也。身朝王者，妻朝后，之子朝王太子，是谓臣之子也。此正礼胎教也。（西汉·贾谊《新书·胎教》②）

在崇尚礼教的古代社会，这种“正之以礼”的胎教主张，必然是广

---

①贾谊．贾谊新书［M］．上海：上海古籍出版社，1989：74.
②贾谊．贾谊新书［M］．上海：上海古籍出版社，1989：75.

大家庭教育者的共同选项。

北齐颜之推在《颜氏家训》中提倡，女子怀孕之后，须“目不邪视，耳不妄听，音声滋味，以礼节之”。

明代进士陈龙正在其《家载》中亦有胎教的论述，认为所谓胎教，并不是教育腹中的孩子，而是怀孕之人“能自慎其身”，他说：

> 古有胎教之文，盖子之在腹也，成形成性，皆依于母。胎非可教，能自慎其身之谓能教也。……男必清明强固，女必贞静幽闲。
>
> 圣人曰：“习惯成自然。”不惟习于已生，亦习于未产，能慎在母，能令母慎在父，然则胎教乃为父者之事焉。（明·陈龙正《家载·杂训》① ）

清代窦克勤的《寻乐堂家规》，专门有一节“重胎教”，认为胎教乃是“视听言动悉准于礼”，他说：

> 古人重胎教，盖教子于未生之日也。要知只是视听言动悉准于礼，一如平日之庄敬自持而已，非外此更有所谓胎教。（清·窦克勤《寻乐堂家规》② ）

总结传统家训文化中胎教的“正之礼者”，基本上包括怀孕期间的外界环境、怀孕妇女的自身言行和孕期日常生活起居三个方面，按照古人的说法，就是“调心神，和情性，节嗜欲”。

---

①楼含松. 中国历代家训集成 5［M］. 杭州：浙江古籍出版社，2017：3253.
②楼含松. 中国历代家训集成 7［M］. 杭州：浙江古籍出版社，2017：4071.

(1) 调心神

幽雅宁静的外界环境是孕期妇女保持身心健康的重要条件，也是胎儿生长发育的必要基础。女子怀孕以后身体处于劳累状态，如果环境不好，就很容易导致孕妇心神不宁，进而引起内分泌紊乱和荷尔蒙紊乱。胎儿虽然与外界没有直接的联系，“然儿在腹中，必借母气血所养；故母热子热，母寒子寒，母惊子惊，母弱子弱”（明·郭子章《博集方论》），胎儿与母亲共为一体，母体的一切变化都能够直接影响胎儿。“故妊子之时，必慎所感。感于善则善，感于恶则恶。人生而肖万物者，皆其母感于物，故形音肖之。”（汉·刘向《列女传·周室三母》）

在传统家训中，对胎教的外界环境也多有关注，提倡母亲怀胎以后，尽量注意身边的环境变化，以清静耳目，不看邪恶的事物，不听不正当的声音。

例如，前文说到的《颜氏家训》，颜之推虽然没有提出自己的胎教主张，但他将“圣王”的“胎教之法”写入自家的家训之中，显然是有意将此作为家庭胎教的指南。这里的“出居别宫”，就是让孕妇移居到环境比较好的地方，以远离嘈杂喧嚣，一切“以礼节之”，这样才能更好地养护腹中的胎儿。

对于普通人家来说，大多数家庭都是草庐茅舍，居室并不宽裕，没有怀孕以后“出居别宫”的条件，只能因地制宜，尽可能避免接触一些不利于胎儿生长发育的外部环境。例如，前文所引司马光在《温公家范》中的段落，司马光同样将古人的“胎教之法”录入本家的家训之中，但他并非是“原原本本”地照抄照录，而是舍弃了“出居别宫”这一条，只选取“目不视恶色，耳不听淫声”。虽然环境条件是固定的，人却可以趋利避害，当怀胎之人遇见“恶色”或“淫声”的时候，应当主动回避，离开那些不好的地方，使普通人家的“环境胎教”更具操作性。

现代科学证明，安谧宁静的环境，对胎儿和孕妇确实有益无害。但在部分关于胎教的古籍中，却过分夸大了外部环境的影响，甚至还存在神化的现象。如“欲子端正庄严，当令母见贵人，不可见状貌丑恶人也。欲生男，宜操弓矢，乘牡马。欲生女，宜着珥珰，施环佩。欲子美好，玩白璧，观孔雀。欲子贤能，宜读诗书，务和雅，手心脉养之”（宋·陈自明《妇人大全良方·胎教门》）。孕妇遇见令她愉悦的人和事，有可能获得一种自我美育的感觉，读诗书、务和雅能够陶冶自身的品德情操，进而产生生育健康胎儿的愿望，这种感觉和愿望以及相应的行为都会对胎儿产生良性的刺激作用。但若说操弓矢、乘牡马就能生男孩，戴耳环、挂玉佩就能生女孩，纯粹是无稽之谈。至于“孕女见麋，而子四目”“孕妇食兔，子生缺唇”之类，更是充满神秘色彩的危言耸听。我们在借鉴学习古人教育智慧的同时，对于这些毫无科学根据的臆断，必须予以批判。

（2）和情性

传统家训的胎教思想，集中体现在孕期母亲的言行规范上，其中母亲的道德修养、行为礼仪是胎教最重要的内容。

怀孕是女性经历的一个特殊过程，在此期间，不仅生理上会发生一系列的变化，心理上同样也会产生相应的反应，古人将这种心理反应过程称为情志变化。而情志的变化又可能致使自身气血失和，从而影响胎儿的发育。因此，凡有孕之妇，宜情志舒畅，遇事乐观，不可动辄发怒，即所谓的“调情志”或曰“和情性”。

西汉经学家刘向在总结前人经验的基础上，提出孕期女性的胎教之道：“寝不侧，坐不边，立不跸，不食邪味，割不正不食，席不正不坐，目不视邪色，耳不听淫声，夜则令瞽诵诗，道正事。”这一主张，得到后来的家训撰写者的积极响应，在很多家训中不仅提倡胎教，而且还

"参照"刘向的胎教思想，对孕期女性"正之以礼"作出详细的规定。

何伦在《何氏家训》中写道：

> 古有胎教，凡妇人妊子，寝不侧，坐不边，立不跛，不食邪味，割不正不食，席不正不坐，目不视邪色，耳不听淫声，此道也。今之妇人乌得而知之？夫当预与之言。（明·何伦《何氏家训·鞠育教养之规》① ）

在《许云邨贻谋》中，作者许相卿对胎教提出了"五宜"的要求：

> 宜听古诗，宜闻鼓琴，宜道嘉言善行，宜阅贤孝节义图画，宜劳逸以节、动止以礼，则生子形容端雅，气质中和。（明·许相卿《许云邨贻谋》② ）

从生活习惯、言行举止、耳闻目视等多方面规定了胎教的内容，不仅在古代家庭，就是放在医学科技高度发达的现代社会，也是比较符合优生优育原理的。

明代中宪大夫、湖广按察司副使韩叔阳之妻黄氏，是一位"胎教"达人，在她的墓志铭上，后人记下了她生前的胎教事迹：

> 恭人天性明达，先公所与游士大夫间，从户窥聆其言论，尽能商榷，其贤否！儿辈每侍，谈古昔及时务得失，辄能臆断，要自不

---

①楼含松. 中国历代家训集成9［M］. 杭州：浙江古籍出版社，2017：5291.

②张鸣，丁明. 中华大家名门家训集成（上）［M］. 呼和浩特：内蒙古人民出版社，1999：580.

群。娠子则端居正容，不妄视听，恒自诵曰："此古胎教法也。"（高淳县地方志编纂委员会《高淳县志 1986—2005（下）》[①]）

这位黄氏夫人生前极为贤惠，身怀有孕之后，她就非常注意自己的形象、言行，不该看的不看、不该听的不听，每天都保持着愉快的情绪，并常常提醒自己："这是古人的胎教之法。"

现代科学证明，胎儿孕育的过程就是细胞分裂、大脑神经发育的过程，这时候外界温度的变化，外界声音的变化，母体的生活习惯（如坐卧姿势等），胎儿都能够感觉到，并对胎儿的发育产生直接的影响。所以，古人认为感于善则善，感于恶则恶，进行趋善避恶的胎教，是有一定道理的。

（3）节嗜欲

"嗜欲"是指在肉体感官（如口、耳、目、鼻）上追求享受的要求或者爱好。如前所述，女性怀孕之后，其生理、心理都会发生很大的变化，比如原来讨厌的食物可能变得非常喜欢，原来端庄贤淑的性格可能变得暴躁不安，等等，这些都可能通过母体传给胎儿，给胎儿的生长发育带来不好的影响，因此在孕期要节制不良的嗜好和不正当的欲望。

首先是饮食规律。明代湖北罗田中医世家万全在他的妇产科著作《万氏女科》中说：

妇人受胎之后，最宜忌饱食，淡滋味，避寒暑，常得清纯平和之气以养其胎，则胎之完固，生子无疾。（明·万全《万氏女科》[②]）

---

①高淳县地方志编纂委员会. 高淳县志 1986—2005（下）［M］. 北京：方志出版社，2010：874.

②黄绳武. 中国医学百科全书　中医妇科学［M］. 上海：上海科学技术出版社，1983：20.

就是说，妇女怀胎以后，饮食应该均衡，且以清淡平和为宜，喜欢吃的东西要有所节制，不适合口味的食物也要适当地摄入一些，既不能挑食拣食，亦不可暴饮暴食。尤其是怀孕之后，孕妇偏好生冷之物，更须节制。假如饮食失节，饥饱无度，嗜食厚味，就会导致脾胃受伤，进而影响腹中胎儿的发育。

其次是劳逸适度。清代医家周赞鸿指出：

> 凡妊娠起居饮食，惟以和平为上。不可太逸，逸则气滞；不可太劳，劳则气衰。（清·周赞鸿《养新堂医论读本》①）

怀孕之人多为年少力壮者，怀孕初期没什么感觉，一不注意可能过动过劳；及至身子渐重，又会好静恶动、贪卧养娇。若劳逸失宜，举止无常，要么劳极气衰，导致伤胎流产；要么逸极气滞，导致难产。这对母子来说甚为有害，严重时还将危及性命。因此周赞鸿建议："五月以前宜逸，五月以后宜劳。"（《养新堂医论读本》）

此外，在孕期，还应注意寒温、控制房欲等。前面说过，明代进士陈龙正认为胎教是作为父亲的事情，他给出的理由是怀孕的母亲举止要"慎"，而"能令母慎在父"。此中道理不难理解，夫妻关系是各种人际关系中最为亲密的关系，两人朝夕相处、耳鬓厮磨，如果床第之间夫妇无节，在古人看来亦为纵欲，是伦理道德所不允许的。因此，作为丈夫应当自修自持，戒淫寡欲，以防止纵情欲而灭天理。这样妻子就会受到丈夫的影响，从而静心寡欲，端正品行。

---

①周赞鸿. 养新堂医论读本［M］. 袁敏，张洋，许吉，等校注. 北京：中国中医药出版社，2015：151.

总而言之，“妇妊子者，戒过饱，戒多睡，戒暴怒，戒房欲，戒跛倚，戒食辛热及野味。”（明·许相卿《许相卿贻谋》）

胎教发源于科学技术尚不发达的古代，难免带着浓重的神话和封建色彩。但古人从道德的角度去思考、提倡胎教，其出发点是朴素的，而且也有许多主张是接近科学的。在大力弘扬社会主义核心价值观、继承中华民族传统美德、重视优生优育的今天，我们在借鉴、传承传统家训文化教育智慧的过程中，“取其精华，去其糟粕”，将先人的教育智慧与现代教育方法完美地结合起来，一定能够促进新时代家庭教育的开展，为加强公民道德建设进一步拓宽教育途径。

教子当在幼，养正当于蒙

> 教子当在幼。……幼而示之以均一，则长无争财之患；幼而教之以严谨，则长无悖慢之患；幼而有所分别，则长无为恶之患。
>
> ——（宋）袁采《袁氏世范·卷一》①

在清人史洁珵辑纂的《德育古鉴》一书中，记载了一则程母教子的故事：宋代河南府伊阳县有个名叫程珦（程颢、程颐兄弟的父亲）的人，先后任过黄州府黄陂县、吉州府庐陵县的县尉，后升为龚州知州、太中大夫，家人称他“大中公”。大中公的妻子侯夫人，贤惠有德，侍奉婆婆公公尽孝；治家有法，性格谦顺自律。侯夫人为人和善，不仅自

①袁采. 袁氏世范［M］. 上海：上海人民出版社，2017：18.

己不鞭扑侍婢，而且遇到有晚辈呵责奴婢时，她一定加以制止。她说："身份虽然不同，但是都一样是人啊。"但她对自己的孩子却很严厉，孩子有错误，小则批评，大则告诉大中公，一定要求他们改正才可以。她曾说："孩子不肖，都是母亲庇护他们的过错，如果不让父亲知道，就没有人能责令他们改正啊。"侯夫人先后生了六个男孩，只有程颢、程颐两个活了下来，程珦夫妇对他们不可能不珍惜、不关怀备至。即使这样，也没有放弃对他们的教育。兄弟俩刚学会走路，走着走着摔倒了，家人赶忙过去扶抱，害怕孩子哭闹。侯夫人总是出言阻止，并教育程颢、程颐兄弟说："你若是慢慢走，怎么会摔倒？"每当吃饭的时候，常把两兄弟放在身边，有时孩子要求加盐、梅于羹汤中以调味，侯夫人立刻叱止说："这么小就如此多要求，长大要怎么办？"有时两兄弟与邻居的孩子发生争闹，侯夫人虽然知道孩子有理也不替孩子说话，她说："只担心孩子不会委屈自己，不担心孩子不会伸张。"所以程颢、程颐两人小时候就对衣服饮食没什么特殊要求，也绝无恶言骂人的事情发生。由于从小就受到父母的严格教育，长大以后，两人都成为学问渊博的著名学者。

程颢、程颐两兄弟是北宋时期著名的思想家和教育家，他们创立的哲学流派"理学"以其庞大精深的理论体系对后世产生了巨大而深远的影响，被称为"身心之学"或"心性之学"。二程之所以能成为旷世大儒，除了与他们自身的渊博学识分不开外，也与他们自小受到的教育密不可分。程颐在纪念母亲《上谷郡君家传》一文中写道："先公凡有所怒，必为之宽解。唯诸儿有过，则不掩也。"说他母亲温婉贤淑，与先父程珦相敬如宾，父亲生气的时候，她总是为他宽解。只是儿子们有过错，她却不加以掩饰。

程母教子，既是古人育德教子的典型范例，也是古代家庭童蒙教育的缩影。

教子当在幼，养正当于蒙，这是古人集千百年来家庭教育实践活动的经验总结，也是中华民族的先人们家教智慧的结晶。在传统家训文化中，“教儿婴孩”的主张占有很大的比重与篇幅，几乎存在于所有的家训专著之中。

《颜氏家训》二十篇，将“教子篇”列于家训第二篇，强调“教妇初来，教儿婴孩”，在介绍了古代王室的“胎教”之法后，颜之推写道：

凡庶纵不能尔，当及婴稚，识人颜色，知人喜怒，便加教诲，使为则为，使止则止，比及数岁，可省笞罚。（北齐·颜之推《颜氏家训·教子第二》① ）

意思是普通老百姓纵使不能如此（指胎教），也应在婴儿能够辨别大人的脸色、懂得大人是高兴还是生气的时候，就加以教导训诲，应该让他知道该做的就要做，应该停止的行为便要停止。等到长大几岁，就可省免鞭打惩罚。

江南荣巷《荣氏宗谱》旧谱中，有荣氏家训十二则，其中第六则专门讲“蒙养当豫”：

子弟是族中之根基。子弟出得好，族中便有兴隆气象；子弟出得不好，族中便有衰败气象。有志振兴者，宜急加意也。古人有胎教，又有能言之教，自小教起，立法周详，是以子弟易于成材。

①颜之推. 颜氏家训［M］. 檀作文，译注. 北京：中华书局，2017：6.

（荣德生《荣氏家训十二则·蒙养当豫》[①]）

子孙是家庭的希望，决定家庭的未来。子孙有没有出息，很大程度将会决定家庭的兴旺或者衰落。要想振兴家庭，家长必须高度重视对子孙的教育。古人教育子孙的办法很多，既有胎教，又有早教，总之对小孩进行教育的做法周到而详细，所以子孙容易成才。故此，对子孙的教育要“从小抓好”是每个家庭对后代的重大责任。

广东蕉岭张氏家族为子孙后代留下了“劝我族人，教子莫忘。从幼抓起，不可疏旷”（广东蕉岭《张氏族谱·训教子女》）的谆谆教诲，清初朱子学倡导者张履祥甚至断言：“子弟童稚之年，父母师傅贤者，异日多贤；宽者，多至不肖。”（《训子语》）

古人为何特别强调要对孩子进行早期教育？

其一，童稚之学，先入为主。一个鲜活的生命自母腹呱呱坠地、赤条条地来到世间，既懵懂无知，又纯洁无瑕。好比一张白纸，既可以绘就一幅绚丽多彩、盎然向上的绝作，也可能涂成杂乱无章、不堪入目的废品。在此期间，儿童心地纯净，各种思想观念还没有形成，可塑性很大，他们对外部一切事物都表现出极大的兴趣，就像海绵吸水，来者不拒，无论是受到好的教育与环境影响或者是坏的教育与环境影响，都会给他们留下难以磨灭的印记。因此，在他们进入社会之前，趁其“心未滥而先谕教，则化易成也”（西汉·贾谊《治安策》）。

颜之推在《颜氏家训》中写道：

人在年少，神情未定，所与款狎，熏渍陶染，言笑举动，无

①荣德生. 荣德生文集［M］. 上海：上海古籍出版社，2002：559-560.

心于学，潜移暗化，自然似之。（北齐·颜之推《颜氏家训·慕贤第七》①）

即人在年少的时候，精神意态还未定型，与别人交往亲密，就会受到熏渍陶染，别人的一言一笑、一举一动，即使无意去学习，也会潜移默化，自然相似。

北宋著名学者杨亿在他撰写的《家训》中写道：

童稚之学，不止记诵，养其良知良能，当以先入之言为主。日记故事，不拘今古，必先以孝悌忠信、礼义廉耻等事，如黄香扇枕、陆绩怀橘、叔敖阴德、子路负米之类。只如俗说，便晓此道理。久久成熟，德性若自然矣。（宋·杨亿《家训》②）

人从小开始学习，不只是能记能读，而且还有先入为主的特点，即所谓“感于善则善，感于恶则恶”。

明末嘉善（今浙江嘉兴）进士陈龙正对此深以为然，他说：

人自十五六以下，志识未定，记性偏清。一善言入耳，终身不忘；一邪言入耳，亦时时动念。先入为主，年少其尤。（明·陈龙正《家载》③）

他还以自己幼年时的经历为例，说明幼年对事物的认识有先入为主

---

①颜之推．颜氏家训［M］．檀作文，译注．北京：中华书局，2017：76-77.
②楼含松．中国历代家训集成1［M］．杭州：浙江古籍出版社，2017：490.
③楼含松．中国历代家训集成5［M］．杭州：浙江古籍出版社，2017：3254.

的特征并非臆断：十余岁时，读了凡先生《训儿说》内有一条说："凡听人说话，别人没有说完时，切勿抢着插话，使说话的人不知如何把话说完。"又有一条说："凡吃肉、菜，从菜碗中夹取的时候，不能用筷子挑挑拣拣。这样与别人一起吃饭时，别人会很讨厌。"还有一条说："但凡吐痰、擤鼻涕，要到没有人的僻远处，如果是乘船时，则应该将痰避开人吐入水中。"由于年纪小，这三句话触目不忘，至今记忆犹新，永不敢犯。有鉴于此，他指出：

> 教儿之法，使饫闻善言，习见善事，深知义理。此乃传家之本谋。纵孩幼未有知，亦宜时来听习。但使十中仅晓一二，亦自有益。日浸月渍，积久自通。（明·陈龙正《家载》[①]）

同时，他恳切地对亲朋以及身边的人说道：

> 惠我子弟，勿述市井之事，尤戒媟秽之谈。……既有益于人，亦自养厥德。（明·陈龙正《家载》[②]）

不过，亲朋也好、邻里也好，你要求归要求，人家爱听不听，尽管其中多为道德君子，但也不能禁绝少数口出秽语的粗鄙之人，为此他告诫家人：

> 吾辈亲朋，诚有难谢绝者，但其开口淫秽，或泛滥市井，何可令幼稚见闻。与其得先入之言，而复洗濯之，不如无入之为愈也。

①楼含松. 中国历代家训集成 5［M］. 杭州：浙江古籍出版社，2017：3254.
②楼含松. 中国历代家训集成 5［M］. 杭州：浙江古籍出版社，2017：3254-3255.

> 凡遇此恶客在座，子弟自十五六以下，权词令之回避。（明·陈龙正《家矩》[①]）

与其让孩子听到污言秽语之后回头再教育他们，还不如不让他们听到这些语言。因此，凡遇到有粗鄙的客人在座，就让十五六岁以下的人避开。改变不了别人，那就改变自己。

在《德育古鉴》中，记录了一则王沂公求馆宾的历史典故，文章很短，全文是：

> 王沂公教子弟，求馆宾必博学善士。或谓："发蒙何必尔？"曰："先入者为之主。"（清·史洁珵《德育古鉴》[②]）

王沂公，即北宋名相王曾，青州益都县兴儒乡秀士里（今山东省青州市郑母镇）人，因封沂国公，故人称王沂公。史洁珵在《德育古鉴》中记录的是他为儿子访求师傅的轶事：王曾欲为儿子请一塾师（幕宾），便四处打听学识渊博且有德之士。这时有人对他说：只不过是让您儿子读书认字的启蒙教育，何必劳神费力地寻找老师呢？王曾回答说：正由于是启蒙教育，才要寻访德高博学的师傅啊。小孩子头脑一片空白，最先听到的话会在头脑中留下很深的印象，形成固定的见解，以后再要改变就困难了。故选择第一任老师非常重要，他的为人、学识，最先影响小孩，不能不慎重啊。

所以，对子女的教育要尽早开始，这对他们可能产生一辈子的影

---

①周秀才，王若，李晓菲，等. 中国历代家训大观（上）［M］. 大连：大连出版社，1997：468.

②史洁程. 德育古鉴［M］. 苏州：古吴轩出版社，2015：55.

响，就像袁采所言：“幼而示之以均一，则长无争财之患；幼而教之以严谨，则长无悖慢之患；幼而有所分别，则长无为恶之患。”（《袁氏世范·卷一·睦亲》）

其二，人生小幼，精神专利。婴幼儿阶段是人一生中唯一一段无忧无虑的快乐时光，在这个短暂的时期中，由于没有生活上的压力，也没有工作上的烦恼，受外界干扰很少，因而心无杂念，注意力集中，接受能力强，记忆力也处于旺盛时期，能把学到的东西牢记不忘。在这个阶段就开始教育，可以起到事半功倍的效果。颜之推在《颜氏家训》中，用自己的亲身经历来证明早期教育的道理和意义。他说：

> 人生小幼，精神专利，长成已后，思虑散逸，固须早教，勿失机也。吾七岁时，诵《灵光殿赋》，至于今日，十年一理，犹不遗忘；二十之外，所诵经书，一月废置，便至荒芜矣。（北齐·颜之推《颜氏家训·勉学》①）

意思是，人生在幼小的时期，心无杂念，精神专一；长大成人以后，心里想的事情多，注意力分散，记忆力就会下降。故此应该对子女早早开始教育，不要失去这一段好的教育机会。比如我在七岁的时候诵读《灵光殿赋》，直到现在，十年温习一次，还没有忘记。可是在二十岁以后所诵读的经书，哪怕一个月不温习，就生疏荒废了。

小孩年龄小，大脑发育还不成熟，对思维的控制能力相对较弱，对突然出现的新的事物比较敏感、好奇，容易将注意力从原来的事物转移到新的事物上去，这是既普遍又正常的现象，这种现象与古人“人生小幼，精神专利”这句话并不矛盾。古人所说的“人生小幼，精神专利”，

①颜之推．颜氏家训［M］．檀作文，译注．北京：中华书局，2017：98.

是相对于成年人而言的。俗话说，人无远虑，必有近忧。人生在世，必然会被各种各样的“俗务”所缠绕，无论是养尊处优的达官显贵，还是地位卑微的市井小民，都有或大或小的事情萦绕在他的思想中，成为在通常情况下的“杂念”。小孩就不一样，由于既无远虑，亦无近忧，在他们的注意力尚未转移到另一个事物之前，对当前事物的关注是心无杂念、精神专一的，能在大脑中留下深刻的印记。在汉文化中，有句谚语叫作“小孩记得千年事”，即对“人生小幼，精神专利”的通俗注解。

其三，少成若天性，习惯成自然。这是古代著名思想家、教育家孔子说的一句话，意思是小时候养成的习惯非常自然、牢固，就像天生的一样。而且习惯一旦形成，就不容易改变。如果小时候已经形成不良的品质习惯，长大后再要纠正，只能是徒增痛苦。宋代学者朱熹为此专撰《小学》一书（明末陈选作注后定名为《小学集注》），他在自序中说：

> 古者小学教人以洒扫应对进退之节，爱亲敬长、隆师亲友之道，皆所以为修身齐家、治国平天下之本。而必使其讲而习之于幼稚之时，欲其习与知长，化与心成，而无扞格不胜之患也。（宋·朱熹《题〈小学〉》[①]）

其中“必使其讲而习之于幼稚之时，欲其习与知长，化与心成，而无扞格不胜之患也”，即在孩童年幼之时就开始训练正确的行为规矩，防止日后养成恶习，改之甚难。

又如绩溪旺川曹氏宗族家训给子孙留下训诫：

> 凡《孝经》《小学》诸书，先令熟读，日讲古人故事，以端其

①曾枣庄. 宋代序跋全编 7［M］. 济南：齐鲁书社，2015：4300.

志趣。久则少成若性，异日必为伟器。若幼时姑息，纵其嬉游，荡其心性，恐胎子已坏，培养无基，长大虽欲教之，无论抗捍不驯，即稍知悔悟，终是少年习气未除，难以语于圣功之正矣。（绩溪旺川《曹氏家训》①）

司马光则用生动的比喻给后人留下警示，他说："那些疼爱子女的人经常说：'孩子还小，不懂事，等他们长大了再教育也不迟。'这就好比是培养一棵长歪了的树木幼苗，说等到它长粗了才砍伐它，这时用力反而不是更多吗？又像是打开鸟笼子把鸟放出去再去捕捉它、解开缰绳放开马而后去追赶它一样，还不如不打开笼子、不解开缰绳做起来容易啊。"（原文："人之爱其子者多曰：'儿幼，未有知耳，俟其长而教之。'是犹养恶木之萌芽，曰：'俟其合抱而伐之'，其用力顾不多哉？又如开笼放鸟而捕之，解缰放马而逐之，曷若勿纵勿解之为易也！"《温公家范·父》）

由此可见，早教思想是古代家庭教育者在实践的基础上，通过对婴幼儿心理活动以及思想形成的特点进行研究所得出的结论，是先人留给后人开展家庭教育的经验之谈。

早期教育既然具有如此重要的意义与作用，那么又应该如何开展早期教育呢？也就是说，早期教育应该怎么教？教什么？这些问题，在传统家训册籍中都能够找到答案。

先说怎么教。幼教与胎教的区别在于，胎教是通过母体获得感受，是潜移默化式的无形之教；幼教则是父母家长对子女幼童面对面的训诫，是耳提面命式的有形之教。因此，在时机、方式上都要符合儿童身心成长的特点与规律，时间的早晚、训诫的轻重、施加的方式都有讲究。

---

① 卞利．明清徽州族规家法选编［M］．合肥：黄山书社，2014：10.

在施教的时间上，古人认为，当子女身心成熟程度达到一定水平时，施行某种教育才是最有效的。过早进行教育，儿童心理发育还不能适应教育的要求，过迟进行教育，则最适宜的时机已过，事倍而功半，甚至再努力也无济于事。在施教方式上，必须注意儿童身心发展的内在规律，既不能采用强制或粗暴的手段生硬地灌输，又力求有效地将教育内容渗入他们的习性。

《荣氏家训》指出：

> 吾族中各父兄须知，子弟之当教，又须知教法之当正，更须知教子弟之当豫。（荣德生《荣氏家训十二则·蒙养当豫》[①]）

“教法之当正”的原则是：

> “七岁便入乡学，读书多少，随其资质。渐长，有知便择端悫[②]贤师，日课而外，将孝悌诸故事时加训诲，再令习礼仪，务笃实，近正士，远小人。庶先入为主，习惯自然。纵不能入学中举，就是为农为工为商贾，亦不失为醇谨之善人。（荣德生《荣氏家训十二则·蒙养当豫》[③]）

寥寥数言，囊括了对子女早期教育的时机、方法、内容、目的，简单明了，易懂易行。唐李恕主张“男子六岁，教之方名。七岁，读《论语》《孝经》。八岁，诵《尔雅》《离骚》。十岁，出就师傅，居宿于外。

①荣德生. 荣德生文集［M］. 上海：上海古籍出版社，2002：560.

②音 què，厚道、朴实、恭谨的意思。这里是说要请厚道正派的老师。

③荣德生. 荣德生文集［M］. 上海：上海古籍出版社，2002：560.

十一，专习两经。”（《戒子拾遗》）

绩溪旺川曹氏家训，也有类似的规定：

> 子生五岁，便当令入乡塾，穿深衣，作长揖，坐立进退，教以儒者风度。（绩溪旺川《曹氏家训》①）

这都是按照不同年龄施以不同教育的早教之法，还有根据幼儿身心成熟程度施以教育的，如颜之推告诫后人：

> 当及婴稚，识人颜色，知人喜怒，便加教诲。（北齐·颜之推《颜氏家训·教子第二》②）

意思是当孩子能够辨别人的脸色、懂得人的喜怒时，就要加以教导训诲。

明正德进士孙承恩也说：

> 凡女之生，以渐有识，教必以时，勿致怠失。（明·孙承恩《女训》③）

凡生下的婴儿，等他们一有基本的意识，就要及时地开展教育，不能坐失时机。

在教育方式上，由于孩子还处于懵懂时期，既不能按教育成年人那

①卞利. 明清徽州族规家法选编［M］. 合肥：黄山书社，2014：10.
②颜之推. 颜氏家训［M］. 檀作文，译注. 北京：中华书局，2017：6.
③楼含松. 中国历代家训集成3［M］. 杭州：浙江古籍出版社，2017：1982.

样用大道理进行说教，也不宜声色俱厉地进行训斥，应该根据小孩活泼爱动的性格特点，循循善诱、寓教于乐，让孩子在轻松的氛围中接受教育。明代教育家王守仁为晓谕赣南各县兴立学社颁布了一张文告，指出对蒙童的教育“贵在引导”，他说：

大抵童子之情，乐嬉游而惮拘检，如草木之始萌芽，舒畅之则条达，摧挠之则衰痿。今教童子必使其趋向鼓舞，中心喜悦，则其进自不能已。（明·王守仁《训蒙大意示教读》[①]）

他认为，小孩性格活泼好动，喜欢嬉戏而忌惮拘谨，所以不能管得太死，就像刚萌芽的小树苗和花草一样，不受压制和阻挠，才能生长得快。因此，教育孩子要从其性格特点出发，根据他们的兴趣，因势利导，才能使他们乐此不疲，愿意接受大人的教诲。

清代著名文学家蒋士铨的母亲钟令嘉，是一位很会对孩子进行早期教育的母亲。她在蒋士铨刚开始牙牙学语时，就教他辨别物体的形状、大小。蒋士铨四岁时，钟令嘉用刀把竹子削成细条，做成点、横、撇、捺等形状，然后组合成字，教蒋士铨认识。这种形象化的教育方法，适合孩子的年龄、特点，使孩子学起来有兴趣，效果自然就好。后来蒋士铨与汪轫、杨垕、赵由仪并称“江西四才子”，诗与袁枚、赵翼合称“江右三大家”，这些成就与他母亲的早期善教是分不开的。

再说教什么。宋代理学家朱熹说：

夫童蒙之学，始于衣服冠履，次及言语步趋，次及洒扫涓洁，次及

①王阳明. 传习录［M］. 张怀承，注译. 长沙：岳麓书社，2004：240.

读书写文字，及有杂细事宜，皆所当知。（宋·朱熹《童蒙须知》①）

在传统家训经典著作中，早教内容多参照《礼记·内则》。如安徽休宁叶氏宗族家规载：

按《内则》，有胎教，又有能言之教，八岁有小学之教，十五岁有大学之教，是以子弟易于成材。（休宁《叶氏家规》②）

《礼记·内则》是儒家经典之一，其中列出了婴幼儿早期教育的年序表，司马光《温公家范》对其进行了引用：

《内则》："子能食食，教以右手。能言，男唯女俞。男鞶革，女鞶丝。六年，教之数与方名。七年，男女不同席，不共食。八年，出入门户及即席饮食，必后长者，始教之让。九年，教之数目。十年，出就外傅，居宿于外，学书计。十有三年，学乐、诵诗、舞勺。成童，舞象、学射御。"③

大意是：婴儿刚学会吃饭时就要教他使用右手，开始说话时就要教他恭敬听话，随着年龄的增长要依次教习计数，辨认方向，教育他男女有别……

从这张"课程表"看，《礼记》中的早教多侧重于对孩子生活基本常识的教育以及性格、能力等个性心理特征的培养，表面上与道德品质

①楼含松．中国历代家训集成1［M］．杭州：浙江古籍出版社，2017：384.
②卞利．明清徽州族规家法选编［M］．合肥：黄山书社，2014：128.
③司马光．钦定四库全书·家范［M］．北京：中国书店，2018：48-49.

的培养没有多大的联系，但在古人的眼中，这些“寻常小事”都关乎到人的品行操守，不可忽视。明初学者方孝孺认为：

道之于事，无乎不在。……故行跪揖拜，饮食言动，有其则；喜怒好恶，忧乐取予，有其度。（明·方孝孺《幼仪杂箴》[①]）

意思是，对于每件具体的事情来说，道德是无所不在的。例如，站立行走、见面行礼、吃饭喝水、言语动作，都有既定的规则；遇到喜事而高兴、遇见烦事而发怒，爱好什么、厌恶什么以及拿取和给予，都不能任性而为，要有一定的限度。他还专门从“坐”“立”“行”“寝”“揖”“拜”“食”“饮”“言”“动”“笑”“喜”“怒”“忧”“好”“恶”“取”“与”“诵”“书”等20个方面，对一些日常行为做出了具体的规范。如坐：

维坐容，背欲直，貌端庄，手拱臆。仰为骄，俯为戚。毋箕以踞欹以侧，坚静若山乃恒德。（明·方孝孺《幼仪杂箴》[②]）

立：

足之比也如植，手之恭也如翼。其中也敬，而外也直。不为物迁，进退可式。将有立乎，圣贤之域。（明·方孝孺《幼仪杂箴》[③]）

---

①方孝孺. 逊志斋集［M］. 宁波：宁波出版社，2000：1.
②方孝孺. 逊志斋集［M］. 宁波：宁波出版社，2000：1.
③方孝孺. 逊志斋集［M］. 宁波：宁波出版社，2000：2.

并要求子孙将这些行为规范“或铭于盘盂，或书于绅笏，所以养其心志，约其形体”。

明代永乐举人曹端所著家训亦有此类的规范：

> 学坐，定坐端身，齐手敛足，毋得偃仰倾侧。
>
> 学书，臻（聚也）。志把笔，并要齐整、圆净，毋得轻意糊涂。
>
> 学揖，低头曲腰，出身收手，毋得轻率慢易。
>
> 学行，笼手徐行，毋得掉臂跳足。
>
> 学立，拱手直身，毋得跛倚欹斜。（明·曹端《家规辑略》[①]）

坐要坐得端正，双手并拢放在身前，双脚内收不得向外伸出，更不得前俯后仰左右倾斜；写字要聚精会神，笔杆握直，写字整齐，不能随意涂改；对人施礼时要低头弯腰，身体前倾双手沉肘，神情恭敬而不能轻率；走路时要笼着手缓缓而行，不能甩手和蹦跳着行走；立的时候身体要保持正直、双手互握合于胸前，不能歪斜不正，倚靠于物。

总之，“大抵为人，先要身体端整。自冠巾、衣服、鞋袜，皆须收拾爱护，常令洁净整齐……不可宽慢，宽慢则身体放肆不端严，为人所轻贱矣。”（宋·朱熹《童蒙须知》）即一般来说，做人先要做到身体外表的端正整洁。从帽子、头巾到衣服、鞋袜，都要爱护整理，时常让它们保持干净整齐。不能宽松散漫，宽松散漫就会让人的身体缺乏约束，不够端庄严肃，会被人瞧不起。

古代家庭早教的内容，大多涉及儿童生活习惯、身心健康、社会知识等方面，对这些生活小事，古人赋予了它们道德的含义。如南宋哲学家、文学家吕祖谦所言：“向善背恶，去彼取此，此幼学所当先也。”

---

①楼含松．中国历代家训集成3［M］．杭州：浙江古籍出版社，2017：1651.

（宋·吕祖谦《家训》）

除了遵照教子“课程表”按部就班地进行早教之外，古代家庭教育者更多的还在日常生活中就事论德、遇物必诲。比如曾子杀猪教子诚信，孟母断机教子立志等，都是生动的幼教事例，因在后面的章节还要作深入探讨，这里不再展开叙述。

正是得益于古代家庭坚持不懈地开展早教，在中国几千年的历史中，出了很多令人称羡的神童。如：项橐七岁而为孔子师，甘罗十二岁官拜上卿（相当于宰相），蔡文姬六岁能辨琴，曹冲六岁能称象，张居正十二岁中秀才等，留下家庭早教的千古佳话。

子幼必待以严，长无不肖之悔

> 人之有子，多于婴孺之时爱忘其丑，恣其所求，恣其所为。……及其年齿渐长，爱心渐疏，微有疵失，遂成憎怒，摭其小疵，以为大恶，……为父者须详察此，子幼必待以严，子壮无薄其爱。
>
> ——（宋）袁采《袁氏世范·父母不可妄憎爱》①

天下父母，没有哪个不疼爱子女，舐犊之情是人之天性。但在家庭教育特别是对孩子的早期教育中，“爱”与“教”、“慈”与“严”却经常是家庭教育者的两难选择，也特别考验为人父母的见识与智慧。

①袁采．袁氏世范［M］．上海：上海人民出版社，2017：15-16．

明代中期重臣杨士奇，在朝廷为官四十余年，官至内阁首辅，成就不可谓不高；经他举荐的于谦、况钟等五十余人，个个政绩显著，官声极佳，识才不可谓不准。然而，他在关于儿子的教育问题上，却慈爱有余、严教不足，交了一份不合格的答卷。

据晚明状元焦竑《玉堂丛语·惑溺》记述：杨士奇晚年溺爱他的儿子杨稷，其横行乡里，作恶多端。他的同乡、吏部官员王文端将这些事情告诉杨士奇，请他以回乡省亲、扫墓为由，回去管束一下杨稷。杨士奇将信将疑，便勉强同意王文端的建议，决定回乡一趟，了解一下儿子的所作所为。杨稷得知父亲要回家，就预先安排亲信住进沿途的驿馆，向杨士奇说杨稷贤而有德，并说："别人都是忌妒先生您功名成就，因此才说您儿子的坏话的。"随后杨稷又于数百里之外迎接父亲，穿着普通的衣服，少言有礼，家中摆着许多书籍，而且陈设简单。杨士奇见此，心中那点疑惑早已烟消云散，继而怀疑王文端是妒忌自己而编造出这些子虚乌有的事情，回到京城后，遂（利用权力）将王文端逐出吏部。

殊不知，溺爱必定要付出沉痛的代价。杨稷见父亲并无责备之意，更加肆无忌惮，变本加厉，竟至连害数十条人命。直到杨稷被关入大牢，杨士奇这才如梦方醒，可惜为时晚矣。最后落得个自己辞官、儿子问斩的可悲结局。而"士奇溺爱"亦成为历史上"溺爱害子"的典型事例。

在历史上，像杨士奇这样溺爱纵子的事情绝不是孤例，未载入史册的民间由溺爱导致的悲剧又有多少？颜之推在其《颜氏家训》中，也记载了一则这样的故事：

> 梁元帝时，有一学士，聪敏有才，为父所宠，失于教义。一言之是，遍于行路，终年誉之；一行之非，掩藏文饰，冀其自改。年登婚宦，暴慢日滋，竟以言语不择，为周逖抽肠衅鼓云。（北齐·

颜之推《颜氏家训·教子第二》[①] ）

梁元帝时的一位学子，因聪敏有才而被其父所溺爱，平日一味地娇宠却没有很好地教育他。只要有一句话说得有点理，他父亲就不断地夸奖他，一年到头到处与人谈论；一件事做错了，他父亲就百般为他掩饰，替他找各种借口，希望他自己能慢慢改正，以至于养成恃才傲物、放荡不羁的品行。此人长大成人之后，身上残暴、骄横的习气越来越重，最后因为讲话随便，触犯了有权势的周逖，被周逖杀了，还用他的血涂在战鼓上以供祭祀。

爱而不教，反害其子。司马光在其家训中，将这一故事原文照录，以警示后人，并由此加注道：

> 然则爱而不教，适所以害之也……《记》曰：父之于子也，亲贤而下无能。使其所亲果贤也，所下果无能也，则善矣。其溺于私爱者，往往亲其无能，而下其贤，则祸乱由此而兴矣。（宋·司马光《家范·卷三·父》[②] ）

家长对子女如果一味溺爱而不懂得去教诲，恰恰是害了孩子。《礼记》说：父亲对待子女，一般都是偏爱聪明有才干的，而对于才能差一些的就不太喜欢。如果为父亲所偏爱的果真有才有德，不喜欢的果真是品行才能很差的，那还算是不错的；然而，有些做父亲的因溺于私爱，往往是偏爱那些无品行无才能的，而疏远品行端正有才能的。那么，家里的不和与祸乱就会由此发生。

---

①颜之推．颜氏家训［M］．檀作文，译注．北京：中华书局，2017：8.

②司马光．钦定四库全书·家范［M］．北京：中国书店，2018：53.

许许多多诸如此例的沉痛教训，使古代家庭教育者深刻地认识到：

> 父母养其子而不教，是不爱其子也。虽教而不严，是亦不爱其子也。……是故养子必教，教则必严。（宋·柳永《劝学文》① ）

歙县潭渡《黄氏宗族家训》“教养”篇称：

> 害子弟者，莫大于戕贼其天良。……天良不存，则肆无忌惮，何事不可为？何恶不可作？以至于悖逆伦理，干犯刑宪，皆父兄以姑息为教，溺爱为养，不能如植木之务去其害木者，以至于如此之极耳。故我前人于教养之道，凡戕贼夫天良而害我子弟者，防之也周，虑之也密。（歙县潭渡《黄氏宗族家训》②）

贻害子弟的行为，莫过于泯灭、伤害他的良知。人一旦没有良知，就会恣意妄为、毫无顾忌，到那个地步，又有什么事他不敢做、什么恶他不敢作的呢？最终极有可能发展到不顾人伦道德，犯上作乱，甚至触犯法律，遭受刑罚。这样的结果，都是父母家长平日姑息迁就、过分宠爱所致，不能像除去树上的蛀虫一样纠正孩子的缺点，以至于铸成大错。因此，祖宗对于如何教育子孙非常注意，对那些伤害小孩良知的做法，防范得很严，想得也很周密。

司马光更是直接警告后人：

---

①柳永．乐章集校笺（下）［M］．陶然，姚逸超，校笺．上海：上海古籍出版社，2016：837.

② 卞利．明清徽州族规家法选编［M］．合肥：黄山书社，2014：20.

爱而不教，使沦于不肖，陷于大恶，入于刑辟，归于乱亡。（宋·司马光《家范·卷三·母》① ）

古人倡导从严教子，并不是要求父母家长对孩子非打即骂，而是按照原则，对孩子日常的言行细节进行严格规范与濡染，以培养他们良好的人格品行。

一、慈而不狎，爱之勿面

父母对子女的爱是天然的爱，这种爱通常在不经意间流露出来，孩子时常感受到这种慈爱的氛围，有利于他们的身心健康成长。但是，父母与子女之间，既要亲近也须庄重，长幼关系必须保持正常；否则，父母的话语就会失去权威性，严教就成了一句空话。

古代家庭教育者们注意到，在实际生活中，面对幼小而自理能力又不足的子女，父母多因孩子幼小而不忍严加管教，往往是“无教而有爱，每不能然；饮食运为，恣其所欲，宜诫翻奖，应呵反笑，至有识知，谓法当尔”（北齐·颜之推《颜氏家训·教子第二》）。对子女的慈爱往往演变为溺爱和娇养，故在传统家训中应格外警惕这种现象，认为父母过分娇惯孩子，让孩子失去生活的实践、避开生活的挫折，这不是“爱”而是“害”。

颜之推的《颜氏家训·教子篇》中，记有这样一个事例：齐武成帝的儿子琅琊王，天生聪慧，武成帝和皇后都非常喜爱他，不论穿的、吃的都与当太子的哥哥相同。武成帝经常当面称赞他：“这是个聪明的孩子，将来应当有所成就。”武成帝死后，太子即位，琅琊王就搬到别宫

①司马光. 钦定四库全书·家范［M］. 北京：中国书店，2018：57.

居住，但他的待遇仍然十分优厚，超过其他为王的弟兄。即使如此，他母亲还认为优待得不够，常为此向皇帝诉说。琅琊王十来岁的时候，就骄横恣意，毫无节制，吃穿用住等各个方面，必须和皇帝哥哥一样。有一次，琅琊王去南殿朝拜，见典御官向哥哥（皇帝）进献从地窖里取出的冰块，钩盾官进献早熟的李子，于是回府后就派人去索取，结果没有要到，就大发脾气，骂道："皇帝有的东西，我为什么就没有？"琅琊王讨厌宰相，就假传圣旨，把他杀了。行刑时，担心有人来救，竟命令手下的军士守住皇帝所在的宫殿大门。对于他的恶行，上自皇帝下至满朝文武，无不震怒。最终皇帝将他关到一个偏僻的地方幽禁起来，直到死都没有重获自由。

这是一个典型的溺爱害子悲剧，因此颜之推指出：

> 父子之严，不可以狎；骨肉之爱，不可以简。简则慈孝不接，狎则怠慢生焉。（北齐·颜之推《颜氏家训·教子第二》①）

意思是父子之间要严肃，不可以轻佻，不能过分亲密，过分的亲昵会使儿子产生不敬之心；亲人之间要慈爱，但不能简慢，如果流于简慢，就无法做到父慈子孝。

二、君子教子，遵之以道

司马光在《温公家范》中主张"君子教子，遵之以道"。什么是"道"？道，即道理、原则，就是用道德规范来教育孩子。婺源济阳《江氏家训》说：

①颜之推. 颜氏家训［M］. 檀作文，译注. 北京：中华书局，2017：9.

子孙不可姑息，少时即当教以孝悌忠信之道与本卷《江氏门规》，使之读书明理，后日自然为孝子顺孙。（婺源济阳《江氏家训》① ）

“孝悌忠信之道”不是空泛的说教，而是融入日常生活之中具体言行的规制。

明代云间人陆树声著《云间陆文定先生家训》，其中有一节“教子婴孩”是这样说的：

子女二三岁时，便要教之孝悌，如叔伯诸母兄嫂，教其称呼。至长，自然依依爱敬，尊长见之亦自然道好，……若孩提不知称呼，长则赧顽，启口必致礼文疏略，情意冷淡，至亲如同陌路，乃父母失教之过也。（明·陆树声《云间陆文定先生家训·教子婴孩》② ）

祁门河间《凌氏家训》的诫勉同样具体：

必能言，常示毋诳；能立，教之正方。教他莫顽戏，莫爱财，养其节也；教他莫伤生，莫折枝，养其爱也；即席饮食，必后长者，养其让也；教其孝悌忠信、礼义廉耻，以养其心；教以洒扫、应对、进退，以养其身；教以诗章歌咏，以养其性情。稍长，则出就外傅，居宿于外，读《孝经》《小学》等书，庶几少成若天性，习惯若自然，而大人之实立矣。（祁门河间《凌氏家训》③ ）

---

①上海图书馆. 中国家谱资料选编 9 家规族约卷下［M］. 上海：上海古籍出版社：746.
②楼含松. 中国历代家训集成 4［M］. 杭州：浙江古籍出版社，2017：2244.
③上海图书馆. 中国家谱资料选编 9 家规族约卷下［M］. 上海：上海古籍出版社：654.

“立必正方”，是我国古代基本的仪态规范。坐立端正、目不斜视，体现了一个人的精神面貌、道德素养，当孩子开始学说话、学走路时就应当教育他们注意行为举止；而告诫他“莫爱财”是养其节操，“莫伤生”“莫折枝”是培养其爱心，吃饭时不抢在长者之前是培养其谦逊的人格等，小时候这样做，习惯成自然，长大之后形成优良的品德。

前面提到的歙县潭渡《黄氏宗族家训》，对本族少年子弟日常的言语、行为订出了多条规范，例如，幼者要后于长者，说话要注意伦序；在与宾客交谈时，不得夹杂里俗方言，不能高谈阔论，不允许谈论女眷隐私；与人交往时不能勾肩搭背，露出轻佻之态；不得与人炫奇斗胜、好勇斗狠等。

与王安石、司马光同时代的北宋学者吕公著，其宦海生涯时起时落、屡复屡夺，但在教子之道方面，却是颇为成功的典范。

吕公著治家，庄严持重、沉默寡言，颇有威仪；夫人鲁氏，法度严整，颇识大义。夫妇两人对儿子吕希哲的教育相当严格，在他十岁的时候，事事都要他循规蹈矩。无论寒暑，吕希哲站在他们的身旁，不叫他坐他绝对不能坐；每天必须穿戴整齐才能去见长辈，无论多热，在父母面前，不允许脱去衣服、摘下头巾、脱去鞋袜，更不允许出入茶坊酒馆之类的地方，所以市井中那些不正当的话语、不正当的声音，吕希哲从来没听到过；市井中那些不正经的书画以及不符合礼数的行为，吕希哲也没有看见过。在吕公著夫妇的严教下，吕希哲成了有德行的、与众不同的人物。①

①史洁理. 德育古鉴［M］. 苏州：古吴轩出版社，2015：51.

三、严饬是爱，娇纵则害

颜之推对一些家长未能教育子女的现象进行了分析，认为“凡人不能教子女者，亦非欲陷其罪恶；但重于诃怒，伤其颜色，不忍楚挞惨其肌肤耳”（《颜氏家训·教子第二》）。这番话，说出了天下父母的心中之痛。自孩子呱呱坠地起，父母就开始计划着他（她）的未来，期望他们成龙成凤、出人头地，谁都不愿将孩子推向罪恶的深渊。但当孩子犯错、父母疾言厉色甚至棍棒相加时，那种恐惧、无助的神态和凄厉、委屈的哭声，大都会令父母立时心软，继而以“孩子还小，待以后慢慢教育”为借口放弃管教。殊不知“盖中人之性，遇强则避，遇弱则肆”（宋·袁采《袁氏世范·卷一·睦亲》），一次又一次的骄纵，必定会在孩子幼小的心中留下“只要我现出伤心可怜的样子，父母就会停止责罚”的印象，为下一次的犯错留下隐患。这好比孩子失足滑向深渊时，父母虽然抓住了他，但是不忍扯痛孩子的肢体而放手，就会眼睁睁地看着孩子跌落深渊。所以，父母对子女的爱，不应当盲目，应从大处着眼、从长远着眼、从孩子的未来着眼，分清主次，理性对待。只顾孩子眼前的感受、一时的痛痒，舍大而就小，不是真正的爱，而是感情用事。对此情况，颜之推说：

> 当以疾病为谕，安得不用汤药针艾救之哉？又宜思勤督训者，可愿苛虐于骨肉乎？诚不得已也。（北齐·颜之推《颜氏家训·教子第二》①）

---

①颜之推．颜氏家训［M］．檀作文，译注．北京：中华书局，2017：8．

就像孩子生病了，难道心疼孩子怕痛、怕苦就不用汤药针艾去挽救他的生命吗？当你心疼孩子而不忍心严教时，再想想那些经常严厉训教孩子的家长，他们难道真的愿意这样严厉甚至苛刻地对待自己的孩子么？这是无可奈何、不能不如此啊！

所以，在传统家训典籍中，多见批评姑息放纵、提倡治家贵严的训诫，甚至可以说，严教是中国传统家训的基本特征。

清代理学家王心敬在《丰川家训》中指出：

> 人家欲家道之绵长，教子乃其首务，须以严正为贵。正则子不至于越礼犯分，严则子不至于纵欲败度。积习久之，自然习惯成性。（清·王心敬《丰川家训》[①]）

明代文学家、思想家吕坤指出：

> 以肥甘爱儿女而不思其伤身，以姑息爱儿女而不恤其败德……举世之自爱而陷于自杀者又十人而九矣。（明·吕坤《呻吟语·养生》[②]）

满清入关后第二位皇帝爱新觉罗·玄烨（即康熙皇帝）在《庭训格言》中明确指出：教育子女，自幼当严。他说：

> 为人上者，教子必自幼严饬之始善。看来，有一等王公之子，幼失父母，或人惟有一子而爱恤过甚，其家下仆人多方引诱，百计

①楼含松．中国历代家训集成7［M］．杭州：浙江古籍出版社，2017：4099.
②吕坤．呻吟语［M］．长沙：岳麓书社，2016：165-166.

奉承。若如此娇养，长大成人，不至痴呆无知，即多任性狂恶。此非爱之，而反害之也。（清·康熙《庭训格言》[①]）

译成白话文就是，为人父母者，教育子女一定要从小加以严格教导和管束，这样才有好的开始。有一些王公大臣的子女，他们有的是从小失去父母，或者是那些大臣唯一的孩子，对他们过度地爱护和怜惜，家里的仆人们又千方百计地引诱他们、奉承他们。如果这样娇养溺爱，（孩子）长大之后，即使不至于痴呆无知，也大多是任性、骄横、恶劣。这并不是爱他，相反是害了他。

这段话专门批评了“幼失父母”或“惟有一子”家庭的溺爱现象，虽然比较中肯，但是有些片面。一是“溺爱”不是“幼失父母”或“惟有一子”家庭的专利，某些父母健在、子女较多的家庭也存在溺爱的现象；二是“幼失父母”或“惟有一子”的家庭，也有不少能够严格管教孩子的事例，试举两例。

其一：

刘忠肃公挚儿时，父居正督课极严，动必绳以规矩。或谓曰：“君止一子，独不可少宽耶？”居正曰：“正以一子，不忍纵也。”（清·史洁珵《德育古鉴》[②]）

刘居正，永静东光人，北宋天圣二年丙科，赠通奉大夫，监察御史，刘挚是他唯一的儿子。刘居正教子极严，平日一举一动必教他循规

①康熙. 庭训格言 几暇格物编［M］. 陈生玺，贾乃谦，注释. 杭州：浙江古籍出版社，2013：36.

②史洁珵. 德育古鉴［M］. 苏州：古吴轩出版社，2015：54.

蹈矩。旁人见了劝说道，“先生只有一个儿子，何不对他宽松一些?”刘居正回答说，“正因为只有一个儿子，反而不忍心纵容他啊。”后来，刘挚官至尚书左仆射、右仆射，而且“性峭直，有气节，通达明锐，触机辄发，不为威怵，不为利诱”，可说是一身正气，这与刘居正严格的家教不无关系。

其二：

> 谢贺与宾客谈人之长短，其母在屏后闻之，心甚怒。客去，笞责一百。或劝之曰：“臧否亦恒情，何责之重也?”母曰：“孔子爱兄女，必取三复白圭之士妻之。今我独有一子，乃出语妄议人之长短，此岂保身之道?”因涕泣不食。贺惧，痛自改悔，卒为名儒。（清·史洁珵《德育古鉴》①）

一日谢贺与宾客谈论某人的长短，他的母亲在屏风后面听到了，心里很生气。客人离开以后，她就将谢贺责打了一百鞭。有人劝道：“说人长短也是人之常情，何必责罚得这么重呢?”谢母说：“孔子疼爱兄长的女儿，一定要把她嫁给言语谨慎的南容。现在我只有这么一个儿子，却随意论人长短，这哪里是保身之道?”因此哭着不吃饭。谢贺非常惶恐，从此痛改前非，最后成为一代名儒。

---

①史洁珵．德育古鉴［M］．苏州：古吴轩出版社，2015：59.

第三章　教亦多术，导人必因其性

家庭教育，是父母或其他年长者在家里对子女进行的教育。与学校教育相比，家庭教育对象的差异显然要大得多。在我国古代，由于家族观念浓厚，加之社会经济发展迟缓、物质条件相对较差，家族聚居现象较为普遍，四世同堂甚至五世同堂的家庭并不鲜见，家庭规模大、子女多，教育的对象也比较复杂。在这些大家庭中，由于教育对象处在不同的年龄阶段，其认知能力、反应能力、实践经验都有不同；由于先天原因，每个人的自然禀赋也不一样，或多或少存在智愚之别；由于遗传因素和后天生长环境的影响，不同教育对象之间的个性存在着差异；等等。即使在一些小户人家，教育对象同样具有身世、年龄、心智等多方面的差别。面对这些各具特点的教育对象，显然不能使用同一张"课程表"，也不能使用同一本"教科书"。针对这种现象，古代家庭教育者们强调："教子孙……其教也，必以其道；其养也，必以其方。"（《富溪程氏家规》）"吾族中父兄须知，子弟之当教；又须知，教法之当正；又须知，养正之当豫。"（《休宁叶氏族谱·卷九·保世》）

这里的教之"道"、养之"方"，是指进行家庭教育要根据教育对象的具体情况，区别对待、因人而教。

早在春秋战国时期，大教育家孔子就有因人而教的经验之谈，他说："中人以上，可以语上也；中人以下，不可以语上也。"（《论语·雍也第六》）意思是，中等资质以上的人，可以给他讲高深的学问；中等资质以下的人，不可以给他讲高深的学问。对此，南宋学者朱熹批注道："语，告也。言教人者，当随其高下而告语之，则其言易入而无躐等之弊也。张敬夫曰：'圣人之道，精粗虽无二致，但其施教，则必因其材而笃焉。盖中人以下之质，骤而语之太高，非惟不能以入，且将妄意躐等，而有不切于身之弊，亦终于下而已矣。故就其所及而语之，是乃所以使之切问近思，而渐进于高远也。’”（《论语集注》）就是说，教授学生时应当根据学生能力的高低而教授之，老师说的话才容易被学生所接受，就不会出现不按次序、逾越等级的弊端。为了进一步说明这个道理，朱熹引用了与他齐名的南宋著名理学家和教育家张栻（字敬夫）的一段话：“圣人所讲的道理，精深与浅显在本质上虽然没有两样，但是在施行教育的时候，就必须根据学生的资质而有所侧重了。中等以下资质的学生，骤然对他教授精深的内容，不但不能令他弄懂并记住其中深奥的道理，而且由于随意教授超出他能力范围的知识而使他不明所以，久而久之，其才智愈加迟钝。所以要因才施教，使他能够就所学提出问题、进行思考，逐渐提高学识水平。”

“建安七子”之一、汉末文学家徐干提出“导人必因其性”。他以大禹治水为例，来说明因性而导的道理：“大禹善治水，而君子善导人。导人必因其性，治水必因其势。是以攻无败而言无弃也。”（《中论·卷上》）

唐代经学家、孔子第三十一世孙孔颖达，同其先祖一样，十分重视启发诱导和因人而教方法的运用，主张“师当随才而与之，使学者不甚推抑其义而教之”，指出“教人之法，当随其年才。若年长而聪明者，则教以大事，而多与之；若年幼而又顽钝者，当教以小事，又与之少”（《礼记正义·学记》）。

以上这些先贤的施教主张，概括起来，就是对于年龄、资质、性格等各方面不同的受教育者，须采取各种不同的教育内容和方式进行引导，如孟子所言：“君子之所以教者五，有如时雨化之者，有成德者，有达财者，有答问者，有私淑艾者。”（《孟子·尽心上》）（意思是，君子的教育方式有五种：有如及时雨般滋润万物的，有帮助养成道德品质的，有培养才能的，有解答疑问的，有以流风余韵为后人私下学习的。）总之，“教亦多术矣，予不屑之教诲也者，是亦教诲之而已矣。”（《孟子·告子下》）（意思是，教育也有各种不同的方式，有时候，我故意不肯对他进行教诲，让他羞惭而奋发，这也是一种教育方式。）

在古代家庭教育实践中，“因人而教”“因性而导”的教育方式，不仅具有深厚的思想渊源和广泛的实践基础，而且还有丰富具体的施教内容与方法。例如：

远邪佞，是富家教子第一义；远耻辱，是贫家教子第一义。至于科第文章，总是儿郎自家本事。（明·温璜《温氏母训》①）

家庭背景不同则采取不同的教育内容。富贵人家的子孙，衣食无忧，最应该提防他们饱暖思淫欲、闲极惹是非，因此，教育他们远离奸邪、伪善，是第一位的事情；而贫寒子弟缺衣少食，终日饥肠辘辘，难免不起盗窃之心、求取嗟来之食，所以贫穷人家重在耻辱之教、气节之教，不为五斗米折腰。

史洁珵在《德育古鉴》中，援引了明代“善书”大家颜光衷一段富有哲理的话，进一步阐明了“因人而教”“因性而导”的道理：

教贫家儿，稍宽犹可；教富贵子弟，切须痛绳。何则？彼其骄贵痴养，颐指气使，种种已积之胸中，非严父良师共加追琢，鲜不败也。乃有一种人，极知要子弟学好，一时上心，便急厉迫切，严挞毒楚，顷刻欲其成器；一旦放下，便任其悠悠荡佚，夷然不复记

①楼含松．中国历代家训集成5［M］．杭州：浙江古籍出版社，2017：3145.

忆。如此岂能有成？不知教子弟，全同养子弟一般，不可宽懈，而又不可性急。必须依规蹈矩，循循渐进，使之日就检束，而全然不觉其苦，自然成得好人。（清·史洁珵《德育古鉴》① ）

总括传统家训中关于“因人而教”“因性而导”的不同表述与多种方式，古代家庭分类施教方法的基本内涵就是“量资循序”。所谓“量资”，就是在教育中要注意受教育者的出身背景、生活环境、自然禀赋、性格特征等基础条件，熟悉受教育者的特点，根据不同人施以不同的教育方法。如“富者之教子，须是重道；贫者之教子，须是守节”（明·家颐《教子十章》）。这是根据受教育者的出身背景所选择的不同教育内容；而以上“教贫家儿，稍宽犹可；教富贵子弟，切须痛绳”，则是根据受教育者的生活环境所选择的不同教育方法。所谓“循序”，就是因循受教育者的年龄大小、见识高低、理解能力的强弱、受教育程度高低等，从低到高、先近后远、由浅入深地进行引导，“使学者不甚推抑其义而教之”，达到听得懂、用得上的实效。如前述孔颖达主张的，对于年长一点的子弟，要教之以“大”的道理，并且教得勤一些、多一些；对于年纪尚幼的子弟，则只能教以浅近的道理并适当少一点，以符合儿童爱动、爱玩的特点。总之，在家庭教子过程中，既要考虑（“量”）子女的“资”，又要按照（“循”）孩子成长的“序”，把“因材”与“循序”结合起来，因势利导，使他们既“日就检束”又“不觉其苦”，才能使教育收到最好的效果。

---

①史洁珵. 德育古鉴［M］. 苏州：古吴轩出版社，2015：52.

因材施教，观可及处然后告之

> 《学记》曰："进而不顾其安，使人不由其诚，教人不尽其材。"人未安之，又进之；未喻之，又告之，徒使人生此节目。不尽材，不顾安，不由诚，皆是施之妄也。教人至难，必尽人之材，乃不误人；观可及处，然后告之。
>
> ——（宋）朱熹《朱子近思录》[①]

因材施教，是先人们在长期的教育实践中逐步积淀的经验总结，它凝聚了历代教育者的心血与智慧，是古今教育者（包括职业与非职业教育者）一致认同并推崇的教育理念。这种理念，贯穿于中华民族数千年的教育过程中，对中华文明的传承及对后来者的教化产生了极大的影响。

一直以来，人们都以春秋末期的大教育家孔子为因材施教思想的首创者，这在历史上许多学者、名人的著作中都能找到相关的表述，如：

> 圣贤施教，各因其材，小以成小，大以成大，无弃人也。

①朱熹，吕祖谦. 朱子近思录［M］. 严佐之，导读. 上海：上海古籍出版社，2000：118.

（宋·朱熹《四书集注》① ）

圣人教人，或因人病处说，或因人不足处说，或因人学术有偏处说，未尝执定一言。（明·吕经野《答学生问阳明良知教人》② ）

因材施教虽然不是孔子的原话，但是他的确是娴熟运用“因材施教”方法于教学实践的先行者。在他所教的学生中，弟子三千，贤人七十二，其资质、性格、特长各不相同，如“由也果”“赐也达”“求也艺”“师也过，商也不及”“柴也愚，参也鲁”“贤哉回也”等，基于对学生的认识，孔子在实际的教学中，对不同人采取了不同的教育方法，试举两例。

先看“问行”。

子路问：“闻斯行诸?”子曰：“有父兄在，如之何闻斯行之?”冉有问：“闻斯行诸?”子曰：“闻斯行之。”公西华曰：“由也问闻斯行诸，子曰‘有父兄在’；求也问闻斯行诸，子曰‘闻斯行之’。赤也惑，敢问。”子曰：“求也退，故进之。由也兼人，故退之。”（《论语·先进篇第十一》③ ）

子路问，听到了（鼓励的话）就行动起来吗?孔子答，有父亲和兄长在世，怎么能听到什么就行动起来呢?冉有问了同样的问题，孔子却说听到了（鼓励的话）就行动起来吧。公西华听到后，不理解他的回答

①朱熹．四书集注［M］．长沙：岳麓书社，1985：459.

②高明良．明代教育论著选［M］．北京：人民教育出版社，1990：347.

③陈晓芬．论语［M］．北京：中华书局，2017：129.

为什么不一样，便向他请教。孔子说："冉求平时做事缩手缩脚，所以我鼓励他勇进；仲由平时好勇过人，所以我让他谦退。"

再看"问仁"。

> 颜渊问仁。子曰："克己复礼为仁。一日克己复礼，天下归仁焉。为仁由己，而由人乎哉？"
>
> 仲弓问仁。子曰："出门如见大宾，使民如承大祭。己所不欲，勿施于人。在邦无怨，在家无怨。"
>
> 司马牛问仁。子曰："仁者，其言也讱。"（《论语·颜渊篇第十二》[①]）

颜渊问孔子什么是仁。孔子回答说："抑制自己，使言语行动都符合礼的要求，就是仁。"仲弓问孔子什么是仁。孔子回答："出门好像去接待贵宾，差遣别人做事时要像承办大祀礼那样严肃真诚，自己所不喜欢的事物，就不强加于别人，这样在诸国、在家里都不致引起怨恨。"司马牛问孔子什么是仁。孔子回答："仁就是说话谨慎。"孔子对"仁"的不同解释，都是根据学生的不同情况进行有针对性的回答：孔子对颜回非常嘉许，素称"贤哉回也"，所以对他阐述了仁的最高境界——"克己复礼"；仲弓即冉雍，他在孔门弟子中以德行著称，孔子对其有"雍也可使南面"之誉，意思是可以让他去做官，故将仁诠释为"己所不欲，勿施于人"，以免将来同僚之间发生怨恨；司马牛平日多言而浮躁，孔子实际上是通过解释"仁"来告诫他，促使他以后注意改正缺点。

对于孔子因人而教的做法，后人多有积极的评价。如东晋道教学

①陈晓芬. 论语［M］. 北京：中华书局，2017：137-138.

者、医药学家葛洪点评："弟子问仁，仲尼答之，人人异辞。盖因事托规，随时所急，譬犹治病之方千百，而针灸之处无常，却寒以温，除热以冷，期于救死存身而已。"（晋·葛洪《抱朴子·喻蔽》）喻孔子教人因人而异，犹如不同的病人施以不同的医方一样，是对症下药。北宋二程也有类似的评注："《论语》问同而答异者至多，或因人材性，或观人之所问意思而言及所到地位。"（宋·程颢、程颐《二程遗书》）

古代的教育家、思想家、政治家，本身就是家庭的教育者，因此，"因材施教"的教育理念与方法，广泛地应用于古代家庭教育实践之中。而且由于家庭教育基数大、教育对象差异明显，使得家庭教育中的"因材施教"理念更加深入、内容更加丰富、方式更加灵活。

一、因资质之"材"施教

人自母腹呱呱坠地，都是赤条条地来到世间，看似没有差别，实则由于先天因素与基因遗传，加之前述"胎教"的影响，每个人的资质、禀赋、性格都不一样。作为家庭教育者，一般都能接受子女资质高低优劣的事实，会根据子女的资质条件进行切合实际的教育与引导，很少有"明知不可为而为之"的家长。明代温璜的母亲在其家训中训诫后辈：儿子是天生的，不是打成的。古代谚语说：棍棒底下出孝子。却不知道是铜才能打成铜器，铁只能打成铁器。你若总想着要把驴头打成马面，有这种道理吗？（原文："儿子是天生的，不是打成的。古云：棒头出肖子。不知是铜打就铜器，是铁打就铁器，若把驴头打作马面，有是理否？"《温氏母训》）因此，古代家庭教子，一般都会根据子女的资质来确定对他们的教育方向，"观可及处，然后告之"，既使他们通过接受教育改变气质、增长才干，又不致因所教与其“材”“相去远甚，……徒费口颊舌尔”（宋·袁采《袁氏世范》）。

由此可见，因资质之“材”而施教，其精妙之处在于“使辞足以达其知虑之所至，事足以合其性情之所安，弗过其任，而强牵制也”（汉·徐干《中论·贵言》）。即教育要使得言词足以达到其智慧所达到的地步，处事足以适合其性情所适合的程度，不要超过其承受的界限而强人所难。

在传统家训记述中，有很多的训诫都体现了这个原则。

例如，在休宁叶氏族谱中，作者写道：

> 我今且分别几等与你们说，大抵子孙资性生来不同，有等聪明的，延师造就，图个上进，以光显门户，此第一美事；有等愚钝的，如读书不成，切莫担阁（耽搁）他，急急教他务一件本分生理，为农、为工、为商，各守一业，都要教他存好心、做好人、明伦理、顾廉耻、习勤俭、守法度，方成个教训。（休宁《叶氏族谱·卷九·保世》[①]）

华阳邵氏宗谱中，立有《家规》一卷，其中“教子”篇训诫道：

> 中人之性，得教则习于善，失教则流于恶。为父者当督之，使归仁厚，不可姑息。资禀清明者，择明师益友，辅之上达。即资质庸常，亦要教之识字识数，令其习农工商贾之业。切不可任其游手好闲、讥谤谑浪及结匪酗酒、习枪弄拳，以入不肖之途。（华阳

① 卞利．明清徽州族规家法选编［M］．合肥：黄山书社，2014：63.

《邵氏宗谱·卷十七·家规》[①])

休宁富溪程氏，其宗族祖训中有一条“教训子孙”的家规：

人家子孙，幼时便当以孝悌忠信之言教之……待稍长，资性聪者，择师教之读书，务期德器成就，为国家用，光显门户。若性资庸下，不能读书者，亦要指教，使知谨守礼法，勤做生理，不可纵其放肆骄惰。(休宁富溪《程氏家规》[②])

从这些训辞中可以看出，虽然每位家长都希望儿子成龙、女儿成凤，能够出人头地、光宗耀祖，但鉴于资质所限，也只能退而求其次，是铜将之打成铜器，是铁将之打成铁器，只要“做得一个人，是第一义，余事都没要紧”（明·高攀龙《高氏家训》)。

“乾隆三大家”之一的袁枚，对因材施教也有独到的理解与运用：他的儿子阿通“饱食暖衣，读书懒惰”，为了让儿子知道“考试之难，故命考上元以劳苦之”。不料当地考生以其冒名户籍而告官。袁枚的两个弟弟对此“大为不平，引成例千言，赴诉于县”。于是，袁枚就给两个弟弟写了一封家书，其中一段说道：

夫才不才者，本也；考不考者，末也。儿果才，则试金陵可，试武林可，即不试亦可；儿果不才，则试金陵不可，试武林不可，必不试废业而后可。……我阅历人世七十年，尝见天下多冤枉事：

①卞利．明清徽州族规家法选编［M］．合肥：黄山书社，2014：165.
②卞利．明清徽州族规家法选编［M］．合肥：黄山书社，2014：168.

有刚悍之才，不为丈夫而偏作妇人者；有柔懦之性，不为女子而偏作丈夫者；有其才不过工匠农夫，而枉作士大夫者；有其才可以为士大夫，而屈作工匠村农者，偶然遭际，遂戕贼杞柳以为杯棬，殊可浩叹！（清·袁枚《与弟香亭书》）①

他认为，子弟能不能成才，其天资是很重要的，关键是要根据各人的天资来施以教育，不可勉强。

在明人吕柟《泾野子·内篇》中，记有一则因材施教的寓言故事，名曰《西邻五子》：说的是古时候，一个家庭里有五个儿子。五个儿子不仅个性特征迥然不同，有的还有残疾。父母就根据他们的情况分别施行不同的教导。老大憨厚朴实，能吃苦耐劳，就让他学种地；老二聪明伶俐，精明能干，就让他学习经商；老三是个盲人，双眼失明，就让他学算卦；老四从小身体不好，是个驼背，就教他学织布（驼背不影响干活儿）；老五肢体残疾，腿脚不便，可以坐着干活儿，就教他学纺线。在父母的分类教育下，五个儿子都掌握了一门技艺，过上了自食其力、衣食无忧的生活。

因资质之“材”施教，首先要能“辨”材，区分所教对象是何等“材质”。在《课子随笔钞》一书中，编者张师载收录了一则《梁氏家训》，该家训写道：

人家欲教子必先知子，既知其子，则教可得而施矣。……子既不知，又安问教哉？故予谓欲教子，必先知子，子之不肖无论已，即贤而向上，其质之利钝，才之高下，亦有不同。……其子诚实，固可因材而造就，子纵不肖，亦得设法以隄防，则庶乎吾之教不至于

①袁枚．袁枚文选［M］．高路明，选注．北京：作家出版社，1997：161-162.

穷，而子之受吾教亦各有所裨益矣。（清·张师载《课子随笔钞·梁氏家训》[①]）

从大体来说，个人资质有好坏优劣之分。“好”的资质，是指有独特的专长或高雅的志趣；“坏”的资质，是指有顽劣的习性或低俗的情调。因此，传统家训中对这两种资质的教育对象通常采取两种不同的施教方法，即顺性深造和纠偏救失。

（1）顺性深造

但凡是人，无论智愚，皆有心意所向，即有自己心驰神往的目标。在很多时候，人的志趣可以激励自己去探索、成就所感兴趣的事物，甚至可能决定自己的前途与命运。作为家庭教育者，是按自己为子女规划的目标去“塑造”子女，还是根据子女的兴趣特长因势利导、充分发挥子女的天赋？多数家庭教育者的回答是“教人者，成人之长，去人之短也”（清·魏源《默觚·治篇》）。

如：

善启迪人心者，当因其所明而渐通之，毋强开其所闭。（明·洪应明《菜根谭·修省》[②]）

意思是，善于进行启发教育的人，应当依据对方明白事理的状况而逐渐使之通晓，切勿勉强去开导他不能通明之处。

因人而施之，教也。各成其材矣，而同归于善。（明·王守仁

①楼含松. 中国历代家训集成 8［M］. 杭州：浙江古籍出版社，2017：4818-4819.
②洪应明. 菜根谭诠解［M］. 穆石普，译注. 天津：天津古籍出版社，2018：207.

《别王纯甫序》[①] ）

因人而施教，这才是教学，各人能尽其所长而成材，同样都达到善的目的。

“北宋五子”之一的张载，从小天资聪明，十岁时随外傅学习，年纪轻轻就已经有很大的学问。当时西夏经常侵扰宋朝西部边境，这对“少喜谈兵”的张载刺激极大，他向当时主持西北防务的范仲淹上书，陈述自己对付西夏侵扰的见解和意见。范仲淹认为张载作为儒生一定可成大器，无须研究军事，于是对他的报国热情赞赏了一番之后，说了一句话：“儒者自有名教，何事于兵？”张载听从了范仲淹的劝告，回家潜心研修儒家学说，终于悟出了儒、佛、道互相联系的道理，并建立起自己的学说体系，成为北宋著名的思想家、教育家。或许有感于范仲淹的点拨，也可能是自己从事教育的体会，他在其著作《语录钞》中写道：

> 《学记》曰：“进而不顾其安，使人不由其诚，教人不尽其材。”人未安之，又进之；未喻之，又告之，徒使人生此节目。不尽材，不顾安，不由诚，皆是施之妄也。教人至难，必尽人之材，乃不误人。（宋·朱熹《朱子近思录》[②] ）

这段话被朱熹收录到《朱子近思录》中，意思是说，教育学生不能针对其现有的水平，学生尚未领会，又教新的内容，学生尚未明白，又

①王阳明. 王阳明全集 1 ［M］. 北京：线装书局，2016：418.

②朱熹，吕祖谦. 朱子近思录 ［M］. 严佐之，导读. 上海：上海古籍出版社，2000：118.

告诉新的道理，白白地使学生头脑中产生众多烦琐的内容。不针对学生现有水平，不考虑学生是否领会，不让学生在理解道理的基础上由衷地诚服，都是施教者的问题。教育人是非常难的工作，必须符合学生的实际，充分发挥学生的潜能，才不会误人子弟。

我国古代著名的科学家祖冲之，在数学、天文历法和机械三方面作出了很大贡献。而促使他在数学、天文历法和机械方面有所成就的，乃得益于他爷爷因志趣之“材”施教的成功。据传祖冲之的父亲望子成龙心切，祖冲之不到九岁，父亲就逼迫他去背诵深奥难懂的《论语》，希望日后学有所成，进入仕途。谁料祖冲之对《论语》毫无兴趣，越读越厌烦，气得他父亲对他非打即骂。这时，祖冲之的爷爷开导说：“孩子读经书笨，说不定干别的事灵巧呢。做大人的，要细心观察孩子的兴趣，加以引导。”由于祖冲之经常缠着爷爷问月亮为什么有圆有缺之类的天象问题，祖冲之的爷爷试着让祖冲之读些天文方面的书籍，不曾想对《论语》不感兴趣的祖冲之竟对天文书籍越读越爱，几近痴迷。从此以后，祖冲之的父亲不再逼迫他读《论语》，转而支持、鼓励他潜心研究天文历法，祖冲之最终成为一名杰出的科学家。

（2）纠偏救失

古人因志趣之“材”而施教，并非迁就低级庸俗的情趣，亦非因子女资质顽劣便放弃引导，而是不作无谓的“拔高”教育。在因志趣之“材”而施教的时候，是有两条底线的。

一是无论资质如何，绝不迎合子女的低俗情趣而任其突破道德底线。人的情趣有高雅、低俗之分，高雅的情趣是健康向上的情趣，低俗的情趣是平庸鄙俗的情趣。子女情趣高雅，自当因“材”而教，即无所成，也不至于失德；而子女情趣低俗，则会沉湎于不良习性，精神颓废，轻者失德，重则为祸一方。因此，古代家庭教育者对于子女的低俗情趣，始终保持很高的警惕。如荆川胡氏宗谱的祖训：

> 子以传后，为子者，不可不教以义。方幼稚，即要择师，端其蒙养。有资者，策励以玉成之。即庸常，亦要训其识字或货殖、田亩，使各执一艺，切勿令酗酒、贪花、游手、赌博以取祸。（荆川明经《胡氏续修宗谱·卷一·祖训十三条》[①]）

绩溪冯氏祖训告诫后来的家长：

> 四时代谢，人事递更。今日所称为子弟，即异日之当家理事者也。……凡为父兄者，务须严约束，谨关防，毋许偷惰习馋，毋许亲近恶少，毋许性狂气傲，毋许游荡嬉戏。（绩溪东关《冯氏家谱·卷首·祖训》[②]）

二是情趣虽说不上低俗，但明显偏激不同于正常人的，便要及时纠偏补教，不令子女误入歧途。袁采指出，“性有所偏在救失”，他说：

> 人之德性出于天资者，各有所偏。君子知其有所偏，故以其所习为而补之，则为全德之人。常人不自知其偏，以其所偏而直情径行，故多失。（宋·袁采《袁氏世范·卷二·处己》[③]）

《靳氏家训》说：

---

①卞利．明清徽州族规家法选编［M］．合肥：黄山书社，2014：72.
②卞利．明清徽州族规家法选编［M］．合肥：黄山书社，2014：76.
③袁采．袁氏世范［M］．上海：上海人民出版社，2017：61.

> 大抵教子弟以变化气质为先，刻薄者宜教之以宽厚，暴戾者宜教之以温和，浮华者宜教之以诚实，浅露者宜教之以含藏，轻躁者宜教之以持重。在学者自知其病而矫正其偏，亦不外此法。①

前面说到的“问行”之例，孔子鼓励冉求勇进而要仲由谦退，就是“性有所偏在救失”的典型事例。冉求性格内向，平日行事畏畏缩缩，孔子就教他做事雷厉风行；仲由一贯好勇过人，孔子就让他谦忍退让，以逐渐改变他们性格的不足。“教思之无穷，必知其人德性之长而利导之，尤必知其人气质之偏而变化之。”（清·王夫之《四书训义》）王夫之的这段话，说明了“因材施教”与“救失补偏”的辩证统一的关系。

总之，因“性”而教绝不是任“性”而为、消极地安于现状，而是根据受教育者的特点采取合适的教育方式，尽一切努力发展他们的禀赋，扬他们的“性”之所长，避他们的“性”之所短，将他们锤炼成一个有用的人。如果事事都按照子女的资质秉性而不去加以引导、改变，那还要家教何用？

二、因家境之“材”施教

“一体心理学”认为，人有三种属性，一是人的自然属性，二是人的社会属性，三是人的心理属性。自然属性是指人的物质性，包括人的生理结构、生理机能和生理需要等；心理属性是指心理活动，是人的存在方式和根本属性；社会属性是指人是社会的存在物，是处在一定社会关系中现实的人。人之所以为人，关键不在于人的自然性，

---

①楼含松．中国历代家训集成 8［M］．杭州：浙江古籍出版社，2017：4818.

而在于人的社会性。根据人的社会属性可知，人总是要生活在一定的环境之中，人作为群体性动物，天然具有受环境影响的特点，这个环境包括自然环境、社会环境和文化环境，而这些环境都可能影响人的人格、心理、素质和能力等的改变与形成，这种情形在教育上称为“环境濡染”。

古代先贤在教育实践中，对“环境濡染”作用有极深的体会与心得，有关记述也有很多。例如，“与善人居，如入芝兰之室，久而自芳也；与恶人居，如入鲍鱼之肆，久而自臭也。墨子悲于染丝，是之谓矣。”（北齐·颜之推《颜氏家训·慕贤第七》）“蓬生麻中，不扶自直；白沙在涅，与之俱黑。”（《荀子·劝学》）“橘生淮南则为橘，生于淮北则为枳，叶徒相似，其实味不同。所以然者何？水土异也。”（《晏子春秋·杂下之十》），等等。基于这种认识，古代家庭教育者千方百计地为子女营造好的教育环境，这才有了“里仁为美”“孟母三迁”“锯树留邻”等择邻而居的种种美谈。

但世上的事情纷繁复杂，有些环境是不可能人为选择的，比如家庭出身、家境条件、社会地位等，有的是无法根本改变，有的可能改变却需要漫长的时间与过程，这些“环境”如影随形，或多或少对身在其中的人产生影响。如“富不学奢而奢，贫不学俭而俭，习于常也”（清·彭玉麟《谕玉孙》）。人处在比较富裕的环境中，由于物质比较充裕，追求的目标会更高，也没必要节衣缩食，因此，即使是不刻意地去学奢侈，慢慢也形成了奢侈的习惯；而处在贫困的环境里，维持生存尚且成问题，在平时的生活中，自然会珍惜来之不易的东西，即使不要求节俭也必须省吃俭用。

民间有一个笑话，说是几个乞丐无事聊天，幻想当皇帝以后会怎么样，其中一乞丐说：“我若当了皇帝，就将整个屋子堆满红薯，想怎么吃就怎么吃。”这个笑话说明了一个道理：存在决定意识，环境影响思维。因此，古人在开展家庭教育中，对于不同家境的子女，教育的内容也是不同的。

富家教子远邪佞，贫家教子远耻辱。明代温以介录其母亲陆氏之训曰：“远邪佞，是富家教子第一义；远耻辱，是贫家教子第一义。”

为什么富家教子要“远邪佞”，贫家教子要“远耻辱”？道理其实很明白：富家（包括有权势有地位的家庭）子女生活环境优越，吃穿不愁，有的甚至是锦衣玉食、养尊处优，他们几乎没有生活上的压力，也极少受到困难与挫折的磨炼。加之由于家境殷实，身边少不了簇拥之人。正如清代名臣张英所说：

> 世家子弟，其修行立名之难，较寒士百倍。何以故？人之当面待之者，万不能如寒士之古道，小有失检，谁肯面斥其非？微有骄盈，谁肯深规其过？幼而骄惯，为亲戚之所优容；长而习成，为朋友之所谅恕。至于利交而谄，相诱以为非；势交而谀，相倚而作慝者，又无论矣。（清·张英《聪训斋语》① ）

如果自身定力不够，就会被别人奉承得不知天高地厚，放松自我约束，甚至行为不检点，做出有辱家风、损人毁己的事情。因此，富家教子第一要，便是让他远离奸邪、伪善之人，多交诤友挚友，才能时时警惕自己，勉力修养人格道德。而贫家子弟家境贫寒，生活艰辛，有的甚至衣不蔽体、食不果腹。为生活所迫，可能会低声下气去求人，也有可能遭受别人的嘲讽、羞辱，或接受有辱人格的赐予等。所以穷人家教

①张英，张廷玉．聪训斋语　澄怀园语——父子宰相家训［M］．江小角，陈玉莲，点注．2版．合肥：安徽大学出版社，2013：54-55.

子，要教他远离耻辱。

如何远离耻辱？

首先，应修身守分。“贫莫贫于不闻道，贱莫贱于不知耻”（清·李惺《西沤外集·药言剩稿》），精神贫乏是最大的贫乏，只有注重修身养性，才能做到人穷志不穷，避免和远离羞耻。

其次，不轻易受人之恩。袁采说：

> 居乡及在旅，不可轻受人之恩。方吾未达之时，受人之恩，常在吾怀，每见其人，常怀敬畏，而其人亦以有恩在我，常有德色。及吾荣达之后，遍报则有所不及，不报则为亏义，故虽一饭一缣，亦不可轻受。前辈见人仕宦而广求知己，戒之曰：“受恩多，则难以立朝。”宜详味此。（宋·袁采《袁氏世范·处己》[①]）

许相卿也说：

> 古称受恩多，难立朝，居乡亦难立身，要须勤俭资身，以免求人。（明·许相卿《许云邨贻谋》[②]）

“人到无求品自高”，不求人，不受恩，自然用不着看别人的脸色和冷眼，心里自然也没有愧疚。

再次，自珍自爱。家境虽然贫困，但是人当自珍自爱，不能萎靡不振、衣冠不整。南宋学者倪思所写的《经鉏堂杂志》，人生感悟居多，偏重于道德教化，亦可视为“家训”类典籍，他在其中写道：

---

①袁采. 袁氏世范［M］. 上海：上海人民出版社，2017：91-92.
②从余. 中国历代名门家训［M］. 上海：东方出版中心，1997：151.

衣以岁计，食以日计。一日阙食，必至饥馁。一年阙衣，尚可藉旧。食在家者也，食粗而无人知。衣饰外者也，衣敝而人必笑。故善处贫者，节食以完衣。不善处贫者，典衣而市食。（宋·倪思《经鉏堂杂志》①）

按照他的观点，贫家可以吃得差一些，但衣服不可不整，主张“节食以完衣”，不让旁人耻笑。这可不是死要面子，而是反映了一个人的精神面貌、道德情操。

最后，作为家长，除对子女进行“远耻辱”教育之外，也要尽力让他们得到温饱，毕竟“衣食足而知荣辱”。

绩溪周氏族谱中的《宗训》有训词曰：

贫则教训童稚以给衣食……不可迫于衣食，为市井小人事耳。戒之，戒之。（绩溪《周氏重修族谱·卷一·宗训》②）

富者教子须重道，贫者教子须守节。宋代学者家颐在《教子语》中有这么一段话：

人家子弟惟可使觌德，不可使见利。富者之教子须是重道，贫者之教子须是守节。（宋·家颐《教子语》③）

---

①陈宏谋. 五种遗规［M］. 北京：线装书局，2015：172.
②卞利. 明清徽州族规家法选编［M］. 合肥：黄山书社，2014：8.
③金兰生，等. 传世言：外一种［M］. 长沙：岳麓书社，2003：184.

骄奢淫惰，是大多数富家子弟的通病。受环境的影响，富贵人家的子女，可能会滋长骄傲乡曲、恃强凌弱、为富不仁等习性，故此要对他们重点进行仁义道德方面的教育，培养他们急公好义、扶危济困、谦恭忍让的品格；对于贫穷人家的子女，由于物质匮乏，有可能因“人穷志短”而为“五斗米折腰”，因此要重点对他们进行气节、操守的教育，做到穷不失志。明代学者方孝孺说：

贫贱而不可无者，志节之贞也。富贵而不可有者，意气之盈也。（明·方孝孺《家人箴》①）

这句话的道理很明白，就是富者须重道，贫者须守节。

姚舜牧则将之表述为贫者“守分”与富者“惜福”，他说：

家处穷约时，当念“守分”二字；家处富盛时，当念“惜福”二字。

人当贫困时，最宜植立自守衡门之节。若卑谄于豪势之人，不独自坏门风，且徒取人厌，其实无济于贫乏也。（明·姚舜牧《药言》②）

其道理与上同，不再赘述。

传统楚剧《荞麦馍赶寿》有句台词：“贫莫忧愁富莫夸，哪有常贫久富家？”家道贫富也有起落时，因家境之“材”施教，就是要随着家道的变化而变化。“寇母遗画教子”是历史上有名的家庭教子故事，也是根据家境变化而因材施教的典型范例。

---

①楼含松. 中国历代家训集成 3［M］. 杭州：浙江古籍出版社，2017：1384.

②楼含松. 中国历代家训集成 5［M］. 杭州：浙江古籍出版社，2017：2672.

话说景德元年的一天，是新任宰相寇准43岁的生日。这天上午，寇准朝罢，在府上大摆筵席，招待前来送礼贺寿的八方来宾。这时，一名家仆来到寇准身边，附耳说道："老爷，门外有位婆婆，自称是老爷家的老奴刘妈，说有话要对老爷讲。"寇准忙说："快快有请。"刘妈来到后堂，双手捧着一个卷轴，说道："这是太夫人生前给少爷留下的一幅画。"寇准闻言，恭恭敬敬地接过卷轴，然后小心地打开，刚看了一眼，立时打了个激灵。只见整幅画面狂风怒号、大雪纷飞，画的正中间有一间破茅草房，屋内昏黄的油灯忽明忽暗，油灯左边的母亲正在穿梭织布，油灯右边的少年正在油灯下专心致志地读书。母亲一边织着布，一边扭头看看旁边的儿子。画的右上角是母亲亲笔题写的"寒窗课子图"五个大字。左下角则是母亲亲笔书写的一首诗："孤灯课读苦含辛，望尔修身为万民。勤俭家风慈母训，他年富贵莫忘贫。"画还没有看完，寇准早已泪流满面。他立即下令撤去寿宴，退还寿礼。从此，寇准牢记母亲的谆谆教诲，勤俭持家、勤于政事。寇母在与儿子寇准贫居草房、相依为命的时候，心知生活条件差，儿子当是"不学俭而俭"，那个时候的家庭教育重点是劝学励志、修德学礼；当儿子考取进士之后，寇母凭着自己对儿子人品、学识的了解，料想儿子将来定会步入仕途，说不定还会成为国家栋梁，如果真有那个时候，儿子的生活会发生很大变化，至少不会像儿时这样穷困，"富不学奢而奢"，儿子就有可能忘记过去，贪图安逸。于是，寇母亲手绘就这幅"寒窗课子图"，交给家人刘妈，嘱其在适当的时候再交给寇准。这个"适当时候"，就是寇准"他年富贵"而又"忘贫"的时候，这个时候的寇准已不是当年寒窗苦读的少年，而是一人之下万人之上的宰相，其"资""材"发生了很大的变化，俭朴教育就成为重点内容。倘若在寇准没有当上宰相取得富贵、生活一如往日般困苦的时候，一幅"寒窗课子图"和"富贵不忘贫"的训诫就不会有太大的教育与警示效果。

教人有序，　不可厌末而求本

> 程子曰："君子教人有序，先传以小者近者，而后教以大者远者。非先传以近、小，而后不教以远、大也。"……学者常循序而渐进，不可厌末而求本。
>
> ——（宋）朱熹《论语集注·子张第十九》①

"本""末"二字于六书中谓之指事，从"木"从"一"，"一"在"木"下之根为"本"，"一"在"木"上之枝为"末"。"本""末"二字之义即是如此。木有枝叶可荫庇其根，木失枝叶本之何存？在教育人的问题上，也存在如何看待"本"与"木"的问题。

朱熹在评注《论语集注·子张第十九》时指出：

> 学者所至，自有浅深，如草木之有大小，其类固有别矣。若不量其浅深，不问其生熟，而概以高且远者强而语之，则是诬之而已。（宋·朱熹《论语集注·子张第十九》②）

为了论证这一观点，他援引程颢、程颐（合称二程）《二程集》中

①朱熹. 论语集注［M］. 济南：齐鲁书社，1992：194-195.

②朱熹. 论语集注［M］. 济南：齐鲁书社，1992：194.

关于“洒扫应对”与“精义入神”的论述：“凡物有本末”，什么是本？“精义入神”是本；什么是末？“洒扫应对”是末。但又“不可分本末为两段事”，“洒扫应对”与“精义入神”“只一理”，都是“圣人之道”，“自洒扫应对上，便可到圣人事”。所以，“君子教人有序，先传以小者近者，而后教以大者远者”，这就需要“善教者以不倦之意，须迟久之功”（宋·欧阳修《吉州学记》，意思是，善于教学的人，是以诲人不倦的精神，由“小”“近”到“大”“远”，对弟子进行有序的教育，进而达到积沙成塔、集腋成裘的效果）。

东晋末期，有一位非常著名的辞赋家，写下了不少散文辞赋和诗歌，特别是一篇抒情小赋《归去来兮辞》，“沛然如肺腑中流出，殊不见有斧凿痕”，折服了无数文人骚客。唐宋八大家之一的欧阳修甚至夸张地说：“晋无文章，惟《归去来兮辞》一篇而已。”这位辞赋家就是被称为“古今隐逸诗人之宗”的陶渊明。当时，有位书生一心想拥有陶渊明那样渊博的知识，却又不愿下苦功夫读书，于是他就大老远地跑去向陶渊明请教获得渊博知识的“诀窍”。问明来意后，陶渊明把这位书生领到自己耕种的稻田边，指着稻子说：“你仔细看看稻子是不是在长高？”书生看了半天，也没有看出稻子有什么变化。陶渊明说：“那为什么春天的稻苗会变成现在尺把高的稻子呢？”书生回答不出。陶渊明又把书生领到河边的一块磨刀石旁，问书生：“磨刀石的中间为什么会出现像马鞍形状的凹面呢？”书生说：“磨下去的。”陶渊明接着又问：“它可是哪一天磨成的呢？”书生又摇头无法回答。陶渊明说：“你是否从这两件事情上明白了学习的道理呢？”见书生无语以对，陶渊明语重心长地说道：“勤学如春起之苗，不见其增，日有所长；辍学如磨刀之石，不见其损，日有所亏啊！”书生听了陶渊明这一席话，茅塞顿开，羞愧地说：“多谢先生指教，你使我懂得了学习是没有捷径的，只有勤奋好学才能成功啊!”

在这个故事中，那位书生一心要追求的“本”，就是像陶渊明那样的“渊博知识”，而“末”则是“下苦功夫读书”。常人都知道，天下未有不经“下苦功夫读书”而自然拥有“渊博知识”的道理。因此，循序而教、逐末而本，是教育的基本法门，至于“循序渐进”的说法，则是这个基本法门的理论概括。

据说，这一理论的发轫之作也是孔子。他说：

> 不怨天，不尤人，下学而上达。（《论语·宪问》①）

意思是，不埋怨上天，不责怪别人，从下边踏踏实实学起，一点一点走到高处去。

与孔子差不多同一时期的老子其实也有类似的论述。他说：

> 合抱之木，生于毫末；九层之台，起于累土；千里之行，始于足下。（《老子》②）

这段话的字面意思是，粗壮的大树，是从小苗成长起来的；高耸的楼台，是用泥土垒起来的；遥远的路途，是从脚下起步的。它所阐述的道理是，世间万事万物皆有一个发生、发展的演进过程，大事都是从小事开始的，只有日积月累，才能成就大业。

孟子则以例说明循序渐进的原理，他说：

---

①陈晓芬. 论语［M］. 北京：中华书局，2017：176.

②饶尚宽. 老子［M］. 北京：中华书局，2017：154.

宋人有闵其苗之不长而揠之者，芒芒然归，谓其人曰："今日病矣！予助苗长矣！"其子趋而往视之，苗则槁矣。天下之不助苗长者寡矣。以为无益而舍之者，不耘苗者也；助之长者，揠苗者也。非徒无益，而又害之。(《孟子·公孙丑上》①)

这也是成语"揠苗助长"的出处。

明确提出"循序渐进"这一流传至今的名言者，则是南宋学者朱熹。他在孔子"不怨天，不尤人，下学而上达。知我者其天乎"的名句后面注曰：

不得于天而不怨天，不合于人而不尤人，但知下学而自然上达。此但自言其反己自修，循序渐进耳，无以甚异于人而致其知也。(宋·朱熹《论语集注·宪问第十四》②)

从认识论的角度看，"循序渐进"并非是一个高深的理论问题，而是一个寻常的施教形式。人们对客观事物的认识，总是有一个由简单到复杂、由低级到高级、由直观到抽象的循"序"渐进过程。这个过程"如春起之苗"，虽"不见其增"，却"日有所长"，日积月累，"非谓末即是本，但学其末而本便在此也"（宋·朱熹《论语集注·子张第十九》）。

"循序渐进"施教方法，用之于文化教育不难理解，如要学习计算

---

①万丽华，蓝旭. 孟子［M］. 北京：中华书局，2017：56.

②朱熹. 论语集注［M］. 济南：齐鲁书社，1992：150.

必先学会识数，要学习作文必先能够识字。然而在以育德为主的家庭教育中施以“循序渐进”之法，却体现了古代家庭教育者育德教子的殷切之情。举凡家有儿女，家长都希望他们成龙成凤，大则为国之栋梁，小则为家之支柱，因此他们必须学习处世之道、治家之术。少数急功近利的家长，在子女尚在懵懂之时，就要他们学习诗词歌赋、研读“四书”“五经”，巴望他们速速成材，这种做法无异于拔苗助长。所以绝大多数古代家庭教育者认为，“蒙养无他法，但日教之孝悌，教之谨信，教之泛爱众亲仁，看略有余暇时，又教之文学。不疾不徐，不使一时放过，一念走作，保完真纯，俾无损坏，则圣功在是矣，是之谓蒙以养正”(明·姚舜牧《药言》)。

一、教人有序，须盈科而后进

古人劝化，多重说理。教子为何要循序渐进，孟子以流水为例，生动而且形象。他说：

> 流水之为物也，不盈科不行；君子之志于道也，不成章不达。(《孟子·尽心上》[①])

盈，盛满、充满的意思。科，指坎、坑，东汉经学家赵岐注：“科，坎也。”成章，古称乐曲终结为一章，此处指事物达到一定阶段或程度。整句话译为白话就是：潺潺流水，一路向前，然则在前进的途中，不把小的坑洼灌满，就不会继续向前流动；君子有志于追求大道，不经过一

①万丽华，蓝旭．孟子［M］．北京：中华书局，2017：282.

步一步的阶段就不能达到目的。

宋代学者朱熹明确提出“教人有序不可取等”的原则，他以登山为例说明循序渐进的道理：“譬如登山，人多要至高处，不知自低处不理会，终无至高处之理。”（《朱熹语类·读书法》）人们登山，目的就在高处，如果不知要从低处走起，哪有能直接到达高处之理？

早于朱熹的张载，作为当时的知名教育家，亦极力提倡教育要循序渐进。他说：教授知识“虽不可缓，又不欲急迫，在人固须求之有渐”（《理窟·学大原下》），如果“人未安之，又进之，未喻之，又告之”（《语录抄》），受教育者不知所云，久而生厌，欲速则不达。

所以，“养子弟如养芝兰，既积学以培植之，又积善以滋润之”（宋·家颐《教子语》），而“教子弟，全同养子弟一般，不可宽懈，而又不可性急。必须依规蹈矩，循循渐进，使之日就检束，而全然不觉其苦，自然成得好人”（清·史洁珵《德育古鉴·功过案·慈教类》）。

古代家庭循序教子，大多遵循《礼记·内则》或《小学》的内容与次序。在第二章已进行论述，在此不再赘述。

也有自成体系的。如潭渡孝里《黄氏家训》：

> 子弟五岁以上，每谒祖讲书，及忌晨（辰）祭祀，务令在旁观看学习，使之见惯。至十二岁，出就外傅，见灯毋入中门。至十六岁，方行冠礼，照所定冠仪遵行。（潭渡孝里《黄氏家训》[1]）

韩楚二溪《汪氏家乘》：

①卞利. 明清徽州族规家法选编［M］. 合肥：黄山书社，2014：20.

凡裔丁生，三年能食，食则免乳；能言，毋向其呼父母长者小名与呼人诨号缺项，毋导以谎。七龄，男女悉入蒙塾，离本生依，保傅宿学，习方言。……

家塾，即小学堂，以育体德，养蒙也。……八岁以至十岁，期三年满，各分入大学、族塾。……

族塾，即正学，以育材智，升造也。（祁门韩楚二溪《汪氏家乘》①）

当家长谒祖讲书以及忌辰祭祀时，让子女在旁观看学习，无非是让子女知晓常规的礼仪，这是无言之教；《汪氏家乘》规定小孩学会说话以后，就不能当着他们的面直呼父母长者的小名，更不能随意喊别人的绰号或以身体缺陷作为称呼，以免小孩学坏。小时入家塾，蒙以养正，以培养私德为主。这个阶段，要学会做人的基本礼仪，懂得男女有别、长幼有序，知晓孝亲尊老、循规蹈矩；大则进族塾，进行成德育智的"升造"，这个阶段则着重淬炼子女的为人处世之道。

二、教人有序，必积渐方有成

"积"，是个人不断接受和积累外界的知识；"渐"，是外界知识对个人施加连续的作用。"积渐"，是战国末期著名思想家荀子倡导的学习方法。"不积跬步，无以至千里；不积小流，无以成江海。骐骥一跃，不能十步；驽马十驾，功在不舍。锲而舍之，朽木不折；锲而不舍，金石可镂"（《荀子·劝学》），是荀子最为著名的劝学名言。

①卞利．明清徽州族规家法选编［M］．合肥：黄山书社，2014：271-272.

循序渐进，循序是路径，渐进是过程。施以循序渐进之教法，不可仅流连于道路（循序），而要实实在在地循着目标前进（渐进）。“若泛泛而讲，泛泛而听，原不留心佩记，徒费唇舌，不入肺腑，今日讲过，明日忘之，此章未达，又讲别章，今年未明，复待来岁，虽讲至百年，诚何益也？”（明·何伦《何氏家规》）“积渐”才是“进步”的动力、知识的源泉。

“积渐”的要诀是“积微”。荀子比喻说，像骐骥这样的骏马一跃，也不过区区十步，资质较差的驽马只要坚持不懈地走十天，就能够赶上；刻削东西假如试一下就住手，连根朽木也刻不断，如果不间断地坚持刻下去，那么金石也会被刻穿。由此可见，“积微”才是能够不断前进的正确方式。与曾国藩、左宗棠并称“大清三杰”的彭玉麟，在写给家中小弟的信中，告诉他学习应循序渐进，欲速则不达，要有愚公移山之志，日积月累，学业就有长进。他在信中写道：

为学又不可求速效，能困心横虑，便有郁积思通之象。愚公移山，非讥其愚，直喻其智。是以聪明多自误，庸鲁反有为耳。徐穆堂、王心庐两君，虽少晋接，闻名已久，大约为尔之师，尚不辱没。盖两君不徒博雅能文，其淳实宏通，已非弟能窥其堂奥者矣，宜常存敬畏之心，不可甘自暴弃，慢亵尊长，于师道上尽一分，便是一分学；尽十分，便是十分学。日课不可间断，遵照定例以限制之，亦复得益。师课之严便是，进功之阶，因循苟且，非愿闻也。（清·彭玉麟《致弟书》①）

①李茂旭．中华传世家训（上）［M］．北京：人民日报出版社，1998：321.

脚踏实地，一步一个脚印，终有一天，“积土成山，风雨兴焉；积水成渊，蛟龙生焉；积善成德，而神明自得，圣心备焉”（《荀子·劝学》）。

“积渐”的核心是“积久”。积土成山、积水成渊，关键是要勤而有常、坚持不懈，荀子称之为“积久”。他说：“真积力久则入，学至乎没而后止也。”（《荀子·劝学》）孔子的后裔孔臧写信告诫儿子：

> 人之进退，唯问其志，取必以渐，勤则得多。山霤至柔，石为之穿；蝎虫至弱，木为之弊。夫霤非石之凿，蝎非木之钻，然而能以微脆之形，陷坚刚之体，岂非积渐之致乎？（汉·孔臧《戒子书》①）

“人之进退，唯问其志，取必以渐，勤则得多。”这意思已经说得比较明白了。但细思之，“勤”如何能够“得多”？不免有些抽象。仅凭这句话，教育效果必然不佳。于是孔臧用了水滴石穿、虫蛀木朽两个事例来论证“勤”才能“得多”的道理：山间缓缓而下的细小水流，极为温柔，流经之处，可以说是无声无痕，但它却能将坚硬的石头滴穿；树木中的蛀虫很小，看都看不见，但它却能将整棵大树咬穿。山泉并不是凿石头的凿子，蛀虫并不是钻木头的钻子，然而它们能以微小轻柔的形体，攻破坚硬刚强的物体，难道不是从一点一滴做起而又坚持不懈才成功的么？

因此，如何面对人生中的进与退，不仅在于一个人的志向有多远大、情趣有多高雅，而且一定要勤于实践，日积月累，才能收获更多。

---

①喻岳衡．历代名人家训［M］．长沙：岳麓书社，2003：11．

清人汪惟宪总结的积渐要诀是三个字——无间断。他说：

> 古人读书贵精不贵多，非不事多也。积少以至多，则虽多而不杂，可无遗忘之患。此其道如长日之加益，而人颇不觉也。是故由少而多，而精在其中矣。一言以蔽之，曰无间断。间断之害，甚于不学。……若名为士人，而悠悠忽忽一暴十寒，人生几何？凡所谓百年者，皆妄也。（清·汪惟宪《寒灯絮语》①）

王献之习字，是古代积渐教育的典型范例。

晋代书法家王献之自小跟父亲王羲之学写字，学了几年，自认为已经很不错了，但是父亲王羲之却不满意。于是，他要父亲传授习字的秘诀，王羲之没有正面回答，而是指着院里的十八口水缸说："秘诀就在这些水缸中，你把这些水缸中的水写完就知道了。"

王献之心中不服，认为自己年龄虽小，字已经写得很不错了。他跑到母亲郗氏夫人那里诉说，母亲告诉他："你的字啊真的比你父亲差远了，你应该从基本功开始练，先把横、竖、点、撇、捺写好了，然后才能习字。"见母亲也是这么说，小献之下决心再练基本功。他天天对着父亲的字体，将横、竖、点、撇、捺足足练习了两年，才把自己写的字给父亲看。父亲见了依然笑而不语，母亲在一旁说："有点像铁画了。"王献之又练了两年各种各样的钩，然后给父亲看，父亲还是不言不语，母亲说："有点像银钩了。"王献之这才开始练完整的字，足足又练了四年，才把写的字捧给父亲看。王羲之看后，在儿子写的"大"字下面加了一点，变成了"太"字。王献之见父亲不置可否，便送给母亲看。郗

---

①楼含松. 中国历代家训集成 8［M］. 杭州：浙江古籍出版社，2017：4671-4672.

氏夫人看了王献之写的字，叹了口气说：“我儿练字三千日，只有这一点是像你父亲写的！”王献之听了，泄气地说：“难啊！这样下去，什么时候才能达到父亲的成就呢？”郗氏见他的傲气已经消尽了，就鼓励他说：“孩子，只要功夫深，就没有过不去的河、翻不过的山。你只要像这几年一样坚持不懈地练下去，就一定会达到目的的！”从此，王献之静下心来勤奋练习，终于学有所成，与他的父亲一样，成了著名的书法家。

王羲之与夫人郗氏劝子于学，采用的就是“积渐”的方法。他们对儿子没有一句说教，却使王献之逐步懂得业精于勤的道理，从小确立了坚忍不拔的学习态度，而且最后取得了成功，他的书法终于与父亲齐名，被人们称为书中“二王”。

见机而教， 遇物必有诲谕

> 衣服器用，五谷六畜之类，遇物则教之，使其知之也。或教以数目，或教以方隅，或教以岁月时日之类。如此则不但无疾，而知识亦早矣。
>
> ——（明）万全《万氏家藏育婴家秘》[①]

家庭教育的最大优势，是不拘形式、不拘内容、不拘时间，可以随时随地对子女进行教育。古代家庭教育者始终将教育子女放在头等位

①安邦煜，张牧寒. 明代万密斋儿科全书［M］. 北京：中医古籍出版社，2007：47.

置，非常注意捕捉日常发生的细微小事对子女的影响，或遇物必诲，或寓教于喻，或就事敦德，不失时机地向子女阐述各种道德思想，为我们留下了许多家庭育德佳话和教育经验。

一、遇物即诲

所谓遇物即诲，即遇见什么事就教给孩子什么事情、事理，看见什么物就教给孩子什么物名、物理，以不断增进孩子对事物的认识，提高他们的认知水平。在家庭道德教育中，随时随地抓住看到的、遇到的事和物，对身边的子女进行即景教育，不仅可以将道德教育保持在常态，而且借用一些看得见、摸得着的事物一事一议，能够大大提高道德教育的针对性与实效性，因此，“遇物即诲”成为古代家庭教育者经常用到的方法。

明代罗田（今湖北黄冈罗田县）医家万全仁（又名万全）从医理的角度，对蒙童进行遇物而教作了精辟的概括：

> 衣服器用，五谷六畜之类，遇物则教之，使其知之也。或教以数目，或教以方隅，或教以岁月时日之类。如此则不但无疾，而知识亦早矣。（明·万全《万氏家藏育婴家秘》[①]）

衣服、器用、五谷六畜都是幼儿身边的事物，形象具体，又与生活密切联系。父母把这些事物的名称、用途、来源、应该怎样爱护与珍惜等及时教给幼童，更容易被他们接受，是对幼童进行自然知识和社会知

①安邦煜，张牧寒．明代万密斋儿科全书［M］．北京：中医古籍出版社，2007：47.

识以及品格教育的好教材。

清代扬州医家史搢臣，在其著作《愿体集》中阐述遇物即诲与养德的关系时说：

> 父母教子，当于稍有知识时，见生动之物，即昆虫草木，必教勿伤，以养其仁。尊长亲朋，必教恭敬，以养其礼。然诺不爽，言笑不苟，以养其信。（清·史搢臣《愿体集》①）

在子女稍有知识时，父母就要开始对他们进行教育。见到一些昆虫、草木之类有生命的东西，要教育他们不可踩踏攀折、伤其性命，以此养成他们的仁爱之心；见了长辈、亲戚、朋友等，要教育他们谦恭有礼貌，以养成他们彬彬有礼的品质；教育他们不要轻易答应别人，但答应了就一定要履行诺言，平时要庄重严肃，不随便谈笑，以养成他们诚实守信的人格。

在祁门河间凌氏宗谱中，也有类似的训诫：

> 古人胎教不可望矣，蒙养不可不慎也。必能言，常示毋诳；能立，教之正方。教他莫顽戏，莫爱财，养其节也；教他莫伤生，莫折枝，养其爱也；即席饮食，必后长者，养其让也；教其孝悌忠信、礼义廉耻，以养其心；教以洒扫、应对、进退，以养其身；教以诗章歌咏，以养其性情。（祁门河间《凌氏宗谱·卷一·家训条款》②）

---

①陈宏谋. 五种遗规［M］. 北京：线装书局，2015：267.

②卞利. 明清徽州族规家法选编［M］. 合肥：黄山书社，2014：48.

意思是，对于古人所说的胎教可能没有条件做到，但对子孙的启蒙教育不可不慎重。在他们开始说话时就要教育他们不说谎话；能走路时要教育他们注意端正形象。教育他们不要随便开玩笑、不要爱财，以养成他们的气节；要教育他们不要伤害生命、攀折树木花草，以养成他们的仁爱之心；吃饭时要教育他们等长者入席之后才能上桌，以养成他们的谦让之心；平时教育他们孝悌忠信、礼义廉耻的道德，以培养他们的品行操守；教导他们打扫庭院、懂得待人接物的礼仪、明白得失取舍，以养成他们的行为习惯；教导他们吟诗咏赋写文章，以养成他们的性格气质。

唐太宗李世民算得上遇物即诲的教子典范。作为一国的君主，国事繁忙程度可想而知，但他把教育子女当作大事，一刻也不敢放松，在《贞观政要》里，记载了李世民对大臣讲过教育太子的一段话：

> 贞观十八年，太宗谓侍臣曰："古有胎教世子，朕则不暇。但近自建立太子，遇物必有诲谕。见其临食将饭，谓曰：'汝知饭乎？'对曰：'不知。'曰：'凡稼穑艰难，皆出人力，不夺其时，常有此饭。'见其乘马，又谓曰：'汝知马乎？'对曰：'不知。'曰：'能代人劳苦者也，以时消息，不尽其力，则可以常有马也。'见其乘舟，又谓曰：'汝知舟乎？'对曰：'不知。'曰：'舟所以比人君，水所以比黎庶，水能载舟，亦能覆舟。尔方为人主，可不畏惧？'见其休于曲木之下，又谓曰：'汝知此树乎？'对曰：'不知。'曰：'此木虽曲，得绳则正，为人君虽无道，受谏则圣。此傅说所言，

可以自鉴。’”（《贞观政要·教戒太子诸王第十一》[①]）

这段话的意思：太宗和孩子们一块儿吃饭，端起碗来，就对孩子们说起耕田种地的艰难，并且告诉他们只要不忘耕种之事，体恤农者的辛苦，才能时常有饭吃。和孩子们外出骑马，途中给他们传授驭马的经验，并且告诉他们：马也要有劳有逸，不使它气尽力竭，才能时常有马骑。在水面上乘船，他给孩子们讲解船能够浮在水面上的道理，并告诫他们：这水可以载着船前行，也可以将船打翻。一个国家的君主和老百姓，也就如同这船和水一样，百姓可以帮助朝廷，也能推翻朝廷。在大树底下休息，他让孩子们思考如何能用这弯曲的树干建房屋、制家具，告诉他们：这树虽然弯曲，打上墨线就可以正直成材。人也要听从别人的规劝而改过，才能够成为通达事理、于国有用的人。

这种“遇物即诲”的方式，看起来是触景生情、有感而发。但其中却蕴含着深刻的哲理和道德追求，对受教育者的道德感化也许要比学堂传授更具实效。

在《后汉书·荀韩钟陈列传》中，有一则真实的“遇物即诲”趣闻：

时，岁荒民俭，有盗夜入其室，止于梁上。寔阴见，乃起自整拂，呼命子孙，正色训之曰：“夫人不可不自勉。不善之人未必本恶，习以性成，遂至于此。梁上君子者是矣！”盗大惊，自投于地，稽颡归罪。寔徐譬之曰：“视君状貌，不似恶人，宜深克己反善。然此当由贫困。”令遗绢二匹。自是一县无复盗窃。（南朝宋·范晔

①吴兢．贞观政要［M］．骈宇骞，译注．北京：中华书局，2017：100-101．

《后汉书·卷六十二·荀韩钟陈列传第五十二》[①] ）

陈寔是东汉时期官员、名士。有一年闹饥荒，某天夜晚，一个小偷进入他的屋子，躲藏在梁上，准备夜深人静时偷盗。陈寔在暗中看到了他，于是起身整理好衣服，将他的儿孙们叫到卧室，神情严肃地训诫道："人不能不约束自己。不善良的人本性未必是坏的，只是沾染了坏习惯就养成了不善良的性格。梁上君子就是这样一种人。"躲藏在梁上的盗贼大吃一惊，知道房主人已经发现了自己，便从梁上跳下来，跪在地上磕头认罪。陈寔慢慢地开导他说："看你的相貌，不像是坏人，应该深刻反思剖析自己的行为，改过从善，做一个好人。"陈寔知道他很穷，便让人给了他二匹绢。陈寔义释盗贼的事情传开后，整个县就再也没有偷盗的现象了。

陈寔发现盗贼进屋，首先想到的不是驱赶盗贼，而是要借机教育他改邪归正，同时想到这是教育子孙的极好"教材"，便"呼命子孙"一起来接受教育，告诫子孙"人不可不自勉"。陈寔这种"遇物即诲"的家教，可谓用心良苦、不失时机。他晓之以理、动之以情，既感化了盗贼，又让子孙接受生动具体的教育，获得了一举两得的教育效果。

二、寓教于喻

古代家庭教育者特别注意在教育子女的过程中运用比喻的方法，生动形象地说明某些道理。人们耳熟能详的"断机教子"，就是寓教

①范晔，司马彪. 后汉书（下）[M]. 长沙：岳麓书社，2009：688.

于喻方法的典型运用。小时候的孟子，与普通少年并无两样：不肯认真学习，经常逃学。孟母教育多次收效甚微。这一天见孟子早早放学回家，知道儿子又逃学了。于是一狠心，将快要织成功的布匹剪成两段。孟子从未见母亲发过这么大的脾气，心里害怕，就问他母亲："为什么要发这样大的火？"孟母说："你荒废学业，如同我剪断这匹布一样。虽然以前也下了不少功夫，但是如果半途而废，以前付出的努力就白白浪费了。学习和织布一样，只有持之以恒，才能达到目的。"这件事对少年孟子影响很大，自此以后，他从早到晚勤学不止，终于成了天下有名的大儒。

孔子的第十世孙孔臧，也是寓教于喻的"高手"。他为了教育儿子"守志"，便以水滴石穿、虫蛀木朽这两个常见的现象来说明"渐勤则得多"的道理。孔臧的《戒子书》前文已有介绍，此处不再赘述。

再如，"人无志不立"是古人励志的经典名言，但同样是一个很抽象的概念。怎样使受教育者真正理解人为什么不立志就不行的道理？明代思想家王守仁将人之"志"比喻为舟之"舵"、马之"御"，巧妙地将无形的道德概念转变为有形的事物表象，使受教育者茅塞顿开、触类旁通，蓦然间明白了"志向"对于人建功立业的重要性。他是这样说的：

> 志不立，如无舵之舟、无御之马，漂荡奔逸，终亦何所底乎？（明·王守仁《教条示龙场诸生·立志》①）

---

①王阳明．王阳明诗文选译［M］．吴格，译注．成都：巴蜀书社，1994：160.

人有没有志向，就好比船舶有没有舵、马有没有笼头一样。船舶无舵，就无法控制行进的方向，要么随波逐流、要么随风飘荡；烈马没有笼头，就无法约束马的行为，必将是信马由缰，任凭烈马无目的地奔跑。驾着无舵之舟、骑着无笼头之马，只能是走到哪算到哪，永远无法到达目的地。

历史上最有特点的“寓教于喻”家教事例，当属唐东阳郡（今浙江金华）兰溪人舒元舆的故事。舒元舆有三个弟弟，他们原本都是承顺祖训、遵守礼仪的人，但自兄长舒元舆在京城为官之后，他们认为有所依恃，便日益懈怠、不思进取。舒元舆得知情况后，心里着急，准备写信斥责、教育他们一番，但转念一想，弟弟们尚年幼，斥责教训不仅作用不大，反而还会伤了兄弟间的和气。他想了许久，终于有了主意，提笔给弟弟们写了一封家书，将其命名为《砥石命》，书信中并没有向弟弟们讲述大道理，而是讲了一个自己亲身经历的故事：

“从前我在吴江的时候，有人送给我一把剑，因为我极为珍视，便将宝剑藏在箱匣之中，从来没有打开查看。今年秋天来到秦地，一天无事，我便打开箱匣想欣赏一下宝剑，这才发现宝剑已经生锈。当时心里惭愧，这么好的一把剑，竟在我这里成了一块锈铁，因此总想着有机会请人把宝剑磨一磨。

“几个月后的一天，我在岐山脚下拾得一块不到一尺长的绿色石块，纹理细腻，估计是一块奇异的石头，便把它带到城里问磨刀的工匠，工匠说这是一块可以作磨刀石用的石头。回家后我将宝剑取出，在这块磨刀石上磨砺。磨了几天，只是将宝剑上面的铁锈磨掉了，宝剑并没有变得锋利，就以为是磨刀匠骗我，拿着宝剑再去询问。磨刀匠告诉我：‘这块石头纹理很细腻，所以不能快速地把坚硬的铁器磨得锋利，只要你坚持磨下去，积渐而成，不出一个月，必定恢复到宝剑从前的样子。’

回家后，我按照磨刀匠所说的那样去做，果然起了变化，慢慢地，宝剑光可鉴人，锋利无比，甚至比刚得到的时候更锋利数倍。用它切三十枚铜钱，都能无声无息地切断。

“经过此事，我受到了启发：金属的坚硬，在金木水火土这五材中居首位，经工匠铸造成剑器，又成为最为锋利的器物。但如果不时时磨砺，就跟一般的铁器没有什么区别。如果本来就不是很锋利的刀剑，不加磨砺，更会化为粪土，也就跟烂铁一样。”

故事讲到这里，舒元舆这才转入正题，告诫弟弟们不能忘弃道德名节的“砺名砥行之道”。若忘弃，便会“蒙蒙外埃，积成垢恶”，如果始终不能觉悟，就会慢慢地使人走上邪路，泯灭天理人性。到那个时候，人即便活着，也跟废物一样，那不就是白活了吗！

写就书信，舒元舆又找来一块磨刀石，在磨刀石的侧边刻了一行字：“剑之锷，砥之而光；人之名，砥之而扬。砥乎砥乎！为吾之师乎！仲兮季兮，无坠吾命乎！”（意思是，剑器的刃，常常磨砺才会保持锋利光亮；人的品德名节，不断努力学习才会发扬光大。磨刀石啊，磨刀石啊，你就是我的老师！二弟呀，三弟呀，不要忘记我的教导啊！）

他将书信和磨刀石放在一起，打成一个包裹，托人带回家交给弟弟们，希望他们像对待宝剑那样，经常磨砺自己的思想品行，使尘埃不能从像头发丝那样细小的缝隙中侵入头脑。

舒元舆这种特别的“寓教于喻”方式给弟弟们的教育应该是很深刻的，在他的激励下，三个弟弟舒元褒、舒元肱、舒元迥皆发奋读书、勤于修养，后来都是进士及第。

三、就事敦德

在日常生活中，人的一言一行是要受一定的道德观念支配的。因此，古代家庭教育者对待子女的言行表现，并非局限于就事论事，而是就事敦德，从道德层面去教育、规范他们的言行，培养他们的品格操守。

在本书第一章，我们曾提到蔡邕很重视在日常生活中敦促女儿从细节上崇德、遵德、守德，并专门为次女蔡文姬写了一篇《女训》。蔡邕很重视对两个女儿的家庭教育，时常就女儿们的日常生活小事对她们进行德行教育，除《女训》外，蔡邕为女儿还写了一篇《女诫》，其手法一如《女训》，都是“就事敦德”的典型范例。

> 夫心，犹首面也，是以甚致饰焉。面一旦不修饰，则尘垢秽之。心一朝不思善，则邪恶入之。人咸知饰其面，而莫修其心，惑矣。夫面之不饰，愚者谓之丑；心之不修，贤者谓之恶。愚者谓之丑，犹可；贤者谓之恶，将何容焉？故览照拭面，则思其心之洁也；傅脂，则思其心之和也；加粉，则思其心之鲜也；泽发，则思其心之顺也；用栉，则思其心之理也；立髻，则思其心之正也；摄鬓，则思其心之整也。（东汉·蔡邕《女诫》①）

蔡邕针对女儿喜欢打扮、一天下来要换几次衣服、经常对着镜子整理面容这些爱美的日常行为和心理特点，将注重外表美与注重品德修养

①严可均．全上古三代秦汉三国六朝文 2［M］．石家庄：河北教育出版社，1997：703.

巧妙地联系起来，加以诱导提示，说明心就像头和脸一样，需要认真修饰。他说："脸一天不修饰，就会让尘垢弄脏；心一天不培养，就会窜入邪恶的念头。人们都知道修饰自己的面孔，却不知道培养自己的善心，这是糊涂啊！脸面不修饰，愚人会说丑；心性不修炼，贤人会说恶。愚人说他丑，还可以接受；贤人说他恶，他哪里还有容身之地呢？所以你照镜子修饰脸面的时候，就要想到心是否圣洁；抹香脂的时候，就要想想自己的心是否平和；搽粉的时候，就要细思你的心是否鲜洁干净；润泽头发的时候，就要考虑你的心是否安顺；用梳子梳头发时，就要考虑你的心是否有条有理；将头发挽成髻时，就要想到心是否与髻一样端正；束鬓时，就要考虑你的心是否与鬓发一样整齐。"

将一件寻常的洗面挽发小事，与修身养性联系起来，蔡邕不愧为家庭教育的楷模、就事敦德的典范。两个女儿成年后皆贤淑有德，应该说，蔡邕的悉心家教功不可没。

宋朝开国皇帝赵匡胤，也是一位"就事敦德"的行家好手。他在建国之后，深知得江山容易守江山难，除改革官制、唯才是举、发展生产、减轻徭役之外，还身体力行地倡导节俭、反对奢靡。

赵匡胤的三女儿永庆公主，平时穿戴不够节俭。一日，永庆公主穿着华丽的衣服、光彩的头饰来见父亲。接着父女间发生了一次有趣的对话，赵匡胤就依着这件日常小事对永庆公主进行了一次循循善诱的敦德教育。

在清人毕沅撰著的《续资治通鉴》一书中，记录了这次对话的内容：

（永庆）公主尝衣贴绣铺翠襦入宫，帝见之，谓主曰："汝当以此与我，自今勿复为此饰。"主笑曰："此所用翠羽几何！"帝曰："不然，主家服此，宫闱戚里必相效。京城翠羽价高，小民逐利，

展转贩易，伤生寖广。汝生长富贵，当念惜福，岂可造此恶业之端！”主惭谢。（清·毕沅《续资治通鉴·卷七》① ）

铺翠，即点翠，首饰制作中的一个辅助工艺，是用翠鸟翅膀下的羽毛，经过点翠师傅的加工，变成有流动光泽的头面，极为珍贵。赵匡胤见女儿身穿华丽的衣服、头戴点翠饰品入宫，就对她说：“你将这件点翠饰品交给我，以后不要再用点翠了。”公主笑着说：“不就是一件饰品吗，能用多少翠羽？”赵匡胤说：“不是这样，我们皇家佩戴这种头饰，宫里和外戚必然会仿效。京城的翠羽价格原本就高，如果大家竞相佩戴这种头饰，那些商人为了牟取利益，肯定辗转各地贩卖翠羽。这样的话，那么多翠鸟丧生，全是因你而起。你生长在富贵家庭，要记得珍惜自己的福气，怎么能开启这种作恶的风气呢？”永庆公主听了父亲的话，带着满脸的羞惭谢过父亲的教诲。

赵匡胤为什么会认为公主用了点翠就是“造恶业”呢？因为点翠必须使用翠鸟的羽毛，据说一只翠鸟身上可供采用的羽毛只有二十八根，而且要活鸟取毛，才能保证翠羽的鲜艳颜色。一枚光彩照人的点翠饰品，其实蘸满无数只翠鸟的血迹。而以公主的身份，佩戴点翠饰品，很容易形成示范效应，引发时尚潮流，结果必然是“伤生寖广”，不知有多少翠鸟因此而遭殃。

见微思著，从平凡小事看道德修养，是就事敦德的基本内核。

战国时期，楚国有一位大将军名叫子发，有一次率军与秦国交战，军粮吃光了，于是子发就派使者向楚王求援，并叫使者代表自己顺便回家探望一下母亲。子发的母亲问使者说：“士兵们可安好？”使者回

①毕沅．续资治通鉴1［M］．长沙：岳麓书社，2008：85.

答说："现在军中粮草紧缺，士兵们只能分吃豆粒充饥。"母亲又问："那么将军可安好？"使者回答说："将军很好，每天早晚都能吃好饭好肉。"子发的母亲听罢，心里特别生气，准备回头要好好教训儿子。

不久，子发率军凯旋。交代完事务之后，子发连忙回家看望多日不见的母亲。哪知他的母亲却关上大门不让他进去，并且隔着门责备他说：

> 子不闻越王勾践之伐吴耶？客有献醇酒一器者，王使人注江之上流，使士卒饮其下流，味不及加美，而士卒战自五也。异日，有献一囊糗精者，王又以赐军士分而食之，甘不逾嗌，而战自十也。今子为将，士卒并分菽粒而食之，子独朝夕刍豢黍粱，何也？《诗》不云乎："好乐无荒，良士休林。"言不失和也。夫使人入于死地，而自康乐于其上，虽有以得胜，非其术也。子非吾子也，无入吾门。（西汉·刘向《列女传·楚子发母》[①]）

意思："你没听说过越王勾践讨伐吴国的事情吗？有人献上一坛美酒，越王派人倒在江的上游，让士兵们到下游同饮江水，其实江水中并没有增添什么酒的美味，但士兵作战的勇气却因此而增加了五倍；又有一天，有人送来一袋干粮，越王又下令赐给军士分食，其实只有一点点食物，入口就没了，但士兵们作战的勇气却因此而增加了十倍。如今你身为将军，士兵们分吃豆粒充饥，唯独你早晚吃着鱼肉米饭，这是为什么？《诗经》说'快乐而不荒废正事，贤人都高兴'，说的是做事不能失了分寸。你让士兵出生入死，自己却高高在上地享乐，即使取得胜利，

①刘向. 列女传选读［M］. 赵遵礼，译. 西安：陕西人民出版社，2009：14.

也不能说是你用兵的正道。你不是我的儿子，不要进我的家门。”

子发听了母亲的教训，觉得十分惭愧，他诚恳地向母亲承认了错误，并保证以后坚决改正，这才得到了母亲的原谅，进了家门。

子发的母亲没有因为儿子的功劳沾沾自喜，而是将“士兵分吃豆粒、儿子却吃的是米饭鱼肉”这件事上升到道德层面去教育儿子，使他认识到自己的错误，并保证今后不再违犯，将仁爱之心“种植”在儿子的思想里，这就是“寓教于喻”的最大成功。

第四章　爱教并重，训子慈严有度

“教育”一词据说首先出自《孟子》。孟子曰：“君子有三乐，而王天下不与存焉。父母俱存，兄弟无故，一乐也；仰不愧于天，俯不怍于人，二乐也；得天下英才而教育之，三乐也。”（《孟子·尽心上》）第一种“乐趣”本于孝悌，第二种“乐趣”是立身处世的原则，只是这第三种“乐趣”值得玩味。孟子的学生很多，但是弟子中像子贡、宰我那样能说会道的人却很少，像颜回那样闻一知十的聪明人更是可遇不可求。有一次，孟子的学生屋庐子与人辩论，被别人驳斥得理屈词穷、哑口无言。屋庐子没法，急忙跑回来向老师讨教。众所周知，孟子“善辩”，见弟子这种狼狈相，心里的感受可想而知。孟子只好一句一句教他如何应对，还现场模拟辩论对答，然后再让屋庐子出去辩论。这样现学现卖的学生岂会是孟子心目中的“英才”？所以，“得天下英才而教育之”应该是孟子一个小小的理想，同时也间接说明了传道解惑并非那么容易。

家庭教育以其强烈的亲情色彩填平了“教”与“学”之间那道似有若无的鸿沟，使教育具有顺畅的施加性与可接受性。故此北齐教育家颜之推在《颜氏家训》的开篇就信心满满地写道：“夫同言而信，信其所亲；同命而行，行其所服。”（《颜氏家训·序致篇》）大量的家庭教育实践也证明了颜之推这段话的合理性：同样的语言，因为是所亲近的人说出来的就相信；同样的命令，因为是所佩服的人发出来的就执行。这也是人们通常认为的家庭教育实效性要高于其他教育形式的决定因素之一。但是，家庭教育所面对的对象，亦如孟子的处境一样，并非个个都是“英才”。除资质外，因为父母子女这层特殊的亲缘关系，他们还会撒娇、任性，以逃避这种枯燥而艰苦的“教育”。在这种情况下，亲情反而成为“教育”的最大障碍。为了消除这个障碍的影响，在我国古代，一些家庭无奈地选择了一种有别于家教与学塾的形式——“易子而教”。对这种教育形式，在两千多年前，孟子和他的弟子公孙丑之间还有过一次有趣的对话：

> 公孙丑曰：“君子之不教子，何也?”孟子曰：“势不行也。教者必以正。以正不行，继之以怒。继之以怒，则反夷矣。‘夫子教我以正，夫子未出于正也。’则是父子相夷也。父子相夷，则恶矣，古者易子而教之，父子之间不责善。责善则离，离则不祥莫大焉。”（《孟子·离娄上》① ）

译成白话是，公孙丑问孟子：“老师，听说过去君子不亲自教育自己的子女，那是为什么?”孟子回答说：“因为情势行不通啊！父亲作为子女的教育者，必然要以正理正道教育、引导子女；子女若不按照父亲教导、引导的去做，就会引起父亲的愤怒。父亲愤怒，就会伤害父子之间的感情。子女就会说：‘您教导我行正理正道，可您并没有按照您所教导我的那样去做呀！’这就使父子之间感情破裂。父子之间相互责备，便发生隔阂，父亲丧失了教育子女的主动权，只好与别人相互交换子女进行教育。”

孟子师生的这段对话，主要是提醒做父母的要以身作则，要求孩子做到的父母应首先做到，教育才有说服力。但从这段话中我们看到另外一个事实，即父母教育子女，或多或少总会发生矛盾。如何解决教育中出现的问题，是对家庭教育者理智与情感的考验。我们姑且认为“易子而教”是解决“爱”与“教”矛盾的较好形式，但对于绝大多数家庭来说，“易子而教”并不可行。这里既有社会关系、经济能力等条件的制

---

①孟子［M］. 万丽华，蓝旭，译注. 北京：中华书局，2017：152-153.

约，也有亲情不忍割舍的因素影响。因此，绝大多数的家庭依然会选择“家庭教育”。而在浓郁亲情的支配下，“爱”与“教”的处理可能会发生两种情况：一是心疼子女尚年幼，不愿见他们受苦受累受委屈，更不忍心责备惩戒，于是“饮食运为，恣其所欲”，甚至“宜诫翻奖，应呵反笑”（北齐·颜之推语），爱子过度，以至于放任和溺爱；二是恨铁不成钢，相信“棒头出肖子”，子女稍有差池，动辄“督责笞挞”（清·张履祥语）甚至不小心“捶挞至死”（北齐·颜之推语），严厉过度，以至于父子伤恩，也达不到应有的教育效果。

古今家庭，在教子过程中作出如上偏激选择的，虽然不乏先例，然而对于大多数家庭教育者来说，他们还是能够做出正确的判断，认为家长对子女的教育，既要爱又要教，既要慈又要严，主张爱教结合，严慈相济，这样才能使子女既感受到家庭的温馨，又能在父母的引导下约束自已、涵养品德、学而有成。

颜之推在《颜氏家训》中明确把“慈”与“严”结合起来，提出“父子之严，不可以狎；骨肉之爱，不可以简。简则慈孝不接，狎则怠慢生矣”（《颜氏家训·教子第二》）。他告诫子孙，父子之间要严肃庄重，不可以过分轻佻而不拘礼节；骨肉之间又要有爱，不可以轻忽简慢。轻忽简慢就会淡薄慈孝之情，过分亲昵就会产生放肆不敬之心。

作为“家训之祖”，《颜氏家训》对后世的影响力是很大的，颜之推这一主张，得到北齐之后许多家庭教育者的认同与推崇，有的家训甚至一字不差地照此抄录，如司马光的《温公家范》。大多家训虽然不是原文照搬，却都有类似的表述。如“父严而子知所畏……父慈而子愈孝”（宋·袁采《袁氏世范·父子贵慈孝》），“家长总治一家之务……不可过刚，不可过柔，但须平恕容忍，视一家如一身”（潭渡孝里《黄氏族谱家规·卷四·家训》），“立家之道，不可过刚，不可过柔，须适厥中”

（元·郑太和《郑氏规范》），等等。

司马光撰《温公家范》时，虽然照抄了《颜氏家训》中有关段落，但是他在另外一部著作中，将爱教并重、慈严相济的原则作了进一步的阐述。他说：

> 慈而不训，失尊之义；训而不慈，害亲之理。慈训曲全，尊亲斯备。（宋·司马光《潜虚》①）

意思是，为人父母，只讲慈爱而不对子女进行教训，有失长辈应该对后代实行教育的大义；只知教训而不慈爱，则有损亲情的天性。只有爱与教、严与慈相济，教子大义和怜子柔情兼具，才是培养子女的正确方式。

在教育实践中，爱教并重、慈严相济原则的贯彻，“度”的把握最为关键，即要做到慈而不溺、严而不苛。

明仁孝皇后徐氏撰《内训》二十篇，其中对“慈”与“严”如何把握分寸作了详尽的论述：

> 教之者导之以德义，……本之以慈爱，临之以严恪，以立其身，以成其德。……慈爱不至于姑息，严恪不至于伤恩。伤恩则离，姑息则纵，而教不行矣。《诗》云：“载色载笑，匪怒伊教。”（明·徐氏《内训·母仪章第十六》②）

---

①司马光. 四部丛刊三编 潜虚［M］. 上海：商务印书馆，1936：21.

②陈模，文皇后. 东宫备览 皇后内训［M］. 刘子才，今译. 长沙：湖南人民出版社，1999：173-174.

这段话对“慈”与“严”关系的处理表达了四层意思。一是原则，心里要慈爱，面上要严肃，这样才能教育子女修身立德。二是尺度，慈爱但不能迁就子女的任性，严格但不能伤害子女的感情。三是后果，严格过度伤了父母子女之间的恩情，子女就会背离而不亲近父母；爱过了头子女就会恃宠而骄，不讲礼法。这样的教育是失败的教育。四是结论，援引《鲁颂·泮水》（《诗经》中的一首诗）的一句话：会教人的，要和颜悦色而不可怒形于色，这样，子女自然乐从。

清人金缨针对父母们通常喜爱聪明伶俐的子女、嫌恶顽劣愚鲁的子女，提出对喜欢的也要严格要求、对不喜欢的也要施以慈爱的观点。他说：

> 子弟有才，制其爱，毋弛其诲，故不以骄败；子弟不肖，严其诲，毋薄其爱，故不以怨离。（清·金缨《格言联璧全鉴·齐家》①）

赏爱贤俊子女、憎恶顽鲁子女，极易产生慈严无度的现象。金缨以格言的形式提示人们，子弟有才能，要控制对他们的爱，不能放松对他们的教诲，以免因骄纵而教育失败；子弟顽劣不才，要严加教诲，但也不能减少对他们的关爱，以免使他们因怨恨而远离。

总之，如何处理“慈”与“严”的关系，是家庭教育者不能绕过的一道门槛，也是家庭教育的一门艺术。能否把握好“慈”与“严”的尺度，关系到家庭教育的成功与失败。爱教并重、慈严有度的教育思想，不仅是古代家庭教育实践的经验总结，更体现了先人们妥善处理情感与理智的超常智慧。

---

①金缨. 格言联璧［M］. 奎屯：伊犁人民出版社，1999：286.

慈而不训，失尊之义

子女二三岁时，至十五岁时，虽极爱之，然刻刻必要严词厉色，训之诫之。若少假颜色，习以骄奢淫逸，不知孝悌忠信礼义廉耻，尽丧谦卑，逊顺全无，至长，安能禁止？

——（明）陆树声《云间陆文定先生家训》①

溺爱，是古代家庭教育者最为警惕的现象。在传统家训中，凡有治家教子方面的训辞，多有“父慈败子”“母慈害子”之类的警示，如“慈父固多败子……子之不肖，父多优容”（宋·袁采《袁氏世范》），“悖逆伦理，干犯刑宪，皆父兄以姑息为教，溺爱为养”（潭渡孝里《黄氏家训》）。因此，传统家训对严以教子均是浓墨重彩，用较大的篇幅强调其重要性。现摘录几段如下：

自古知爱子不知教，使至于危辱乱亡者，可胜数哉！夫爱之，当教之使成人。爱之而使陷于危辱乱亡，乌在其能爱子也？（宋·司马光《温公家范》②）

古重蒙养，谓圣功在此也，后世则易为骄养矣。骄养起于一念之姑息，然爱不知劳，其究为傲、为妄、为下流不肖，至内戕本

①楼含松. 中国历代家训集成4［M］. 杭州：浙江古籍出版社，2017：2244.
②司马光. 钦定四库全书·家范［M］. 北京：中国书店，2018：47.

根，外召祸乱，可畏哉！可畏哉！（明・姚舜牧《药言》[①]）

人家子孙，教训是第一要紧。每见人家祖父爱子孙，定要好食与他吃，好衣与他穿。独不思吃惯穿惯了好的，便不知撙节，卖田卖地，都从这里来。又见人家祖父疼子孙，尽他要的，把来与他，尽他恼的，替他打骂出气。独不思顺从他惯了，必至自纵自由，撞祸生事，奸盗诈伪，玷辱祖父。那时节虽悔也迟了。从此一想，子孙如何可以不教？（顾三英《居家格言》[②]）

从这几段家训中，可以看到古代家庭教育者对于“爱子”不一样的解读。何为爱子？让他衣食无忧，任他为所欲为？否！“爱而不教，禽犊之爱也”（明・戚继光《练兵实纪》）。爱子而不教子，这并不是真正的慈爱，只是像鸟兽对幼崽那样一种原始的爱、低级的爱。把姑息纵容、偏爱护短当作慈爱，是自我蒙蔽、贻害子孙，如果一定要说成是爱，那就是“糊涂的爱”“错误的爱”“不负责任的爱”。

一、严是爱子之道

天下父母莫不爱子女，却未必知道应该怎样正确地去爱子女。在家庭教育实践中，父母家长往往因这种原始的情感而不知不觉地陷入溺爱的泥淖之中，有的甚至还不能自拔。古人造词，将“父母对孩子无条件的迁就和过渡满足”的行为称为“溺爱”，本身就有警示之意：溺爱如同溺水，危险之程度不难理解。事实证明，被父母溺爱的孩子，无论是

①楼含松. 中国历代家训集成 5［M］. 杭州：浙江古籍出版社，2017：2759.
②张师载辑，《课子随笔节钞》卷四，天津图书馆藏，清同治十二年刻本，第 16 页。

其精神还是身体，都会存在不同程度的缺陷。也许有人质疑，被父母宠爱，至多也是游手好闲、骄横跋扈，人品不行而已，他们既不起早贪黑，又不风餐露宿，终日锦衣玉食，身体怎能有问题？其实不然，清朝康熙皇帝爱觉新罗·玄烨是这样描述的：

> 若小儿过于娇养，不但饮食之失节，抑且不耐寒暑之相侵，即长大成人，非愚则痴。尝见王公大臣子弟中每有痴呆软弱，皆其父母过于娇养之所致也。（清·康熙《庭训格言》[①]）

仔细思之，爱觉新罗·玄烨这段话确有道理：

先说饮食。饮食有节，不宜过饱，是健康身体的前提之一。但娇养的孩子，不仅没有饥饿之虞，而且饮食比较精细，杂粮粗食吃得少，加上不劳动、不运动，就给身体健康带来了隐患。根据现代科学分析，长期摄入精细食物和饱食，最少有五大危害：一是肥胖多病，精细的食物导致营养过剩，极容易患上肥胖症，并诱发其他诸如糖尿病、高血压、心脏病等多种疾病；二是影响心脏功能，长期保持饱胀，膨胀的胃容易使横膈上移，影响心脏功能，而且人体为了消化所吸收的各种营养物质，代谢需氧量会大大增加，也使心脏负荷水平大幅度增加，容易造成急性心肌缺血或心肌梗死；三是加重肠胃负担，如果胃里面一直装着满满的食物，不仅得不到休息，还得分泌大量的胃液，长此以往会破坏胃黏膜屏障，引发胃糜烂、胃溃疡；四是易得肾病，长期饱食伤害人的泌尿系统，因为过多的非蛋白氮要从肾脏排出，势必加重肾脏的负担；五是影响儿童大脑发育，吃得太饱会导致大脑的供氧、供血不足，长期处

---

①康熙．庭训格言 几暇格物编［M］．陈生玺，贾乃谦，注释．杭州：浙江古籍出版社，2013：97.

于这种状态，就会变“笨”，影响儿童大脑发育。

再说穿衣。人的身体体质需要在一定的环境中得到锻炼才能强壮，才能获得免疫功能。比如夏天出汗，不仅可以清洁毛孔、促进新陈代谢，还能预防一些慢性疾病的发生。娇养的孩子，就像温室里的花朵，“不耐寒暑之相侵”，加上四体不勤，社会活动较少参与，生活经验、处事能力欠缺，及至长大成人，“非患即痴”的可能性很大。

至于人格道德修养，但凡娇养子女，平日多是顺其所想，恣其所欲，百般迁就，宜诫翻奖，终至撞祸生事、奸盗诈伪、骄慢狂妄、蛮横无理，乃至“沦于不肖，陷于大恶，入于刑辟，归于乱亡”（宋·司马光《温公家范》）。

所以，人之父母，不可不知“溺爱是害”“严诫成爱”的道理。在传统家训中，都可看到许多贤明睿智的家庭教育者严格治家的训诫，以预防纵子败德，祸及自身，玷辱门风。

萍西《潘氏家规》中有一条专门“戒溺爱”的家规：

> 大抵子弟之行不谨，皆由父兄之教。吾族家规千言万语，俱系责成子孙，不知子弟之始，其端在父兄之为。父兄者少时有禽犊之爱，长时有纵容之过，迨后为非作歹，莫能禁止，且奸盗淫乱，败坏纲纪，玷辱门户，岂非溺爱之处哉。（江西萍西《潘氏家规》[①]）

清朝康（熙）雍（正）年间的王心敬，幼年丧父，其母以纺织供他读书。王心敬潜心研究理学十余年，成为名儒李颙的得意门生。李颙感

①上海图书馆. 中国家谱资料选编 9（家规族约卷 下）［M］. 上海：上海古籍出版社，2013：782.

于王心敬的母亲教育儿子的精神，特意作《母教》一文，称赞王心敬的母亲如同孟母教子。在母亲的教诲下，王心敬一生无意于仕途功名，专心致学，清贫度日，但他始终没有忘记母亲对他的严格教导，将自己的体会写进家训，告诫子孙：

盖言治家之法，严则无悔也。人家欲家道之绵长，教子乃其首务，须以严正为贵。正则子不至于越礼犯分，严则子不至于纵欲败度。（清·王心敬《丰川家训·治家》①）

浙江桐乡人张履祥，是明清之际的大儒，著名的教育家、农学家，他亦十分注重后辈的道德修养，要求子孙“耕则良农，读则良士”，他在《训子语》中说：

子弟童稚之年，父母师傅严者，异日多贤；宽者，多至不肖。其严者，岂必事事皆当？宽者，岂必事事皆非？然贤不肖之分恒于此。严则督责笞挞之下，有以柔服其血气，收束其身心，诸凡举动，知所顾忌而不敢肆；宽则姑息放纵，长傲恣情，百端过恶，皆从此生也。观此，则家长执家法以御群众，严君之职不可一日虚矣。（清·张履祥《训子语》②）

他认为，虽然严以训子不见得事事都能处置得当，对子女宽松也不见得事事都有错，但是子女将来是贤能还是不肖，其分别就在家庭教育的宽、严之中。严格要求的在督促责罚下，能够约束他们的言行，让孩

①楼含松．中国历代家训集成 7［M］．杭州：浙江古籍出版社，2017：4097，4099.
②楼含松．中国历代家训集成 6［M］．杭州：浙江古籍出版社，2017：3688.

子知道有所顾忌，故而不敢太过放肆；宽松则往往是迁就、纵容，使得孩子增长傲气、放纵情绪，所有罪恶的端倪便由此滋生。鉴于此，父母家长不可一日放弃严教的职责。

古人同时指出，严教之“严”，不是疾言厉色，而是严格要求；慈爱之“爱”，不在于爱之于面，而在于关心体贴。

清人石成金对“严”与“爱”作了这样的诠释：

> 严之一字，不是只在朝打暮骂，须要事事指引他，但不许他放肆非为。爱之一字，原不在于抚摩喜笑，须要调他的饥寒，节他的辛力，但不许他费精神做无益不正之事。（清·石成金《传家宝》[①]）

可见，严，是指教子原则，凡事要有底线，对子女的过错、无理要求不能妥协、退让；在不迁就的前提下，教育方式还应和缓，劝诫为主，以理服人，做到严而有慈。“父母威严而有慈，则子女畏慎而生孝矣。”（南北朝·颜之推《颜氏家训·教子第二》）只有慈而没有威，父母在子女心目中的威信就降低，说话的分量就不足，教育效果便会大打折扣；只有威而没有慈，子女就感受不到家庭的温馨、体会不到父母的爱意，整日小心翼翼、唯唯诺诺，就容易形成怯懦、孤僻或逆反、倔强的性格。只有严、慈相济，爱、教结合，才能让孩子在一个比较严谨而又宽松的氛围下接受教育，既“日就检束”又“不觉其苦”，取得教育的最好效果。

---

①石成金. 传家宝（第一集）[M]. 喻岳衡，校订. 长沙：岳麓书社，2002：20.

二、训是父母之责

养不教，父之过。宋代家颐撰《教子语》，开篇即云："人生至乐，无如读书；至要，无如教子。"其中"至要，无如教子"，不仅强调了教育子女的重要性，更强调了"教子"是父母家长至关重要的责任。

司马光对只养不训的行为提出批评，他说："慈而不训，失尊之义。"这里的"尊"，即尊长，他认为父母对子女只讲慈爱而不严加训教，便失去作为尊长的大义，或者可以理解为丧失了作为尊长应当教育子女的义务。

唐代无名氏撰写了一卷《武王家教》，全文以武王与太公问答的形式，劝导人们弃恶扬善、修身养德。其中有这样一段对话：

> 武王问太公曰："凡夫皆蒙天地覆载，何为贵贱不等、贫富不同？愿为说之。"
>
> ……太公曰："世人由家有一错、二误、三痴、四失、五逆、六不祥、七奴相、八贱、九愚、十狂。"武王曰："何名为一错？"太公曰："养子不教为一错。"（唐·佚名《武王家教》[①]）

武王问太公，人都是生在天地之间，为何有贵贱之分、贫富之别？太公分析了"家有十恶""家有三耗""家有三衰"等原因。武王继而发问，有的家庭既无"十恶"又无"三耗"也无"三衰"，为何还是贱而不贵、贫而不富呢？于是太公给出了如上答案，其中首要原因就是"养子不教"。

---

①楼含松. 中国历代家训集成 1［M］. 杭州：浙江古籍出版社，2017：119.

在许多家庭，父母认为自己的责任就是负责孩子的吃、穿、住、行，平日能够让子女不饿着、不冻着、病有所医，将他们养育长大，就是尽到了为人父母的责任。而对子女的教育，理解却非常片面，认为教育就是读书，那是先生的事情，父母家长爱莫能助，充其量节衣缩食，积攒些银钱供他们上学，就算尽到为人父母最大的责任了。

在传统家训中，我们看到许多有远见卓识的家庭教育者，都将教育子女作为父母义不容辞的责任，并留下许多训诫之词，以督促自己、告诫子孙。

绩溪鱼川《耿氏祖训》将“教家”列为祖训首位，开篇就说：

> 父之于子，惟当教以道。（绩溪鱼川《耿氏祖训》[①]）

南宋著名诗人杨万里，生逢乱世，在抒写大量爱国忧时诗篇之余，还写了一篇《劝人教子弟说》，他说：

> 尝观富贵之家，子弟多不通世务，及多不肖者，毋徒归咎于子弟，乃父兄不教之过也。（宋·杨万里《劝人教子弟说》[②]）

他很明确地指出，子弟不肖，并非子弟的原因，而是父兄没有尽到教育子弟的责任。

华阳邵氏家规同样明确了父母教育子女的责任，在“教子”一节中说：

---

①卞利．明清徽州族规家法选编［M］．合肥：黄山书社，2014：88.

②袁啸波．民间劝善书［M］．上海：上海古籍出版社，1995：44.

中人之性，得教则习于善，失教则流于恶。为父者当督之，使归仁厚，不可姑息。（华阳《邵氏宗谱·新增祠规·教子》① ）

元人孔齐说：

人家子弟有三不幸：处富贵而不习诗礼，一不幸也；内无严父兄，外无贤师友，二不幸也；早年丧父而无贤母以训之，三不幸也。（元·孔齐《至正直记》② ）

三大不幸，失教于父母占了其二，可见父母教育之责何等重要。

明末清初的张履祥一生潜心于义理，他认为父母与“先生”有所不同，“先生”可以择“英才”而教，父母则没有选择的余地，子女无论智愚贤顽，皆有教训之责。他说：

虽有美质，不教胡成？即使至愚，父母之心安可不尽？……

有子不教，不独在己薄其后嗣，兼使他人之女配非其人，终身受苦。有女失教，不特自贻他日之忧，亦使他人之子娶非其偶，累及家门。《诗》云：“恩斯勤斯，育子之闵斯。”凡为父母，莫不如是，故劬劳也。（清·张履祥《训子语》③ ）

这似乎有点“上纲上线”的意味：父母不尽责没有教育好子女，不单是有愧于自家的子女，而且还要牵连未来的媳妇、女婿，连累到别人

①卞利. 明清徽州族规家法选编［M］. 合肥：黄山书社，2014：165.

②楼含松. 中国历代家训集成 2［M］. 杭州：浙江古籍出版社，2017：1267.

③楼含松. 中国历代家训集成 6［M］. 杭州：浙江古籍出版社，2017：3670，3673.

的家庭，因此，父母必须不辞辛劳，尽好教育子女之责。

在悠悠岁月中，爱子但没有尽到教子责任的父母大有人在。例如，汉代的隆虑公主，也知道为人父母责任重大，她不仅在平时，更在临死之前还在为这个“责任”殚精竭虑，为儿子的未来作出安排。只可惜她所尽的责任不是“训”而是“溺”，最终将儿子送上不归路，为历史留下一则“慈母害子”的反面教材：

隆虑公主是汉景帝刘启与第二任皇后王娡的三女儿，与汉武帝刘彻是同父同母之姐弟。据《汉书·东方朔传》记载，出于政治联姻的需要，隆虑公主下嫁给姑姑馆陶长公主刘嫖的二儿子隆虑侯陈蟜为妻。隆虑公主成亲后很久才生下儿子昭平君，大概是因为得子不易，所以对儿子百般宠爱。加上早年守寡，儿子成了她活着的唯一依靠。即使知道这个儿子十分顽劣，隆虑公主也没有对他进行约束。后来，昭平君娶了汉武帝的女儿夷安公主为妻，在皇帝面前有外甥和女婿的双重身份，致使昭平君更是不知天高地厚，骄横霸道，经常依势欺人，到处惹是生非。隆虑公主虽然时有耳闻，但是因对儿子过分娇惯溺爱，也从来不予理会。直到有一日，隆虑公主病重，自觉要不久于人世，为了能保护自己的孩子，她特地去找汉武帝，愿将自己的万贯家产上交国家，只请求汉武帝能看在自己的面子上，在儿子犯罪时能给他一条生路。她以为有了皇帝的允诺，自己的儿子就算失去荣华富贵，至少也可以平安地度过这一生。隆虑公主去世不久，昭平君在一次醉酒之后，居然将隆虑公主的保姆杀死了。王子犯法与庶民同罪。在姐姐的临终托孤与国家的法律之间，汉武帝思前想后，终究还是做出了尊重法律的决定，处死了昭平君。

杀人偿命，天经地义。但昭平君的结局并不是自己一个人的过错，在他尚在年幼的时候，没有人对他进行约束，没有人告诉他什么事能做，什么事不能做，使他不知不觉地逐步滑向深渊。不知他在临死之前，是否恨他的父母没有尽到教子之责？

对于懵懂少年来说，溺爱如同饮鸩止渴，严管也许苦不堪言，但当其长大成人后，孩提时得到的严教会使他们终身受益，并由此对父母充满敬意；反之，在他们因儿时未得到教导而付出代价时，他们便会由爱转恨，甚至与父母反目。在明人陈继儒著的《读书镜》里，有一则名为“邛山盗”的故事，就是由爱转恨、母子反目的经典事例：

北宋宣和年间，邛山有一个盗贼要被行刑，他的母亲来和他诀别。盗贼对他的母亲说：“我希望像儿时一样再次吸吮母亲的乳汁，死了也没有遗憾了。”母亲答应了，而盗贼却咬断了母亲的乳头，母亲因流血过多而死。施刑的人说：“你为什么这么狠毒？”盗贼对行刑的人说：“我小时候，偷来一棵菜一根柴，我的母亲看见了，不仅不批评我，还很喜欢我的这种不良行为，以至于后来我不能约束自己，才有今天的下场。于是我杀了她。”

依理而言，邛山盗把罪责全部推到母亲身上，并不公允；以情而论，把母亲咬死更说明他本性残忍。然而母亲没有尽到教育的责任，任由儿子在邪途上渐行渐远，不仅害了儿子，也累及自身，最终母子双双都付出了生命的代价，这种血的教训难道不值得世人警醒吗？

三、严是教子之术

宋代慈溪人杨简记录了两百多条其父杨庭显生前的修身教子、齐家治国之方，将之命名为《纪先训》并刊印成册，以此训诫子孙后代。其中写道：

> 人爱儿女太过，其后翻成怨恶者，盖爱极则怨生，乃自然之

势。善养儿女，则以理，不以私意。（宋·杨简《纪先训》[①]）

这段训辞可以说是以上两个事例的最好注脚。邙山盗之母和隆虑公主并非没有教子，可她们皆是以“私意”教子，是从溺爱的角度去教儿子如何“生活”得更好，没有从道德这个层面去约束儿子，最终“爱极则怨生”“翻成怨恶”。

宋代湖州人倪思，晚年写了一部读书札记，以其居处经鉏堂为名，称为《经鉏堂杂志》，书中多有向后辈传授人生感悟和处世之道的内容，因此通常被人们视为家训之作。在这部书中，倪思对于父母严厉管教子女提出了自己的独到见解，他说：

父母笞怒子弟，子弟不以为怨，他人亦不以父母为少恩，知其深爱之也。（宋·倪思《经鉏堂杂志》[②]）

父母管教（发怒或鞭打）子女，子女并不会因此而怨恨父母，别人也不会认为父母对孩子缺少慈爱和恩情，知道是深爱子女才这么做。

故此，“严”以教子，不应该仅停留在意识层面，而应体现在行为方式上。人之父母要懂得“人之性，遇强则避，遇弱则肆。父严而子知所畏，则不敢为非；父宽则子玩易，而恣其所行矣”（宋·袁采《袁氏世范·睦亲》）的道理，“惜儿惜食，痛子痛教”（元·孔齐《至正直记》）。

古代家庭教育者的严教之术，多体现为“三不”原则：

一是不娇养。“天降大任于是人也，必先苦其心志，劳其筋骨，饿

①楼含松．中国历代家训集成［M］．杭州：浙江古籍出版社，2017：781．

②倪思．经鉏堂杂志［M］．长沙：岳麓书社，2005：94．

其体肤，空乏其身”（《孟子·告子下》）。为什么从来富贵多纨绔？就因为他们生活环境优裕，饱食终日，缺少历练，成天声色犬马，以至于逐渐沉沦。因此，“应高年享富贵之人，必须少壮之时尝尽艰难，受尽辛苦，不曾有自少壮享富贵安逸至老者。”（宋·袁采《袁氏世范·处己》）

清代浙江萧山人汪辉祖，主张子女自幼时起，就要做一点力所能及的劳动。他说：

> 爱子弟者动曰：“幼小不宜劳力。”此谬极之论。从古名将相，未有以懦怯成功。筋骨柔脆，则百事不耐。闻之旗人教子，自幼即学习礼仪、骑射。由朝及暮，无片刻闲暇。家门之内，肃若朝纲。故能诸务娴熟，通达事理，可副国家任使。欲望子弟大成，当先令其习劳。（清·汪辉祖《双节堂庸训》[①]）

他指出，“幼小不宜劳力”是非常荒谬的借口，若希望子弟将来有所成就，必须从他幼小的时候开始，让其习练劳作。

元代浦江（今属浙江）人郑涛著《旌义编》（又名《郑氏规范》《郑氏家范》）二卷，制定家规一百六十八条，其中第一百二十一条规定：

> 子孙年未二十五者，除绵[②]衣用绢帛外，余皆衣布，除寒冻用蜡履外，其余遇雨皆以麻履。从事三十里内，并须徒步。（元·郑

---

①楼含松. 中国历代家训集成 9［M］. 杭州：浙江古籍出版社，2017：5653.

②原文如此，似应为“棉”。

涛《旌义编》[1]）

对族中二十五岁以下的子弟的穿衣行路，要求极严，为的是劳其筋骨，强壮他们的体魄。

休宁叶氏的家训更是认为，“习劳”的作用，不仅是强壮体魄的方式，更是锤炼品格的途径。

大凡人勤谨，便生起好念头，懒惰便生起歹念头。如人有一件切己事在身上，他便无功夫去想别事；若闲步闲坐，遇着一两个没正经人，便做出无端事来。就是富贵子弟，也要自家劳苦支撑，方能成立。（休宁《叶氏族谱·卷九》[2]）

让“人有一件切己事在身上”，亲力亲为，不仅是劳其筋骨，也是苦其心志，在强壮体魄的同时，也收到锤炼品德之效。

清代大画家、“扬州八怪”之一的郑板桥，五十二岁才得一子，取名宝儿。因为老来得子，郑板桥对其管教甚严，从不溺爱。在病危之际，他把儿子叫到床前，指名要吃儿子亲手做的馒头。父命难违，儿子只得勉强答应。可他从未做过馒头，无奈请教厨师，费了九牛二虎之力，终于做好馒头，喜滋滋地送到床前，谁知父亲早已断气。儿子跪在床边，哭得像泪人一般，忽然发现茶几上有张信笺，上面写着几行诗句，大意：“淌自己的汗，吃自己的饭，自己的事情自己干，靠天，靠地，靠祖宗，不算是好汉。”郑板桥这样做，用心良苦，正如他在写给弟弟的信中所说：“余五十二岁始得一子，岂有不爱之理！然爱之必以

①楼含松. 中国历代家训集成 2［M］. 杭州：浙江古籍出版社，2017：1182.
②卞利. 明清徽州族规家法选编［M］. 合肥：黄山书社，2014：64-65.

其道。”

郑板桥严以教子给了我们一个深刻的启示：做家长的应该首先教会孩子“动手”，使孩子在实践中学会自立，这是培养孩子优良品格的一个有效方法。

二是不掩过。在《左传·宣公二年》中，有一则历史故事：春秋时期，晋灵公生性残暴，时常借故杀人。一天，厨师送上来的熊掌炖得不透，他当即残忍地把厨师处死，恰好被赵盾、士季两位正直的大臣看见。他们了解情况后，非常气愤，便向灵公进谏。灵公理屈，只好勉强表示：“我知过了，一定要改。”士季听了，很高兴地对他说：“人谁无过？过而能改，善莫大焉。”遗憾的是，晋灵公只是以此话来掩饰自己的错误，过后残暴依旧，终被臣下所杀。

但“人谁无过？过而能改，善莫大焉”这句话，却成为中华民族几千年来对待错误的基本态度：第一，没有不犯错误的人；第二，犯了错误后，能够认识并改正错误，就是最好的事情。

曹魏开国皇帝曹丕说：

> 父母于子，虽肝肠腐烂，为其掩避，不欲使乡党士友闻其罪过。然行之不改，久矣人自知之。（三国·曹丕《诫子》①）

在家庭中，子女犯错是很平常的事情。对于子女所犯错误，是视而不见甚至掩饰纵容，还是晓之以理令其改过，是溺爱与真爱的分水岭、试金石。在本书第二章，梁元帝时的那个学士，“以语言不择”而获罪于人，终被杀害并被“抽肠衅鼓”，其祸根就在于他父亲的溺爱，在他年幼的时候“一行之非，揜藏文饰，翼其自改”。这一掩子过错终致害

①曹操，曹丕，曹植. 三曹集［M］. 宋效永，向焱，点校. 合肥：黄山书社，2018：184.

子性命的事例，被《颜氏家训》《温公家范》等传统家训收录其中，以提醒后代时时警惕。

在传统家训中，记载了很多严以教子、不掩其过的古代家庭教子事例，其中宋代刘清之《戒子通录》里，就收录了“楚子发母”“陶侃母”“许善心母”等多则古代贤母不掩子过、大义教子的事迹。其中“齐田稷母”责子受金，堪称不掩子过的典型范例。要知道，收受贿赂那是大罪，让国君知道了或许还有性命之虞。但田母深明大义，不为儿子掩藏文饰，殊为难得。

三是不遗财。功名利禄，是人立身于世的精神追求和物质需要，也是人实现其人生价值的基本标准。古代家庭教育者普遍认为这些东西要靠自己的努力合法合理地取得，既不能巧取豪夺，也不能靠父祖荫庇。这一类的训诫之词，尤为多见。如：

人皆因禄富，我独以官贫。所遗子孙，在于清白耳。（隋·房彦谦《与子言》[①]）

欧阳生字和伯，千乘人也。……戒其子曰：“我死，官属即送汝财物，慎毋受。汝九卿儒者子孙，以廉洁著，可以自成。”（东汉·班固《汉书》[②]）

吾家本清廉，故常居贫素，至于产业之事，所未尝言，非直不经营而已。薄躬遭逢，遂至今日，尊官厚禄，可谓备之。每念叨窃若斯，岂由才致？仰藉先代风范及以福庆，故臻此耳。古人所谓：

①楼含松．中国历代家训集成1［M］．杭州：浙江古籍出版社，2017：470.
②班固．汉书（下）［M］．长沙：岳麓书社，2008：1336.

"以清白遗子孙，不亦厚乎?"（南北朝·徐勉《诫子书》①）

在司马光的《训子孙文》中，记录了李沆不遗"豪宅"于子孙的轶事：宋真宗时，李沆官居宰相之位。他在汴京（今河南省开封市）城内建造了一所住宅，宅子很小，就连接待宾客的厅堂，其大小仅可让一匹马转个身。他的同僚见了，说这是相府啊，房子也太小了吧！李沆笑着说道："这个房子是要传给子孙的，作为宰相办公的地方确实是小了点儿，但是将来我子孙用作祭祀先人的厅堂已是很宽敞了。"

古人为何大都提倡不遗财产于子孙？我们看看司马光这段话就可以明白古人的良苦用心。他说：

> 今之为后世谋者，不过广营生计以遗之，田畴连阡陌，邸肆跨坊曲，粟麦盈囷仓，金帛充箧笥，慊慊然求之犹未足，施施然自以为子子孙孙累世用之莫能尽也。然不知以义方训其子，以礼法齐其家，自于数十年中，勤身苦体以聚之，而子孙于时岁之间，奢靡游荡以散之，反笑其祖考之愚，不知自娱，又怨其吝啬无恩于我而厉虐之也。始则欺绐攘窃以充其欲，不足则立券举债于人，俟其死而偿之。观其意惟患其考之寿也……然则向之所以利后世者，适足以长子孙之恶而为身祸也。（宋·司马光《家范·卷二·祖》②）

"利后世者，适足以长子孙之恶而为身祸也"，这才是问题的实质，也是溺爱与严爱的区别。

为了证明所言非虚，司马光紧接着举了一个事例：有一位士大夫，

---

①夏家善. 家训要言［M］. 天津：天津古籍出版社，2017：236.

②司马光. 钦定四库全书·家范［M］. 北京：中国书店，2018：35-36.

家甚殷实，然而此人却是典型的守财奴。斗升之粮、尺寸之布，必须亲自量进量出，锁得严密，白天将钥匙挂在身上，夜间则放在枕头底下，从不让旁人经手。一日病重，子孙趁其昏迷不知时，将钥匙取出，打开锁在屋里的箱子，将资财拿走。这人苏醒之后，第一件事就是到枕下去摸钥匙，发现钥匙不见了，知道子孙拿走了资财，愤怒不已，一口气没上来，竟自死去。子孙见他撒手归西，没有一人悲伤啼哭，而是急忙抢夺遗产，以至于殴斗并将官司打到官府。未曾出嫁的女儿也蒙着脸上公堂索要嫁妆，引起乡邻私下耻笑不已。司马光点评道，这都是子孙心中只有利而无义的缘故。

“遗安”是一个不常见的汉语词汇，出自东汉名士庞德公之口。庞德公不为名利所惑，躬耕于襄阳岘山之南，数次拒绝刘表的礼请。又一次被拒后，刘表急了，问庞德公：“先生苦居畎亩而不肯官禄，后世何以遗子孙乎？”的确，为人父祖者，总该给子孙留点什么。庞德公是怎样回答呢？他说：“世人皆遗之以危，今独遗之以安；虽所遗不同，未为无所遗也。”（南北朝·范晔《后汉书》）在庞德公看来，遗子孙以利禄，是“遗危”；予子孙以德，使其淡泊自守则为“遗安”。

宋代学者倪思作《经鉏堂杂志》八卷，内有“子孙计”条目，他说：

> 既有子孙，当为子孙计，人之情也。……然其子孙计则有道矣：种德，一也；家传清白，二也；使之从学而知义，三也；授以资身之术，如才高者命之习举业、取科第，才卑者命之以经营生理，四也；家法整齐，上下和睦，五也；为择良师友，六也；为娶淑妇，七也；常存俭风，八也。如此八者，岂非为子孙计乎？（宋·倪思《经鉏堂杂志·子孙计》[①]）

①倪思. 经鉏堂杂志［M］. 长沙：岳麓书社，2005：104.

慈训曲全，尊亲斯备

慈者，上之所以抚下也。……若夫待之不以慈，而欲责之以孝，则下必不安。下不安则心离，心离则忮，忮则不祥莫大焉。为人父母者，其慈乎！其慈乎！

——（明）徐氏《内则·慈幼章第十八》①

慈与严，在家庭教育实践中不是二选一的对立面，而是互相调剂的统一体。如前所说，“严”不是疾言厉色，更不是非打即骂，而是家庭教育应该遵循的一项基本原则——“严格要求”，即不能因为对子女的慈爱而纵容他们的缺点错误、放弃对他们的教育；在坚持“严格要求”原则的前提下，教育过程应该是从容训导、春风化雨，让子女在父母的浓浓爱意中愉快地接受教育。如果将家庭教育比作一场战争，那么，“严”是战略思想，“慈”是战术实施。

在《温公家范》卷三“父母”篇中，司马光列举了数十个家庭教子例证，以说明家庭父母“爱而不教，使沦于不肖，陷于大恶，入于刑辟，归于乱亡”的严重后果，主张对子女要严教严管，反对溺爱偏爱。但这只是司马光对家庭教育“原则”层面的警示，在家庭教育“实施”层面，他是主张有教有爱、慈严相济的。在其哲学著作《潜虚》一书

①陈模，文皇后．东宫备览［M］．刘子才，今译．长沙：湖南人民出版社，1999：181-182.

中，司马光提出了“慈训曲全”的教子观念，他说：

> 慈而不训，失尊之义；训而不慈，害亲之理。慈训曲全，尊亲斯备。（宋·司马光《潜虚》[①]）

意思是，为人父母如果只讲慈爱而不去教育孩子，便会失去作为尊长的大义；反之，如果只知道教育、训诫而不知慈爱子女，则可能会伤害到骨肉之间的亲情。只有做到“慈训曲全”，即爱与教相结合，才能够兼顾长幼之间的大义和家庭中的亲情。

“慈训曲全”虽由司马光提出，却是古代家庭教育者在综合评估了长幼关系、儿童习性、训教效果等方面的利弊后的经验总结，既反映了传统家训文化的教子理念，也体现了古代家庭教育者的教子智慧，是古代家庭的教子共识。

首先，从治家角度看，坚持“慈训曲全”的家教原则，既能够对子弟进行有效的教育，又能够很好地维系父母子女之间的亲情关系，保持家庭的和睦。

虽然“教子是第一义”，但是对一个家庭来说，“和睦”可能更为重要。家庭不和睦，整天吵吵闹闹、鸡飞狗跳，不仅没有办法教子，而且生活也不得安宁。家庭和睦的关键，在于家长。如果一家之主动辄怒气冲冲、呵斥打骂，家人将畏之如虎狼，避之如蛇蝎，这样的家庭哪有“和睦”可言？因此，要求“为家长者，当以至诚待下，一言不可妄发，一行不可妄为，庶合古人以身教之之意。临事之际，毋察察而明，毋昧昧而昏，更须以量容人，常视一家如一身可也”（元·郑涛《旌义编》）。

---

①司马光. 四部丛刊三编 潜虚［M］. 上海：商务印书馆，1936：21.

明成祖朱棣的妻子徐氏尤善治家，相夫教子颇有心得，将家庭（朱棣未登基之前）治理得有条有理，使丈夫朱棣“无内顾之忧”（《太宗实录·卷十四》）。她说：

> 慈者，上之所以抚下也。上慈而不懈，则下顺而益亲。……若夫待之不以慈，而欲责之以孝，则下必不安。下不安则心离，心离则忮，忮则不祥莫大焉。为人父母者，其慈乎！其慈乎！（明·徐氏《内则·慈幼章第十八》①）

什么是慈？慈就是父母抚慰子女，“上慈”是“下顺”的前提条件。父母对子女慈爱有常，子女就对父母亲近顺从。如果父母待子女不慈不爱，又一味责备他们不孝顺，子女心里就产生不快，久而久之，父母子女之间的感情越来越生疏，子女不顺从父母的情况就会出现。

徐氏之后百余年，她的八世孙嘉靖皇帝朱厚熜的母亲章圣太后蒋氏，亦仿照《内训》撰写《女训》十二章，对慈训教子作了进一步论述。她说：

> 上若不慈，则群下无所仰焉。如乔木疏而鸟不附，渊水涸而鱼难藏，如此而责之以孝，不亦难哉？（明·蒋氏《女训》②）

父母不慈爱子女，子女无法敬仰父母。就好比树木枝叶稀少，鸟儿不会攀附；湖水干涸浅显，鱼儿难以藏身。像这样的情况去教育子女孝

---

①陈模，文皇后．东宫备览［M］．刘子才，今译．长沙：湖南人民出版社，1999：181-182.

②楼含松．中国历代家训集成3［M］．杭州：浙江古籍出版社，2017：1931.

顺，不是很难吗？

孔子教儿，是相当严格的。孔鲤对父亲很敬畏，即使在家也严格按照礼的要求来办，据《论语》记载：

> 尝独立，鲤趋而过庭。曰："学《诗》乎？"对曰："未也"。"不学《诗》，无以言。"鲤退而学《诗》。他日，又独立，鲤趋而过庭。曰："学《礼》乎？"对曰："未也。""不学《礼》，无以立。"鲤退而学礼。（《论语·季氏篇第十六》[①]）

看见父亲独立在庭院中，便小步快走要过去，这既是礼的要求，也是对父亲的敬畏。而从孔子的问话、孔鲤的回答、孔子的提示看出，父子之间既自然亲切，也很严肃。"孔子家儿不识骂"，虽然说的是孔子的儿子不知道骂人，但是根据习于善则善的道理，从侧面反映出孔子教儿虽然严格，但是也没有用打骂的方式进行教育。否则的话，他的儿子怎么连骂人都不知道呢？

在《梁书·张充传》里，有这么一则故事：南齐人张绪常年在外为官，对儿子张充疏于管教，以至于他快三十岁了，仍不务正业，成天以游荡为乐。一次张绪告假回家，恰遇儿子张充出城打猎，"左手臂鹰，右手牵狗"。看见父亲站在船上，张充连忙放下鹰、犬，跪在岸边准备接受父亲的责骂。张绪见此又气又急，但他没有呵斥儿子，而是一语双关地问："一个人同时做两件事，难道不累吗？"张充见父亲没有责骂，反而羞愧不已，连忙对父亲说道："人说三十而立，我今年二十九了，以后儿子一定改过。"张绪听了点点头，勉励他说："过而能改，颜氏子有焉。"（颜氏子，即孔门七十二贤之首颜回，这句话的意思是，知过而

①孔祥瑞，译著. 论语译注［M］. 上海：上海社会科学院出版社，2020：388.

能改，就可以成为像颜回那样有德行的人。）果然，从此以后，张充便修身养性，刻苦攻读，最后的成就与其从叔张稷相当。（《梁书·列传第十五·张充》）

在这个故事中，我们可以看到张绪教子的“慈”“训”两面：儿子张充不学好，张绪没有因为溺爱儿子而放任不管，而是坚持“严格要求”原则对儿子进行教育。“一个人同时做两件事”这句话看似平淡，却有极强的震撼作用。因为这“两件事”并非什么正事、好事，而是不务正业的事；“难道不累吗”表面上是关心儿子，实际上表达了一个父亲的失望情绪，对儿子可以说是振聋发聩，使儿子生出羞耻之心。张绪自始至终没有疾言厉色，避免了父子之间“伤恩”，这较之于鞭扑呵斥，更易为儿子所接受。

清人沈起潜撰《沈氏家训》，对世俗一些不合常理的家教提出了不同的见解，其中关于父子关系的相处问题，他写道：

> 父子当用恩用慈用情。一家欢聚，事事可谈。若严其声色，为子者反格格不能尽言。居家寝处，说错何妨，所贵大端不失。一切谈论，皆可委婉而陈。父母虽老，要子视之如怀中食乳时，子虽大，要父视之如膝前抱坐时，则恩深、慈至而情重矣。（清·沈起潜《沈氏家训》①）

也就是说，父子之间要以慈爱为主，一家人关系融洽，什么事都可以互相交谈；如果父亲严格有余，子女会因畏惧而不敢说心里话。他认为，在家里只要大的方面把握得住，就算说错一两句话也无妨。这样既避免子女骄纵，又能保持父母对子女的亲情，家庭才能亲情融融、和睦

①楼含松. 中国历代家训集成 10［M］. 杭州：浙江古籍出版社，2017：5875.

幸福。

其次，从心理角度看，坚持“慈训曲全”的家教原则，有利于营造谨肃而宽松的氛围，使子女保持良好的心态与情绪，在亲情的抚慰下自我约束与进步。

清初哲学家李塨对“慈训曲全”的教子方法作了一个浅显易懂的注解，他说：

> 教子十过，不如奖子一长。数过不改也，徒伤情；奖长益劝也，且全恩。（清·李塨《颜习斋先生》[①]）

意思是教训孩子十处缺点或过失，不如表扬孩子一处优点或长处。历数孩子的过错而不改，白白地伤害了父母子女间的感情；而表扬孩子的优点不仅让孩子得到鼓励，而且也顾全了长幼间的亲恩。这种多奖“长”、少数“短”的教育方法，是符合儿童心理特点和教育规律的。

“一句好听的赞辞能使我不吃不喝活上三个月。”（美国作家马克·吐温语）这句略带夸张的话体现了“表扬”的魅力之所在。从心理学上讲，称赞和表扬是一种阳性强化，通过奖励目标行为，忽视或淡化异常行为，使被强化的行为巩固起来，并向同一方向继续发展。

实践证明，当人受到鼓励和表扬时，就会充满信心，心情舒畅，并产生积极向上的意愿。反之，当受到批评和训斥时，往往会意志消沉，心情郁闷，并伴有自暴自弃的念头与行为。

在家庭教育中，恰到好处的赞扬与鼓励，能使孩子自尊、自信，积极要求上进；而经常数落、责罚孩子则会导致其产生自卑、逆反心理，甚至不思进取。明末清初诗人冯班说：

---

①王午戌，张秀芬，陈圣安．中华名言大观［M］．北京：改革出版社，1997：120.

师太严，子弟多不令。柔弱者必愚，刚强者怼而为恶，鞭扑叱咄之下，使人不生好念也。（明·冯班《钝吟杂录》[①]）

意思是说，老师如果太厉害了，学生多不能得到正确的教导。懦弱的孩子会被教得愚笨，个性强的孩子会变得暴戾，鞭打叱骂之下，容易使学生产生不好的念头。

故此，古代家庭教育者在坚持“严教”原则的同时，主张对子女实行“爱养”。如清代早期教育家崔学古认为，当子女“正养中养才之候，循循诱掖，自当水到渠成”“若使事呵斥而扑责，不惟无益，且有损也”。他说：“愿为父师者教子弟，只费自己口舌之烦，讲贯之详，督课之勤，兼以自己持身之庄，出话之正，子弟见之，自然知悚，断不在恐吓责扑间也。”（《幼训·爱养》[②]）主张为父为师者不可性急，须缓缓约束，勤加督导，再加上以身作范、以理服人，子女自然敬畏。

在蔡振生主编的《中华传统美德故事》一书中，录有一则“世恩夜待”的故事，是“慈训曲全”教育子弟的典型事例。

陈世恩，是明朝万历年间的进士，他有兄弟三人，长兄是一个学问道德都很好的人，孝顺廉洁，得到乡里的敬重。陈世恩是老二，当时还没有任何成就，但是德行也如兄长一样为众人所称许。但弟弟老三由于与他们相隔的岁数比较大，父母对这个幼子不免有些宠爱，因此长大之后结交了一帮不好的朋友，整日无所事事，到处游荡，经常是一大早就不见了人影，深更半夜才回家。

俗话说：“长兄如父。”大哥看在眼里，急在心头。于是，只要有机

①冯班，何焯．钝吟杂录 论学三说［M］．上海：商务印书馆，1937：9.

②楼含松．中国历代家训集成 7［M］．杭州：浙江古籍出版社，2017：4039.

会，大哥就把三弟叫到身边，训斥他说：“三弟呀！不要再在外面游荡了！要早点回家，免得让家人担心。”

三弟正是年轻气盛的时候，大哥说一两次也就罢了，但次数多了，他不但听不进去，还开始对大哥反感起来。大哥看到三弟不仅不听自己的规劝，并且比以前有过之而无不及，心里十分痛苦、烦闷。

陈世恩见此情景，对大哥说：“这样子，徒然损伤了兄弟间的友爱，是没有益处的。这样吧，您别管了，让我来试试。”

当晚，陈世恩手里拿着院子大门的钥匙，在门前等弟弟回来。直到夜深，弟弟才晃晃悠悠地回到家中。进门时没料到二哥还在等他，有点不知所措。陈世恩没有责备他，只是淡淡说了一句：“赶快进来吧，外面冷。”

第二天一大早，弟弟又溜出去了，仍然是一整天没有回来。陈世恩和前一天一样，晚上仍在院子门口等弟弟，还给他泡了茶，嘱咐他早点歇息。这下弟弟可睡不着了！假如二哥也像大哥那样骂自己几句，自己倒觉得无所谓。但是二哥却半点也没责怪自己的意思，回想起自己在外面花天酒地的情形，觉得脸上有些发烧。

此后连续几天，弟弟在外面开始待不住了，眼前尽是二哥深夜翘首企盼自己归家的情形。他对朋友们提出要先告辞。朋友们嘲笑他说：“急什么？难道怕家里的大棒槌吗？”架不住朋友的挽留，弟弟只好又和他们玩到天黑。赶回家时，二哥又是一脸关切地抚着他的肩头，问他有没有哪里不舒服。弟弟不觉羞惭交加，心头一酸，“哇”地一下哭出声来，跪下去对二哥说：“我错了，请二哥责罚！”

从此以后，弟弟像换了个人一样，再也不和那帮狐朋狗友混在一起，兄弟间的感情也和好如初。

这个故事告诉人们，训而有慈往往胜过鞭扑责骂，亲情感化如春风送暖，终能融化人心里的坚冰。

再次，从儿童的习性看，在教育时临之以慈爱，顺导其意志，使其心情愉悦，鼓励他们发展自己的兴趣，就能够最大限度地激发他们的参与热情，提高教育效果。

儿童的性格活泼开朗、爱说好动、思维活跃、自尊心强，但规则意识较差、自制力不强，且耐性不足，关注的重点容易变化。因此，对孩子不能像对待成人那样，用“规矩”进行约束，只能从其特点出发，顺应儿童性情，鼓舞其学习兴趣，以他们喜闻乐见的方式进行训导，逐步培养他们的道德意识和道德习惯。

在传统家教中，“乐学”思想得到人们的认同与推崇。明代教育家王守仁有一段著名的论述，他说：

> 大抵童子之情，乐嬉游而惮拘检，如草木之始萌芽，舒畅之则条达，摧挠之则衰痿。今教童子必使其趋向鼓舞，中心喜悦，则其进自不能已。（明·王守仁《传习录·训蒙大意示教读刘伯颂等》[①]）

他认为，孩子幼小时的性格活泼好动，喜欢嬉戏玩耍，畏惧拘束，不能管得太死。就像刚萌芽的小树苗和花草一样，如果让它的枝叶舒展，它就生长得快；如果受到压制和阻挠，不仅不能正常成长，还可能枯萎凋谢。同样的道理，教育孩子必须让他们带着高兴的心情学习，这样才能愈学愈欢喜，那么他们的进步就变成了不由自主、自然而然的了。

王守仁还对束缚儿童、训而不慈的教育现象进行了尖锐的批评，他说：对孩子时时检束，甚至鞭挞绳缚，孩子就会“视彼学舍如囹狱而不

---

①王阳明．传习录［M］．张怀承，注释．长沙：岳麓书社，2004：240.

肯入，视师长如寇仇而不欲见，窥避掩覆以遂其嬉游，设诈饰诡以肆其顽鄙，偷薄庸劣，日趋下流。是盖驱之于恶而求其为善也，何可得乎？”（《传习录·训蒙大意示教读刘伯颂等》）意思是，如果太过严厉，孩子就会将教育他的场所视为牢笼而不肯进入，将教育他的师长视为敌人而不愿意相见，并且会靠说谎来掩饰其顽皮，靠逃学来满足其游玩，这样一来，孩子的人格品质日趋下流。以这样的方式来教育子女，是将他们向“恶”的方向推，还自以为是劝他们为“善”，简直是南辕北辙，怎么可能达到目的呢？

所以，对年幼子女进行教育，正确的做法是“顺导其志意，调理其性情，潜消其鄙吝，默化其粗顽，日使之渐于礼义而不苦其难，入于中和而不知其故。”（《传习录·训蒙大意示教读刘伯颂等》）就是顺着他们的性格特点循循善诱，在无形之中慢慢调理他们的性情，潜移默化地让他们改掉一些坏的习性，使他们日复一日地逐渐接受礼义的教化而不觉得是件苦事、难事，在不知不觉中进入我们所希望达到的境界。

清代语言学家、文字学家王筠也认为追求快乐是人之常情，主张学习要营造愉快的氛围。他说：

> 人皆寻乐，谁肯寻苦？读书虽不如嬉戏乐，然书中得有乐趣，亦相从矣。（清·王筠《教童子法》①）

虽说读书不是玩游戏，但如果在有乐趣的环境中学习，被教育者就愿意顺从。故此，他把学生对学习有没有兴趣作为评价师长良庸的标准：

---

①郑世平．四库家藏 蒙学［M］．济南：山东画报出版社，2004：336．

故观其弟子欢欣鼓舞，侈谈学问者，即知是良师也。若疾道颛頞，奄奄如死人者，则笨牛也，其师将无同？（清·王筠《教童子法》[①] ）

在清人慵讷居士所撰《咫闻录》中，记载了一则根据受教育者的性情“顺导其志意，调理其性情，潜消其鄙吝，默化其粗顽”的故事。

某尚书有一子，生来聪颖敏慧，为人豪爽，洒脱不拘。但他并不学好，整日只知嬉游放荡。尚书再三训诲告诫，他就是不改。

一日，有位王举人毛遂自荐，要做尚书儿子的老师。尚书巴不得有人管教这个劣子，自然满口答应。

一开始，王举人对公子并不谈及读书的事。只按照公子的喜好来引导。如喜欢弓箭，就教他射击的技巧；如爱玩乐器，就教他有关五音六律的乐理知识。总之随着公子的想法和兴趣，引证古今各种见闻和知识来开导他。虽然这样做似乎近乎游戏玩耍，但是使公子的知识面不断地开阔。

一天公子忽然说：“古人留下不少书，为什么不拿来读读呢？”王举人说：“你想要读书，必须改变一下习惯才行。”得到公子的同意，王举人就以师长自居，表情严肃，不随意说话，并给了他一本《周易》，让他熟读。后来，公子能够根据书中的内容，窥测到其中深藏的奥秘。不到半年时间，公子学业告成。

王举人先从尊重孩子兴趣、培养共同感情入手，不急不躁、循循善诱，然后因势利导，使其走上正路。可见只要讲究教育方式，即使是顽劣的子弟，也有可能成材。

---

①郑世平．四库家藏 蒙学［M］．济南：山东画报出版社，2004：341.

有偏宠者，　虽欲以厚之，　更所以祸之

> 人之爱子，罕亦能均；自古及今，此弊多矣。贤俊者自可赏爱，顽鲁者亦当矜怜。有偏宠者，虽欲以厚之，更所以祸之。
>
> ——（北齐）颜之推《颜氏家训·教子第二》①

“共叔之死，母实为之；赵王之戮，父实使之。”这是《颜氏家训》中提到的两桩历史事件。

公元前761年，郑国国君郑武公迎娶申国国君之女武姜为妻。武姜先后为武公诞下两子，长子寤生、次子共叔段。因寤生是难产而生，让武姜备受痛苦，因此武姜不喜欢这个大儿子，而偏爱幼子共叔段。公元前744年，郑武公去世，寤生即位，是为郑庄公。武姜请求儿子寤生将大于郑国都城的京城封给共叔段。共叔段在母亲的支持下，私下招兵买马，积极扩充势力，企图推翻兄长自立为王。公元前722年，在母亲姜氏的策应下，共叔段举行叛乱，但为郑庄公所克，最后流亡别国。郑庄公痛恨母亲偏爱，把母亲武姜安置在城颍（古邑名，在今河南省襄城县东北），发誓不到黄泉不相见。

公元前208年，汉王刘邦与定陶歌舞名家戚姬结为夫妇。4年之后，刘邦打败劲敌项羽后，即皇帝位于汜水之阳。戚姬成为刘邦后宫中的戚夫人，是刘邦独一无二的宠妃。戚夫人与刘邦生有一子，名为如意，刘

①颜之推．颜氏家训［M］．檀作文，译注．北京：中华书局，2017：12.

邦将他封为赵王。刘邦对如意喜爱至极，屡在人前说“如意像我”，并数次想废原配吕后与自己所生的儿子刘盈之太子位，改而立如意为太子，因大臣与吕后反对而最终作罢。刘邦死后，太子刘盈即位，但其生性懦弱，其母吕后专政。公元前194年，吕后派人在皇帝刘盈的寝宫里将刘如意毒杀。

颜之推将这两个历史事件写入家训，其目的是告诫后代，“有偏宠者，虽欲以厚之，更所以祸之”。他认为，共叔段与郑庄公本是一母同胞，兄弟之间互相残杀，完全是母亲武姜偏爱导致的恶果，所以说共叔段的死，实际是他母亲武姜造成的；赵王如意年幼无知，既没有篡位的企图，也不是品德不好干了什么坏事，身为皇帝的哥哥刘盈还千方百计地保护他，但他最终还是无辜被杀，实际是他父亲刘邦偏爱种下的恶果，这都是为人父母偏爱所引发的悲剧。

偏爱，是不似溺爱而甚于溺爱的“溺爱”。在《颜氏家训》中，颜之推写下了这样一段关于偏爱的训辞：

> 人之爱子，罕亦能均；自古及今，此弊多矣。贤俊者自可赏爱，顽鲁者亦当矜怜。有偏宠者，虽欲以厚之，更所以祸之。共叔之死，母实为之；赵王之戮，父实使之。刘表之倾宗覆族，袁绍之地裂兵亡，可为灵龟明鉴也。（北齐·颜之推《颜氏家训·教子第二》[①]）

他认为，对待子女少有能够一视同仁的，这似乎是大多数家庭的通病，从古到今，这种偏爱弊端实在太多。但不能不说，偏宠孩子的人，

①颜之推. 颜氏家训［M］. 檀作文，译注. 北京：中华书局，2017：12.

虽然想以自己的爱厚待他，但是以此害了他。

“虽欲厚之，更所以祸之”，并非颜老先生危言耸听。偏爱为祸，大则导致骨肉相残，小则引起家道乖离，这样的家庭悲剧不止发生在宫廷，更多的还出现在民间。因此，古代家庭教育者们对于偏爱的警惕与警示，成了家训中的重要内容、治家中的重要问题。历史上比较知名的家训典籍如《温公家范》《袁氏世范》《善俗要义》《药言》等，都有关于偏爱而引起家庭失和的论述。

在《袁氏世范》睦亲一篇中，袁采分别以“父母不能妄憎爱”“父母爱子贵均”“父母多爱幼子”“祖父母多爱长孙”为题，用很大的篇幅来分析偏爱的“为祸”。他说：

> 人之兄弟不和而至于破家者，或由于父母憎爱之偏，衣服饮食，言语动静，必厚于所爱而薄于所憎。见爱者意气日横，见憎者心不能平。积久之后，遂成深仇。所谓爱之，适所以害之也。（宋·袁采《袁氏世范·睦亲》①）

指出“小未可责”乃“养成其恶”，实为“父母曲爱之过”；及至年齿渐长“爱心渐疏”，视其“小疵”为“大恶”，实为“父母憎恶之过”；而“人之兄弟不和而至于破家者”，正是“由于父母憎爱之偏”所引起的。

元代易州（今属河北）人王结在其家训中主张“隆慈爱”，但要防止“慈爱不均”。他指出：

---

①袁采. 袁氏世范［M］. 上海：上海人民出版社，2017：18-19.

又有父母慈爱不均，好恶偏党，数子之中，私其一二，衣食赀财，妄分彼此，以致昆弟不睦，娣姒不和，则骨肉猜怨，而家道乖离矣。为人父母，切宜戒之。(元·王结《善俗要义》①)

假如父母于数子之中分出好恶，偏爱其中一两个孩子，吃的、穿的、用的都分出彼此，势必会造成兄弟不睦、妯娌不和，他们不仅会对父母心生怨尤，兄弟妯娌相互之间也会猜疑、防范，互有怨气，这样一来，家庭成员个个有抵触情绪，甚至离心离德，整个家庭就没有和睦可言。为人父母不能不以此为戒。

明代举人姚舜牧在其家训中开宗明义，指出：

贤不肖皆吾子，为父母者切不可毫发偏爱。偏爱日久，兄弟间不觉怨愤之积，往往一待亲没而争讼因之。创业思垂永久，全要此处见得明，不贻后来之祸。(明·姚舜牧《药言》②)

他教导后人，子女贤也好、不肖也好，都是自己的孩子，做父母的万万不可有丝毫的偏爱。偏爱时间久了，兄弟之间必定聚积了很多怨愤，父母健在不说，一旦父母去世之后，就会发生争吵甚至打官司。因此家长要明白偏爱的弊端，不给子孙留下遗患。

明代天启举人韩霖著有《铎书》一卷，因书名典出《尚书·胤征》，“铎”乃“教化民众”之义，故此书一直被视为家训之册籍。他在“教训子孙”一节中也写到了“偏爱”的问题：

---

①楼含松. 中国历代家训集成 2［M］. 杭州：浙江古籍出版社，2017：1134.

②楼含松. 中国历代家训集成 5［M］. 杭州：浙江古籍出版社，2017：2758.

盖凡人之情，彼此不异，若有所偏，必滞碍不得相和。或心有所欲，而口难直言，非推心体悉，有抑郁而难久处者矣。海内有簪缨世族，科第蝉联者数家，因兄弟不均，彼此相妒相仇，贻笑士林。其初不过饮食、称谓之间，究至于累世不睦，皆父母不均之所致也。（明·韩霖《铎书·教训子孙》①）

他认为，通常人们的性情没有什么不同，倘若父母在众子女中偏爱其中一个，那么兄弟姐妹间必然生出嫌隙而不能和睦相处。有时心有所想，而口里不能说出来，如果不能推己及人，就会抑郁而难以长久相处。有一官宦世家，族中有几家连续几代科举及第，但因为父母偏爱，引起兄弟之间互相嫉妒仇视，在士大夫心里留下笑柄。其实最初不过是在饮食方面和称呼上有所不同，最后发展到世代不和睦，这都是父母偏爱所造成的后果。

之所以大段引用上面的家训内容，就是想说明，对于家庭偏爱的危害，古代家庭教育者有着足够的警惕，因为它是关系到保持家运长久的一件大事。

但“人非草木，孰能无情”？人是感情动物，无论是谁，都会因情感而产生对事物或喜好或厌恶的心理倾向。不过，由情感所滋生的心理反应固然不能避免，却可以用理智来控制，不要让情感支配自己的言行。

司马光著《温公家范》，在写到父母对待子女要均爱时感叹道：

《传》称鸤鸠之养其子，朝从上下，暮从下上，平均如一。至

①韩霖.《铎书》校注［M］. 孙尚扬，肖清和，等校注. 北京：华夏出版社，2008：110.

于人，或不能然。（宋·司马光《家范·卷三·父》[①]）

《毛传》说，鸤鸠（布谷鸟）养了七只幼鸟，给它们喂食的时候，早晨从上往下喂，傍晚从下往上喂，为的是对七只小鸟公平如一。作为高等动物的人，无论是智慧运用还是情绪控制，都远远强于一只小鸟。小鸟尚能如此，对于人来说，难道还不能做到均爱么？

怎样做到均爱而不偏爱？古代家庭教育者们认为，就是“要须爱之也而思其‘恶’，恶之也而思其美，听之也而思其义理之当否，则三弊革而家道成矣”（绩溪周坑《周氏宗训》）。即对于喜爱的孩子，要想到他的缺点与不足，对他严格管教，以帮他改正错误；对于不喜欢的孩子，则要多想想他的优点与长处，以冲淡甚至慢慢消除心里的厌恶情绪；对他们所说的话，不能以是否喜欢哪个孩子来评判他的话语对与错，而是要看他们的话是否符合道理。只要做到这三点，就不愁家庭不和睦、家道不兴隆。

当然，这是一个总的原则。对于一个家庭来说，产生偏爱的原因并不一样，如偏爱小的而嫌弃大的，偏爱贤的而嫌弃不肖的，偏爱亲生的而嫌弃非亲生的，等等。对待不同原因产生的偏爱，还要有不同的态度。

一是“子幼必待以严，子壮无薄其爱”。古代社会为了家庭香火鼎盛，提倡和鼓励多子多孙，所以一个家庭一般会有几个子女，子女之间可能会有一些差别，有些甚至只是因为年龄的差异，父母也会产生偏爱。在一些家庭中，“同母之子而长者或为父母所憎，幼者或为父母所爱，此理殆不可晓。”（宋·袁采《袁氏世范》）为什么同父同母所生的

---

①司马光. 钦定四库全书·家范［M］. 北京：中国书店，2018：53.

孩子，会出现偏爱年幼子女、憎恶年龄较大子女的现象呢？袁采“细思其由”，分析了其中的道理：因为孩子在一两岁的时候非常可爱，其举动笑语自得人怜，就是旁人见了也是喜欢，何况自己的父母？当孩子到了五六岁的时候，或任性啼哭，或各种乖劣，或摔损器物，或冒失犯险，其举动言语令人烦恼，而且这个年龄的孩子，多处于人生第一个叛逆期，对父母的教诲也许充耳不闻。这样一来，即使亲生父母，也会产生憎恶情绪。而在他们处在这段“可恶”的时期中，他们的弟弟或者妹妹正是最可爱的时候，父母遂将对他们的爱转移到弟弟妹妹身上，对长憎、对幼爱从此而分，并随着时间而延续。而最小的子女就算到了五六岁“可恶”的年龄，下面再也没有“可爱”的弟弟妹妹，这个时候父母的爱没地方转移，于是就一直爱着这最小的子女。故此，“为父母者又须觉悟稍稍回转，不可任意而行，使长者怀怨而幼者纵欲，以致破家可也”（宋·袁采《袁氏世范》）。

那么，为人父母应当如何克服偏爱心理，对子女一碗水端平？

袁采给出破解偏爱心理的办法是，对喜爱的孩子警惕溺爱，对憎恶的孩子警惕苛责，即“子幼必待以严，子壮无薄其爱”。既然子在幼时懵懂可爱，父母就不要担心他们“缺爱”，而要对他们稍微严格一些，注意不能恣其所求、恣其所为；而对于年龄稍长的子女，要理解他们在成长过程中的一些“反常”行为，注意不要淡薄了对他们的慈爱，要让他们在温馨的氛围中克服叛逆期的不良言行，重新做个“好孩子”。

明代浙江海盐人徐学周的教子观几乎与袁采如出一辙，主张“怜儿予棒，憎儿予食”。徐学周曾作“家训”七章，第一章为“父章”，其中教诲后代儿孙：

父道止（至）慈，莫先教子。……教之何时，孩提实卷。……勿谓幼小，禽犊姑息。习惯少成，挽回靡克。怜儿予棒，憎儿予食。差之毫厘，吉凶异域。怒毋苛责，爱毋偏跂。（明·徐学周《槜李徐翼所公家训·父章》①）

他认为，为人父母，教育子女是第一位的责任，而且要从幼小的时候开始教诲。不要因为孩子幼小，就舐犊溺爱，姑息迁就。对喜欢的子女也要责罚，对不喜欢的子女也不能让他们饿着冻着。恼怒哪个子女也不能对他苛责，喜欢哪个子女也不能多给哪怕一个指头的东西。爱憎之间即便是毫厘之差，带来的后果也许是天壤之别。

二是“贤俊者自可赏爱，顽鲁者亦当矜怜”。龙生九子，各不相同。一个家庭的子女中，智愚贤拙很有可能不一样，作为父母，私底下也许会喜欢贤俊聪明的子女而讨厌愚笨顽劣的子女，但这种私底下的心理情感应该慢慢克服，更不能让它支配自己的理智与行为。

聪明、愚鲁、贤良、笨拙都是自己的亲生骨肉，父母要一视同仁、同样对待，“贤俊者自可赏爱，顽鲁者亦当矜怜”（北齐·颜之推《颜氏家训·教子第二》），不能在孩子中间形成谁受宠、谁不受宠的差别思想。如果有亲有疏，他们必然心生积怨，一旦父母离开人世，就有可能反目成仇。因此，父母要虑远思危，不给日后留下隐患。

在明人秦坊辑录的《范家集略》中，节选了两段关于防止偏爱的家训。其一是《孙简肃家规》，说：

生子质敏才俊，可忧勿喜，便思豫加防检，陶习谦厚，禁绝浮

①楼含松. 中国历代家训集成5［M］. 杭州：浙江古籍出版社，2017：2932.

夸傲诞者与之游处，庶可成远大之器。

子弟性资拙钝，莫将举业担误，早令习练公私百务，如农桑本业、商贾末业、书画医卜，皆可食力资身。人有常业，则富不暇为非，贫不至失节……（明·秦坊《范家集略·孙简肃家规》①）

其二是《陆文定家训》，说：

子弟之资禀不同，性行亦异。在贤者无论已，即使不肖，为父兄者当提撕之以教言，表率之以操行。涵育熏陶，以善养之，盖涵育以俟其变化，薰陶以俟其渐磨。……如以其不肖而弃绝之，彼将安于不肖，不思自反，而反以不慈不爱蓄怨于父兄，小则失欢，大则伤恩者有之矣。（明·秦坊《范家集略·陆文定家训》②）

休宁叶氏则主张“平好恶以齐家”：

《大学》之“传”曰：“所谓齐其家在修其身者，人之其所亲爱而辟焉，之其所贱恶而辟焉，之其所畏敬而辟焉，之其所哀矜而辟焉，之其所敖惰而辟焉。故好而知其恶，恶而知其美者，天下鲜矣。”好一辟，未免恃恩狎爱，渐至昵玩而侮；恶一辟，谁肯回心改行？必至扼腕而忿，侮与忿，家何能齐？而要自好恶不平始。故欲齐家者，不可不平好恶。（休宁《叶氏族谱·保世·家规》③）

①楼含松. 中国历代家训集成5［M］. 杭州：浙江古籍出版社，2017：2991.
②楼含松. 中国历代家训集成5［M］. 杭州：浙江古籍出版社，2017：2997.
③卞利. 明清徽州族规家法选编［M］. 合肥：黄山书社，2014：127.

该族谱引用《大学》中关于齐家必先修身的论述来说明“平好恶”的道理：治理自己的家庭在于修养自身的品德，因为人们对于自己亲爱的人往往会偏爱，对于自己厌恶的人往往会偏恶，对于自己敬畏的人往往会偏敬，对于自己同情的人往往会偏护，对于自己轻视的人往往会偏轻。因此，喜欢一个人而知道他的缺点，讨厌一个人而了解他的长处，这样的人天下少有。接着指出，爱一偏，就会使被爱的人仗着父母的慈爱而轻慢养育之恩，渐渐地因过分亲昵发展到对父母有所轻慢甚至侮辱；而恶（憎恶）一偏，被嫌弃的孩子不仅不会改正自己的缺点、错误，而且还会对父母产生怨恨。被所爱的孩子轻慢、被嫌弃的孩子怨恨，这样能够治好家吗？所以要想治好家，不能不“平好恶”。

三是“委曲开导，使母尽母道”。在某些家庭，还有一种特殊的偏爱现象，那就是父母处理亲生子女与非亲生子女的关系时，容易出现偏爱偏憎的现象。

例如，历史典故“芦衣顺母”，就是一个继母虐待继子的典型事例。据《二十四孝》记载，春秋时期，有个孝子叫闵子骞。他的母亲去世得早，父亲娶了继母，又生了两个弟弟。继母对他非常不好，常常虐待他。冬天来了，继母给他们三兄弟做棉衣。两个弟弟的棉衣用的是棉花，而给闵子骞做的棉衣则用的是芦花。用芦花做的棉衣看起来很蓬松，但是不保暖。一次，父亲带子骞外出，让他驾马车。因为天气太冷，冷风飕飕，芦花做的棉衣根本抵挡不了寒冷，所以他就冻得瑟瑟发抖，以至于将鞭子掉在地上。父亲看了以后很生气，衣服已经穿得这么厚了还在发抖，是不是有意诋毁继母？一气之下，就拾起鞭子抽打闵子骞。打着打着，把棉衣打破了，芦花飞了出来，父亲这才明白，原来是后妻虐待自己的孩子，顿时怒不可遏。回到家里，就要把他的后妻休掉。闵子骞替继母求情，被感化的继母从此待他如亲生儿子，一家人和睦美满。

对此，济阳《江氏家训》是这样教育子孙后辈的：

> 事继母难于事生母。以其毛里不属、爱有差等故也。然难事而善事之，无不可化之亲。古来善事继母者，自舜而下，若闵子骞、王祥诸人，皆为可法。（济阳《江氏家训》①）

这是从子女的角度来教导后人如何善待继母的。大意是说，与继母一起生活难于与生母一起生活，因为继母的慈爱不属于继子（“毛里”是指父母之恩的意思），爱有偏差。但难事当作善事做，天下没有感化不了的亲情。历史上就有很多这样的事例，如闵子骞、王祥等人，就是榜样。

但从父母的角度来说，对待亲生子与继子，如何做到均爱而不偏爱，既是拷问为人父母的道德良心，也同时要考验父母治家的智慧。

古人认为，处理好这种特殊的憎爱现象，关键在于丈夫。这并不是因为我国古代长期处于男权社会，家庭的一切都是由男人说了算，而是由于家庭成员关系的特殊性，使丈夫成为家庭“维稳”的依靠。

北齐颜之推说：

> 凡庸之性，后夫多宠前夫之孤，后妻必虐前妻之子；非唯妇人怀嫉妒之情，丈夫有沉惑之僻，亦事势使之然也。前夫之孤，不敢与我子争家，提携鞠养，积习生爱，故宠之；前妻之子，每居己生

①卞利．明清徽州族规家法选编［M］．合肥：黄山书社，2014：51．

之上，宦学婚嫁，莫不为防焉，故虐之。异姓宠则父母被怨，继亲虐则兄弟为仇，家有此者，皆门户之祸也。（北齐·颜之推《颜氏家训·后娶第四》[①]）

他对这种特殊家庭的成员关系进行了仔细的梳理，认为丈夫大多宠爱妻子与其前夫所生的孩子，妻子大多虐待丈夫与其前妻所生的孩子。这不只是因为妇人心怀妒忌，丈夫沉迷女色，也是事态促成这样的。从丈夫的角度看，妻子与其前夫所生的孩子，不敢和他的孩子争夺家业，将他提携抚养，天长日久自然生爱，因而宠爱他；从妻子的角度看，丈夫与其前妻所生的孩子，常常居于自己所生孩子之上，无论学业做官、婚姻嫁娶，没有无须防范的，因而虐待他。颜之推继而指出，异姓之子受宠则父母遭怨恨，后母虐待前妻之子则兄弟成仇敌，家庭里发生这类事情，都是家里的祸患。

因此，对待继母之偏，作为丈夫，首先要正视家庭情况，承认感情上的差别，不是亲生的，怎能希望她心甘情愿地施予与己子同样的恩爱？这也是人之常情。其次自己要公平对待前、后妻所生子女，为妻子做出榜样。明代嘉靖会元陆树声说：无论是哪个妻子所生子女，“若父视之，皆我生也，皆我子也，何所别乎？以处境怜之，则哀儿孽子，父当自检点其衣食，庶不冻馁，否则必不能如式”（明·陆树声《云间陆文定先生家训》）。再次是丈夫要常常对妻子加以劝谕，晓之以理、动之以情、辅之以“规”，以全妻子均爱之心。

如果发现后妻有虐待前妻子女的现象，做丈夫的就要委婉地开导，使她尽到做母亲的责任，尽心抚育好孩子。有趣的是，在清人陈宏谋辑

①颜之推．颜氏家训［M］．檀作文，译注．北京：中华书局，2017：23.

的《训俗遗规》中收录有唐翼修的《人生必读书》，唐翼修手把手教导子孙后代如何劝谕开导后妻。他写道：

> 又必早训其妇曰：己所亲生，尚多不孝，况非己出者乎？己之所生，虽忤逆，犹加慈爱。非己子，一言稍失，便加弃绝，亦非人情。况子，我之子也，爱我子，即是爱我。不爱我子，即是弃我矣。如是开诚训诲，庶可令子母和好。不然，未有不相疾相残者也。（清·唐翼修《人生必读书》[①]）

如“不幸而中年弦绝”又娶继室的，除“早教其子”外，还要提前开导后妻，只要把这其中的道理与她说明白了，就能使后妻与继子和好。不然的话，没有不相互憎恶的。

①陈宏谋. 五种遗规［M］. 北京：线装书局，2015：287.

第五章　典型示范，夫不待教而善

我国著名教育家叶圣陶曾经说："我们在学校里受教育，目的在养成习惯、增强能力。我们离开了学校，仍然要从多方面受教育，并且要自我教育，其目的还是在养成习惯，增强能力。"① 叶圣陶先生这段话，可以理解为"教育的本质是培养习惯"，即按照所接受的教育知识培养人的思维习惯与行为习惯。思想道德教育尤其如此。对教育对象进行道德教育，目的就是培养他们根据道德准则来锤炼品德和规范行为的习惯。

"少成若天性，习惯成自然。"孔子认为，小时候养成的习惯就像人的天性一样自然、坚固，甚至就变成天性了，以至于以后的许多言行，都受小时候的习惯所支配，因此家庭教育是人生最为重要的课堂。而家庭教育所面对的对象有两个特点：一是由于年龄小，无论是阅历还是知识都相对少一些，进行大道理的说教，他们未必能够听得懂，即使他们能够耐心听从教诲，强行记忆，也因不知其义而难以形成完整的概念，不能内化于心，更遑论外化于行。二是人在幼年时期，对外界都有一种新鲜感，通常在不知不觉中模仿一些事物与行为，甚至连自己都没有察觉。父母是孩子最亲近、相处时间最久的人，所以父母又是孩子最容易模仿的对象。

鉴于家庭教育对象这两个显著的特点，古代家庭教育者们认为，家庭教育要将言传与身教相结合，而且身教重于言传，以自身的形象和典型事例去影响孩子的认知与行为，以最有效的方式培养他们的道德意识与道德行为习惯。

明代天启举人韩霖对于言传与身教有一段生动形象的描述，他说：

---

①朱永新．叶圣陶教育名篇选［M］．北京：人民教育出版社，2014：153.

言身二者，父与师之教法也。夫童稚之心，如［未］书素简；亲师之舌，如笔墨写书，必入之深而后存之久。陶器初染之气，终于不去；童幼初闻之语，毕世难忘。父师立训，所以必须正言也。然身教尤急焉。盖言教如雷，震响非不惊人，未几遂归乌有；身教如铳，大力兼能发弹，所遭之物未有不为之毁偃者。凡人目击较耳闻，动心尤切，目所视通乎心者速，耳所闻达乎心者迟也。请观百工之事，学者虽闻细论，非见已成之器，艺无由成矣。初学绘者，摹古画；初学书者，临古帖；教子者，何独不然？（明·韩霖《铎书》① ）

意思是，言传和身教这两种方式，是父母与老师应该采用的教育方法。因为年幼的孩子，其思想如同一张没有书写的白纸，父母与老师的语言则如同笔墨写书，给孩子的印象深刻而且久久留存。就像制作陶器时画的图案，始终不能抹去；小孩最初听到的语言，也是终生难忘的。所以父母与老师对孩子说话一定要合于正道。但比较而言，身教比言教更为重要。为什么这样说？言教好比天上打雷，当时声响震动很是惊人，但过不了多久会慢慢消失；而身教如同放铳，不仅响声很大而且还能发射子弹，被打中的物体没有不被子弹毁损的。通常来说，人们亲眼所见较之亲耳所闻，对思想的触动更为明显，因为目之所及直接与心灵相通，而耳之所闻要达到与心灵相通则要慢很多。请看各类工匠的工作，学习的人虽然听师傅详细讲解了怎么做，但是不见得能够做出成品，没有哪种手艺可以只听不看就能学会的。比如，初学绘画的人，一定要先摹画；初学书法的人，一定要先临帖。教育子女，何尝不是一样的道理？

---

①韩霖.《铎书》校注［M］. 孙尚扬，肖清和，等校注. 北京：华夏出版社，2008：103-104.

可见，父母平常的言行，无形中是子女模仿、学习的样板，是言传之外的无言之教。清代浙江仁和人沈起潜撰写了一部规模庞大的家训——《沈氏家训》，洋洋洒洒近十万字（超过“家训之祖”《颜氏家训》两倍有余）。该家训以“门”为类，共分三十一门。每一门类论述细致周密，既提出相应的道德规范，又论其制定的必要性，并且还就践行该道德规范可能出现的问题提出相应的对策，具有极强的指导性与操作性。在“父子门”中，沈起潜强调说：

> 教子义方，必先作标榜，方可步趋。正己正人之道，当从父子间做起。（清·沈起潜《沈氏家训·父子门》① ）

他认为，教育子女修身、齐家、处世的道理，作为教育者本身要先做榜样，子女才能跟着学习。

《颜氏家训》的作者颜之推，更是将家长以身作范作为治家的前提条件。《颜氏家训》“治家篇”的开题语是：

> 夫风化者，自上而行于下者也，自先而施于后者也。是以父不慈则子不孝，兄不友则弟不恭，夫不义则妇不顺矣。（北齐·颜之推《颜氏家训·治家篇》② ）

意思是说，教育感化这件事，是从上向下推行的，是从先向后施行影响的。（家庭教育更是如此）所以父亲不抚爱儿子，对儿子不慈祥，儿子就不会孝顺父亲；兄长不友爱弟弟，弟弟对兄长就不会恭敬；丈夫

---

①楼含松．中国历代家训集成 10［M］．杭州：浙江古籍出版社，2017：5873.

②颜之推．颜氏家训［M］．檀作文，译注．北京：中华书局，2017：27.

对妻子不宽仁、不重情义，妻子对待丈夫也不会和气温顺。用现代的话说，就是“良师出高徒”“上梁不正下梁歪”，欲正人，先正己。否则，作为教育者，说出去的道理就会遭到质疑、说话的分量就会大打折扣。

在《汉书》中，记述了一则典故，名曰“陈万年教子”：汉宣帝时，朝中有一位御史大夫名叫陈万年，此人做事虽然勤勉，但是疏于谋略。他在朝中为官多年，常常因为不能准确分析判断形势而出现疏误，给朝廷的进谏也由于过于肤浅而往往不被汉宣帝采纳。但他生性热心仕宦，善于巴结逢迎上司和有权有势的人，加之不惜重金送礼，官位很稳固。有一次因病在家，睡在床上无所事事，想到自己为官的经历，觉得应该将这些经验传授给儿子。于是，他把儿子陈咸叫来跪在床边，对他进行“诲教”。陈咸内心对父亲的“教导”本不认同，但子不言父之过，无奈只好强打精神装作认真听的样子。陈万年越说越兴奋，一直说到深夜。陈咸疲倦至极，跪在地上打着瞌睡，不小心把头撞到了屏风上。陈万年不禁大怒，要责打他，并说：“我作为父亲在这里苦口婆心地教诫你，你反而充耳不闻打瞌睡，这是什么道理？”陈咸慌忙叩头认错，说：“您老人家所要说的话我都明白了，主要的意思是教我奉承拍马啊。”陈万年听后就不再说了。可见，自身不正，就难以教育别人。

除强调父母家长要以自身的言行为子女树立榜样之外，古代家庭教育者们还通过清明与忌日的祭祀活动、每月朔望日到宗祠或在家中拜祭祖先，以及在族谱、族规、家训等册籍中记述父祖的事迹等形式，缅怀先人的“丰功伟业”和道德情操，以达到德化的教育效果；通过记述先哲贤人的道德事迹、传说故事、格言警语，以及各种不同类型的反面事例来教诲、警示子孙，使他们产生“见贤思齐，见不贤而内自省也”的道德情感，从而自觉地将自己的行为与榜样相对照，变成趋善避恶、择善而从的道德行为。

教子须是以身率先

教子须是以身率先。每见人家子弟，父兄未尝着意督率，而规模动定，性情好尚，辄酷肖其父，皆身教为之也。

——（清）陆世仪《思辨录》①

孔子与他的学生子路在讨论如何治理国家时，说了一句名言："其身正，不令而行；其身不正，虽令不从。"（《论语·子路》）意思是说从政者应当以身作则，方能令行禁止；否则，虽有法令，却不能推行。这句话之所以成为名言，在于它不独对从政者有警示作用，对其他"领导者"都具有普遍性的启迪意义。在一个家庭，父母是一家之主，就是家庭的"领导者"，父母平日的一言一行，均是对子女的无言之教，所以最好、最有效的教育，就是父母成为孩子的榜样。

榜样，字面意思是样子或者模样。在汉语中，对于一般事物外表的描述并不适用"榜样"二字，只有"作为仿效的人或事例"② 时，才被称为"榜样"。同时，在对"榜样"一词的运用上，"作为仿效的人或事例""多指好的"③，也就是说，在一般概念里，"榜样"就是指好榜样。

父母家长是孩子人生的第一任老师。无论是有心还是无意，父母的

①陈宏谋. 五种遗规［M］. 北京：线装书局，2015：228.

②中国社会科学院语言研究所词典编辑室. 现代汉语词典［M］. 6版. 北京：商务印书馆，2012：40.

③中国社会科学院语言研究所词典编辑室. 现代汉语词典［M］. 6版. 北京：商务印书馆，2012：40.

一言一行都是对孩子的无言之教。父母要成为孩子学习的“榜样”而非模仿的“样子”，必须注重自身的知识素养、道德修为和行为规范。

一、以其昭昭使人昭昭

孟子在批评某些人自己糊里糊涂却还想着教训别人时说：“贤者以其昭昭，使人昭昭。今以其昏昏，使人昭昭。”《孟子·尽心下》意思是有才有德的人先使自己明白，然后再去使别人明白；某些人则是自己都没有搞清楚，却想要让别人明白。这句话用在教育者身上尤为贴切。“学高为师”，作为一名合格的教育者，要具备扎实的专业知识，才能为学生传道解惑。家庭教育者的任务是对子女“教之以义方”，其“专业知识”就是对道德规范的把握和理解，这是父母成为孩子榜样的前提条件。如果父母自身的道德观念比较模糊，又怎能对子女进行良好的道德教育？故此，父母首先要在道德素养、修身养性等各个方面全面充实自己，努力完善自己，才能以丰富的道德知识和对道德的理解对子女进行积极正确的引导。

从言传的角度看，父母要对子女进行道德教育，首先要求自己的道德认知、道德素养要比子女“高”，否则“自上而行于下者”的教育就无法进行。例如孔子，对颜渊、子张、司马牛、樊迟等弟子的问仁，他的讲解不是千篇一律的。例如颜渊问仁，子曰“克己复礼为仁”；樊迟问仁，子曰“爱人”；子张问仁，子曰“能行五者于天下，为仁矣”；司马牛问仁，子曰“仁者，其言也讱”；原宪问仁，子曰“可以为难矣，仁则吾不知也”……《论语》中一共记载了十三则弟子问仁，无论是直接性的还是非直接性的问仁，孔子都是针对弟子的特点对“仁”的内涵作出了不同的解释，这不仅体现了孔子因材施教的教育思想，也充分说明了孔子对“仁”的内涵有深刻的理解，也是“学高”的体现。如果作为授业、传道的老师，本身对“仁”理解得不透，又何以教育学生？所以，教育者要具有渊博的学问，“要给学生一碗水，自己得有一桶水”。相反，如果自己都没搞清楚，却想去使别人明白，这就是“以其昏昏，使人昭昭”了。

清代双流（今四川成都）人刘沅撰家训，“检得寻常劝诫语数则，觉浅近明白，无论何人，俱可领会”，名之曰《寻常语》，在“谕教”篇中说到父母、师长的教育“资格”问题时，他说：

> 世人错解严父、严师，谓教子弟以严，其误天下不少。严非宽严之严，父母师长正身作则，曰严正、端严、威严，在子弟则严惮之。若不修其身，不善其教，所谓身不行道，不行于妻子；使人不以道，不能行于妻子也，徒严何益？（清·刘沅《寻常语》[①]）

他一反世人的认知，认为“严父”“严师”之“严”，并不是宽严的“严”，也不是对子弟“严”教的“严”，而是对自己要严，即严正、端严、威严，子弟因师长威严而产生敬畏。若是师长自己不具备道德素养，不懂得如何去教育子弟，那便是“以其昏昏，使人昭昭”了。他还引用孟子的话说，如果自己没有“道”，那么在妻子儿女身上也实行不了；不按“道”去使唤人，那就连妻子儿女也使唤不了，那么，这种严又有什么用处！他总结说：

> 从古至今，未有父母不明，而能令其子亲贤取友者。上如颜

①楼含松. 中国历代家训集成 10［M］. 杭州：浙江古籍出版社，2017：5848.

曾，下如程朱，其父皆知道之士，可以例推矣。（清·刘沅《寻常语》[①]）

认为从古至今，还没有哪个父母本身不明“道”，而能够教育出有道德素养的子女。前有颜回、曾参，后有程颢、程颐、朱熹，他们的父亲都是道德之士，这个道理是可以例推的。

父母不明“道”，就不能教育出明“道”的子女；父母明“道”，教育出来的子女一定有“道”之人，这样的结论过于偏颇。但从社会整体来说，出现这样的情形应该是有较大概率的。在刘沅列举的几位古人中，他们的父亲都是道德之士：颜回的父亲颜路、曾参的父亲曾点，均是孔门七十二贤之一；二程之父“大中公”程珦，为人仁慈、宽恕，亦是大德君子；朱熹出身于儒学世家，他的父亲朱松，是北宋末较为知名的理学家。颜曾程朱后来取得的成就，除了他们自身的修养与努力之外，也得益于从父辈身上学到的品质与知识。

从身教的角度看，父母与子女的关系是人际关系中最亲近、密切的关系，特别是在幼儿、少儿时期，父母子女之间的交往几乎是子女的唯一人际关系。父母和子女长期生活在一起，其言行举止对子女起着直接的熏染和影响作用。父母的言行，是子女信赖、愿意遵从的行为标准，而且幼儿也多从模仿父母的言行逐渐形成自己的道德观念。如果父母“身正”，子女就会受到很好的熏陶；如果父母自身不正，就会给子女以不好的示范。袁采老先生说：

勉人为善，谏人为恶，固是美事。先须自省：若我之平昔自不

①楼含松. 中国历代家训集成 10 [M]. 杭州：浙江古籍出版社，2017：5848.

能为人，岂惟人不见听，亦反为人所薄。且如己之立朝可称，乃可诲人以立朝之方；己之临政有效，乃可诲人以临政之术；己之才学为人所尊，乃可诲人以进修之要；己之性行为人所重，乃可诲人以操履之详；己能身致富厚，乃可诲人以治家之法；己能处父母之侧而谐和无间，乃可诲人以至孝之行。苟惟不然，岂不反为所笑？（宋·袁采《袁氏世范·处己》[①]）

勉人为善，谏人为恶当然是好事，但你在劝人、谏人之前，先要反思一下自己在这些方面做得如何？如果本身做得不好，不仅别人不听，而且还会被人反唇相讥。袁采这段话，固然说的是人际交往法则，但用于教育者对受教育者的示范作用，亦是同样的道理。

人家父母便是师傅，平日，家庭间子孙在眼前，父母说一句话，行一件事，早早晚晚儿孙听着、看着，一一都照个影子在心田里。所以古人说："言行要留好样与儿孙。"可见教训子孙的，毕竟又要先自学好，这个都是教你们儿子的说话。（休宁《叶氏族谱·保世》[②]）

叶氏之所以要将这段话载入族谱，就是希望一代接一代的家长们明白，作为父母，对子女影响最大的不是说教，而是自身的行为，父母的一言一行，都会"照个影子"留在子女的心里，成为他们说话、做事的榜样。

---

①袁采. 袁氏世范［M］. 上海：上海人民出版社，2017：71-72.

②卞利. 明清徽州族规家法选编［M］. 合肥：黄山书社，2014：64.

二、教子以身不以言

明末清初著名的理学家陆世仪“专力于格致诚正，而推暨乎修齐治平”，他有一本著作《思辨录》，其中天德王道，无所不贯。顾炎武读后大为折服，说“知当吾世而有真儒”。在这本令顾炎武赞叹的《思辨录》中，陆世仪既似告诫自己，又似提醒世人，说：

> 教子须是以身率先。每见人家子弟，父兄未尝着意督率，而规模动定，性情好尚，辄酷肖其父，皆身教为之也。念及此，岂可不知自省？（清·陆世仪《思辨录》[①]）

他注意到“人家子弟”，虽未见父亲刻意地去教育，而他的一举一动、举手投足甚至性情喜好等，都酷似父亲，其原因就是父亲平日言行对子女的无言之教。因此“教子须是以身率先”，为人父母的不能不自我反省。

魏晋南北朝时期的“笔记小说”《世说新语》中，收录了一则“谢安教子”的典故。

“谢公夫人教儿，问太傅：‘那得初不见君教儿？’答曰：‘我常自教儿。’”谢安，字安石，东晋著名政治家，曾任吏部尚书、中护军等职，去世后被追赠“太傅”。一次，谢安的夫人刘氏问谢安：“怎么从来没见到你教育孩子？”谢安回答道：“我总是用我的行为来教育孩子啊。”谢安多才多艺，善行书，通音乐，口才更是一流，更主要的是性格温文尔

---

①陈宏谋. 五种遗规［M］. 北京：线装书局，2015：228.

雅，宽容有度，而且教育方法也很特别，对孩子教育时从不讲大道理，而是根据孩子的特点，委婉地进行诱导。例如，他经常邀请一些名士来家里作客，像王羲之、孙绰、李充等人，他有意让孩子们参与其中，一方面听取名士的教导，另一方面表达自己的认识和看法，通过这种方法开阔孩子们的视野和见识。有一次，见侄子谢玄喜欢佩戴紫罗香囊，谢安担心他会玩物丧志，但为了不伤害孩子幼小的心灵，他没有用大道理教训侄儿，而是提出与谢玄玩游戏，将紫罗香囊作为博戏的筹码，设法把香囊赢到手里，然后偷偷地把紫罗香囊烧掉。谢玄明白了叔父的一番苦心，从此再也不去佩戴这一类物什。谢安的一生只钟情于自己的妻子刘氏，这在当时的封建社会，出身于名门望族的谢安能够如此"清心寡欲"，实在难得。

在古代，"家训"的撰写者大都为家庭中德高望重的前辈、长者，他们饱受儒家传统伦理的熏陶，深知"正身率下"的道理，因而总是把家长、前辈的以身作则、率先垂范放在突出地位。这种教育观念在许多家训中都有明确的训诫，如清嘉庆进士、山东滨州人杜堮诲谕子孙：

> 教子以身不以言，非不以言也，所言皆其所行耳。其言如是，其身不如是，子固从其身不从其言也。彼自其有生而即习见矣，心会之，性通之，闻一朝之言而大反之，虽贲、育之勇不能也。（清·杜堮《杜氏述训》① ）

杜堮说："教育子女用身教不用言教，并不是说不能用言教，而是

①楼含松. 中国历代家训集成 10［M］. 杭州：浙江古籍出版社，2017：5833.

你所说的都是你已经做到的罢了。如果你说的是这样，做的却不是这样，子女必然依照你做的而不听从你说的。因为他们自出生起就看着你的行为成长，对你的行为已经心领神会，融于性情，如果一时听到和你平时截然相反的言论，就一下子完全改变以往的做法，就是孟贲、夏育那样的勇士也不能做得到。”

宋乾道进士、归安（今浙江湖州）人倪思在论及父子关系时，亦明确指出父兄的表率作用：

> 子弟效法，必视父兄，盖有父兄节俭而子弟淫侈，父兄谦勤而子弟傲慢者矣。今父兄日为傲慢，而责子弟以谦勤，无是理也。虽痛责之彼，将曰：“夫子教我以正，夫子未出于正也。”其肯率服乎？故为父兄者，不可不先自修饬。（宋·倪思《经鉏堂杂志·父兄》[1]）

他认为子弟的言行都是照着父兄的样子做的，父兄为人傲慢反而教育子弟要谦勤，没有这个道理。如果教训他，他必会说：“您教育我这样做，您自己也没有这样做啊。”这怎么能令他服从呢？所以为父兄的，自己先要做到行为端正、不违礼义。

在《庭训格言》中，有这样一段训辞：

> 训曰：如朕为人上者，欲法令之行，惟身先之，而人自从。即如吃烟一节，虽不甚关系，然火烛之起多由于此，故朕时时禁止。然朕非不会吃烟，幼时在养母家颇善于吃烟。今禁人而己用之，将

---

①倪思．经鉏堂杂志［M］．长沙：岳麓书社，2005：102-103.

何以服人？因而永不用也。（清·康熙《庭训格言》[①]）

康熙帝现身说法，可以用来告诫子孙将来为人父母时须先正己然后才能正人。他说："我身为皇帝，要推行一项法令，必须自己先遵守才能令别人服从。比如吸烟，虽然不是什么大事，但是火灾发生很多都是吸烟引起的，因此我常常禁止吸烟。这并不是我不会吸烟，小时候在养母家里，我是很会吸烟的。现在让别人禁烟而自己吸烟，怎么服人？所以我从此不再吸烟了。"

在《晋书·卷九十·列传第六十·胡威》里，记有西晋初期胡质、胡威父子清廉为官的事迹。说的是胡威从小就很有志气，崇尚和追求操行清白。他父亲胡质任荆州刺史时，胡威从京城去探望。因为家境清贫，没有车马可乘，没有童仆随行，胡威就骑着驴独自一人前往。途中，每到一处旅店，胡威亲自放驴，劈柴烧饭，吃完饭又骑着驴上路。直到拜见父亲，十多天后又告别父亲回家。临走时，胡质送给儿子一匹绢，让他作为路上的盘缠。胡威说："大人是个清廉的人，不知道从哪儿得到这匹绢的？"胡质说："这是我从俸禄里省下的，所以给你路上用。"胡威这才接过绢，告辞父亲便启程了。胡质部下有位都督，在胡威将回家时，暗中带着衣食物品在百余里外的地方等着胡威，胡威与他素不相识，但见他没有恶意，遂答应与他结伴同行。一路上，那都督事事都帮助胡威筹划，有时请他吃喝还不要钱。胡威对他产生了怀疑，就设法引他道出原委，这才知道他是父亲的属下。于是胡威拿出原先父亲给自己的绢，送给都督作为答谢，把他打发走了。事后胡威把这

①康熙．庭训格言·几暇格物编［M］．陈生玺，贾乃谦，注释．杭州：浙江古籍出版社，2013：28.

件事全都告诉了胡质，胡质责罚都督一百大板，还解除了他的官职。他们父子俩廉洁谨慎到这种程度，赢得了很大的名声。后来晋武帝召见胡威，赞叹他的父亲为官廉洁。随后问他说："你与你父亲谁更廉洁？"胡威说："我不如父亲。"晋武帝愕然，问道："为什么不如？"胡威答道："我父亲清廉，怕让人知道；我也清廉，怕人不知道。这说明我远不如父亲。"

"教者，效也，上为之，下效之。"（汉·班固《白虎通·三教》）胡威之所以能够居官清廉谨慎，同他父亲一样"名誉著闻"，大多是受到胡质潜移默化的影响。故事中，我们看不到胡质如何训诫儿子，但从胡威父子的对话、胡威与晋武帝的对话以及胡质对都督的严肃处置等事件，可以清晰地看到胡威父子高尚廉洁的形象。父亲的严于律己，而且身体力行，远比以长者自居、一味地板着面孔训诫儿子更有威信、更具有榜样力量，从而也更能达到"不教而教"的效果。

三、齐家必先于修身

在古代提倡聚族而居的大家庭里，扮演家长的角色不单是父母，还可能是兄嫂、伯婶、祖父母。在一个家庭里，家长总理治家事务，除负有家庭教育之责任外，大到兴家立业、小到一日三餐，全家人的衣食住行，事无巨细，无不依靠家长筹划安排。故此，传统家训中大都有"治家"的训诫，如《颜氏家训》《温公家范》《袁氏世范》《袁氏家训》《丰川家训》等，都有专门的"治家"篇。一些篇幅较小的家训中，虽没有独立成篇，但也有关于如何"治家"的训诫，如：

家长总主一家之事，家佐以辅家长不及。务要至诚待下，言不

妄发，行不妄动，谨守礼法，以教其下，应古人以身教之意。（古黟环山《余氏宗谱·家规》①）

家长总治一家之务，必须谨守礼法，为家人榜样。不可过刚，不可过柔，但须平恕容忍，视一家如一身。（歙县潭渡孝里《黄氏家训》②）

虽然不同家族的治家观念、治家重点不尽相同，但是对于家长率先垂范的要求却完全一致，这是家庭治理得好不好、家庭和不和睦的重要因素，试举几例。

明嘉靖进士、乌程（今浙江吴兴）人张永明在其家训中说：

古人治家之道，以身教为先。为家长者，必躬行仁义，谨守礼法，先立标准，下观而化，无一不归于正矣。尧之九族敦睦，亦自克明峻德始，此正家之根本也。（明·张永明《张庄僖家训·端家范》③）

身教是治家的第一要求。身为家长，对"仁义"等道德要求要身体力行，对"礼法"要敬慎守持，对家人先立下规矩，然后敦促他们遵行。尧之所以能够使家族亲密和睦，是从他自身能够明白和发扬大德开始的，这是治家的根本。

清代扬州医家史搢臣认为：

①卞利. 明清徽州族规家法选编［M］. 合肥：黄山书社，2014：185.
②卞利. 明清徽州族规家法选编［M］. 合肥：黄山书社，2014：18.
③楼含松. 中国历代家训集成 4［M］. 杭州：浙江古籍出版社，2017：2176.

主人为一家观瞻，我能勤，众何敢惰。我能俭，众何敢奢。我能公，众何敢私。我能诚，众何敢伪。此四者，不独仆婢见之，上行下效，且为子侄之模范。（清·史播臣《愿体集》①）

这里的“主人”，就是总理一家事务的家长。家长能先做到勤、俭、公、诚，其他家人就不敢惰、奢、私、伪。这个说法虽然稍嫌绝对，但是也突出体现了家长以身垂范的重要性。

明末休宁县叶氏订家规十二条，第一条就是要求家长谨言慎行，正身率下。

首谨言行以法家。《易》曰：“风自火出，家人，君子以言有物而行有恒。”又曰：“言出乎身，加乎民；行发乎迩，见乎远。言行，君子之枢机，枢机之发，荣辱之主也。言行，君子之所以动天地也。可不慎乎？”鲁论曰：“言忠信，行笃敬，虽蛮貊之邦行矣。”言行而至于孚蛮貊、召荣辱、动天地，岂有家人而不化且法者哉？故欲法家者，不可不先谨言行。（休宁《叶氏族谱·保世·家规》②）

清代嘉庆年间祁门中井《冯氏宗谱》所立的十二条“家规”中的第一条，也是训诫一家之长必须先正己而后正家。

为家长，必正己以正家，故须谨守礼法，以御群子弟。凡非礼

---

①陈宏谋. 五种遗规［M］. 北京：线装书局，2015：270.

②卞利. 明清徽州族规家法选编［M］. 合肥：黄山书社，2014：127.

法之事，一毫不得杂于其心，则己正而家正，子弟必有从化者，而家世之传可期以不替也。非特家长，凡有子而为父，有弟而为兄，有妇而为夫，皆当正己以正人。不然，其身不正，如正人何？（祁门中井《冯氏宗谱·家规》① ）

家长要齐家，首先要身正；身欲正，则须先修身，加强自身的道德涵养。“齐家必先于修身，……如人之欲齐其家者，不当责诸家之人，而当反求于吾之身，必也无一言之不直，无一事之不正，无一丝一毫之偏好偏恶。”（歙县潭渡孝里《黄氏家训》）古人提倡修齐治平，而修身是根本、是基础。如果自身修养不够、品行不端，作为家长，就不能按照情理来处理问题，而是按照自己的好恶办事，这就叫“本”之不正，何以齐家？

在民国初年祁门河间《凌氏家训·家范第二》中，明确提出家长作为“一家观仰”的榜样，必须重视自身的修养，谨言语、慎举动：

家范者何？修身是也。家长之身，系一家观仰。尔身不正，孰克有正？故曰：“身不行道，不行于妻子。”使人不以道，不能行于妻子。妻子尚不能行，而余可知矣。家之淑慝，系于一身，故修身继焉。

谨言语：家长之言，家人之承听也。……是故齐家者，谨言语之为贵。

慎举动：家长之举动，家人之模范也。……故齐家者，慎举动之为贵。（祁门河间《凌氏家训·家范第二》② ）

①卞利．明清徽州族规家法选编［M］．合肥：黄山书社，2014：150.

②卞利．明清徽州族规家法选编［M］．合肥：黄山书社，2014：45.

“修身为急，教子孙为最重。然未有不能修身，而能教其子孙者也。”（清·张履祥《训子语》）将家长的“修身”与“教子”联系起来，并视“修身”比“教子”更为紧要，体现了古代家庭教育者对家庭教育的真知灼见和非凡智慧。身为一家之长，只要以身作则，为家人做出表率，无论贫贱富贵，就能为家人营造出一处宁静的港湾、一方愉悦的净土。

祭者，教之本也

> 夫祭之为物大矣，其兴物备矣，顺以备者也，其教之本与？……是故君子之教也，必由其本，顺之至也，祭其是与？故曰：祭者，教之本也已。
>
> ——（西汉）戴圣《礼记·祭统》[1]

除了父母家长率先垂范、为子女和家庭成员树立学习的榜样之外，还通过祭祖敦德的方式，使祖先的嘉言懿行成为后辈子孙的学习楷模，是古代家庭身教重于言传的又一大特点。一般来说，祖辈虽然远逝，但是由于血缘的联系，后辈子孙对于列祖列宗都怀有天然的亲近和仰慕之情，先祖的道德追求和道德行为，能使后辈子孙产生真实亲和与引以为傲的情感，继而激发出努力效仿先祖的志向与动力。因此，在古代家庭

①戴圣. 礼记［M］. 陈澔，注. 上海：上海古籍出版社，1987：268-269.

教育实践中，家庭教育者常常通过缅怀与追忆祖上的事迹，为子女培养品德、锻造人格树立亲切可信的道德标杆，使他们认识到规范家风的道德导向并非遥不可及，而是祖先已经实实在在履行过的做人“规矩”，坚定他们接受道德教化、进行道德践履的信心与决心。

通过“祭祖”来达到身教的效果，是古人经验与智慧的体现。西汉礼学家戴圣在其编纂的《礼记》中阐述身教与祭礼的关系时说：

> 是故君子之事君也，必身行之，所不安于上，则不以使下；所恶于下，则不以事上；非诸人，行诸己，非教之道也。是故君子之教也，必由其本，顺之至也，祭其是与？故曰：祭者，教之本也已。（西汉·戴圣《礼记·祭统》①）

他指出，君子侍奉君王，一定要身体力行。自己感到上面有什么地方做得不对，就不要再让下面这样去做；自己厌恶下面的某些做法，就不要再这样应付上面。不让人家去做的事情，自己却明知故犯，这不是教育的方法。所以，君子施行教化，一定要从根本抓起，顺着根本再向其他方面进行，这样的办法大概非祭祀莫属吧！故此说：祭祀是教化的根本。

祭祀与教育，看似两个毫不相干的事情，古人为何却将它们联系在一起，并认为是从根本上施行教化的方式呢？我们先来理解“君子之教也，必由其本”这句话的含义。有言“圣贤施教，以孝为本”，这就是说，孝道是道德教育的根本。故“君子之教也，必由其本”。这句话的意思是，君子施行教化，先要从孝道教育这个根本的问题开始。而在古人看来，能够把孝敬之心体现到极致的就是祭礼。因为父母健在时，子

①戴圣．礼记［M］．陈澔，注．上海：上海古籍出版社，1987：269.

女对父母的孝道，或许迫于父母的权威，或许为了取得父母的垂爱，其中或多或少夹杂着“敬畏”或“讨巧”的成分；而当父母去世之后再来祭奠、缅怀他们，并不是外界有什么东西强迫你这么做，而是发自内心深处的自觉行动，是对先人孝敬心的自然流露，这个时候的孝道，没有一丝一毫的功利之心。因此，祭祀这个行为本身就是对子女进行孝道的无言之教。同时，祭祀过程中无论是形式还是内容，也会对参与其中的子女产生很大的影响，给他们留下深刻的印象，从而达到较好的教育效果。

古代家庭对子孙的“祭祖敦德”，大致围绕“追远致敬，敦本睦族”“普昭先德，以思裕后”“追述昔训，以贻后人”等三个方面展开。

一、追远致敬，敦本睦族

在我国古代，祭祀活动是最为人们看重的一件事情。“祭”侧重的是报告，向祖先、向天地汇报近一个时间段内家族中的工作、生活情况和发生的较大事件，以此告慰先人的灵魂；“祀”侧重的是祷告，希望天地祖先对家里未来的新工作，给予新的指导、教诲和启发。古代的祭祀是一种比较频繁的活动事项，最基本的祭祀活动，“每岁之祭以四：清明、中元、冬至、腊底”（古歙义成《朱氏宗谱·卷首·祖训十二则》），此外还有春秋二祭、祖先生辰忌日祭等。祭祀被称为“吉礼”，排在“五礼”[①] 之首。《礼记》曰：“凡治人之道，莫急于礼。礼有五经，莫重于祭。”（西汉·戴圣《礼记·祭统》）为什么这样说？因为“祭者，所以追养继孝也”（西汉·戴圣《礼记·祭统》）。通过祭祀活

①古代五礼是汉族礼仪的总称。以祭祀之事为吉礼，丧葬之事为凶礼，军旅之事为军礼，宾客之事为宾礼，冠婚之事为嘉礼，合称五礼，即吉礼、凶礼、军礼、宾礼、嘉礼。

动，一是完成对父母生前应尽而未尽的供养和孝道，二是对后人具有“承先启后，继往开来”的教化作用。因此，古代家庭将祭祀当作报本反始、敦本睦族的大事，须臾不敢懈怠，甚至将祭祀的规矩作为家训记载于谱，代代相传。如：

祭祀，所以报本也。凡我庶民，立春、清明、季秋、冬至，皆可尽一念之诚。苟失祭祀，则是忘祖宗，忘祖宗则不孝，不孝则家道乖戾，岂可乎？（祁门锦营《郑氏宗谱·卷末·祖训》[①]）

宗祠之设，所以敦本睦族也。每岁正旦团拜，集少长、叙尊卑也。春、秋祭祀，悉遵《家礼》，追远致敬也。（绩溪华阳《舒氏统宗谱·卷一·家规十则》[②]）

宗祠之建，所以报本展亲，而衍先泽、垂世守，于是焉在。盖人必有功德及乎生民，而后数十世子孙保之，故时移代更而源流可寻，以至美轮奂集。（歙县潭渡孝里《黄氏族谱·卷五·祖墓》[③]）

可见，祭祀活动实际上就是孝道的教育。一方面，家长本身恭敬地缅怀他的父母、祖先，对先人孝敬心的自然流露，让子女从他们的身体力行中学到孝道；另一方面，在祭奠中追思先人的品行业绩，讲述祖宗

①卞利．明清徽州族规家法选编［M］．合肥：黄山书社，2014：68.
②卞利．明清徽州族规家法选编［M］．合肥：黄山书社，2014：270.
③卞利．明清徽州族规家法选编［M］．合肥：黄山书社，2014：292.

们的“丰功伟业”，激励子女弘扬祖德、传承家风的志向和决心。因此，祭祀活动重要的不是祭祀品的丰厚与华美，而是真挚情感的表达与培养，以教育子孙“尊祖”“思源”，受恩思报，不要忘本。如义成《朱氏宗谱》强调：

> 祭祀，以敬为本，一切祭品、祭器、祭献之节，皆末也；丧礼以哀为本，一切丧期、丧服、丧制之节，皆末也。……子孙齐集，皆衣冠肃穆焉。（歙县义成《朱氏宗谱·卷首·祖训十二则》[①]）

物质是次要的，态度才是第一要紧的东西。在祭祀之时，要通过祭祀仪式的庄严感来激发子孙对祖先的崇敬感。

同时，祭祀活动不单是毕恭毕敬地向祖宗上香、跪拜、磕头，主要内容还在于“奉先追远”，即追念先人的功德，不忘先祖的养育之恩，温习祖宗遗训，从而激励子孙避恶趋善、修养品行人格、戒慎自己言行，为祖先和家族争光。

例如，《旌义编》第十一条：

> 朔望家长率众参谒祠堂毕，出坐堂上，男女分立堂下，击鼓二十四声，令子弟一人唱云：“听听听，凡为子者必孝其亲，为妻者必敬其夫，为兄者必爱其弟，为弟者必恭其兄。听听听，毋徇私以妨大义，毋怠惰以荒厥事，毋纵奢侈以干天刑，毋用妇言以间和气，毋为横非以扰门庭，毋耽曲蘖以乱厥性。有一于此，既殒尔德，复隳尔胤。睠兹祖训，实系废兴。言之再三，尔宜深戒。听听

①卞利. 明清徽州族规家法选编［M］. 合肥：黄山书社，2014：81.

听。”（元·郑涛《旌义编》[1]）

祁门汪氏宗族祭典规定：

宗规祀典，训以开宗，祭原返本。燕贻骏奔，笃亲惟敬，纪宗规祀典。每岁首宣讲：

《圣谕十六条》：……敦孝悌以重人伦，笃宗族以昭雍睦，和乡党以息争讼，重农桑以足衣食，尚节俭以惜财用，隆学校以端士习，黜异端以崇正学，讲法律以儆愚顽，明礼让以厚风俗，务本业以定民志，训子孙以禁非为，息诬告以全善良，诫窝逃以免株连，完钱粮以省催科，联保甲以弭盗贼，解仇忿以重身命。（祁门韩楚二溪《汪氏家乘·卷二·文献宗训》[2]）

后辈子孙通过亲身体验（祭祀前克制食色之思与歌舞之乐，祭祀中叩头上香、恭谨礼拜以尽报本之诚）和耳闻（听家长追述祖宗的嘉言懿行、重温祖上遗训）目睹（祭祀仪式的肃穆、庄严氛围以及家长在祭典时的虔诚、端重的孝敬之情），无形中得到一次敦德的教育。

二、普昭先德，以思裕后

从“祭者，教之本”的角度来看，古代祭祖敦德不仅限于祭祀活动，将祖宗的嘉言懿行载入家谱之中，使“祖德流芳”，激劝后人，也

①楼含松. 中国历代家训集成 2［M］. 杭州：浙江古籍出版社，2017：1174.
②卞利. 明清徽州族规家法选编［M］. 合肥：黄山书社，2014：271.

是一种通过“祭”之形式所进行的家庭示范教育。

谱，家史也。修国史者必知春秋之义，然后可以明王道、正国体。修家史者亦当知春秋之义，然后可以明人伦、正风俗。《春秋》善恶皆书，备劝惩也。谱则有善必书，示表扬也；恶用曲笔，为亲讳也。虽与《春秋》稍异，而劝惩之意未尝不寓于其间，后世子孙各宜鉴省。（池州仙源《杜氏宗谱·卷首·凡例》① ）

在古人看来，家族修谱与国家修史的意义是相同的，其目的都在于劝惩。所不同的是国史“善恶皆书”，族谱则为了避免亲人的忌讳而“恶用曲笔”（曲笔：隐瞒、曲解历史的真相），写善不写恶，但劝惩的意思依然“寓于其间”。

这种修谱是为了“明人伦、正风俗”的认识，在古代社会是普遍存在的。如屏山舒氏在其宗谱卷首写道：

谱者，普也，非徒别同异、序昭穆，所以尊祖敬宗、睦族敦伦、普昭先德、普训后世者也。（歙县屏山《舒氏宗谱》② ）

“谱”是普遍的意思，普遍的事情分开说曰“言”，合在一起说曰“谱”。汇合宗族（普遍的事情）而修“谱”，不仅是为了区别谁是谁的后代、谁与谁的血缘更近，根据辈分排列次序（“昭穆”：宗法制度对宗庙或墓地的辈次排列规则和次序），而且是为了尊敬、缅怀祖宗，和睦

①冯尔康. 清代宗族史料选辑（中）［M］. 天津：天津古籍出版社，2014：1390.

②卞利. 明清徽州族规家法选编［M］. 合肥：黄山书社，2014：613.

家族，明辨伦理，显扬先人的德行，以教育后世子孙。

所以古代修谱，很重要的一项内容就是广泛搜集祖辈的事迹、遗训、传记、诗文，以及生前身后所受到的诰敕、赠典等，以将之载入族谱之中，让子子孙孙知其恩、感其德、承其志、修其业，总之是将祖宗的德业发扬光大、世代相传。

> 谱，所以昭世德也。或以科贡发身，文学筮仕；或生受诰敕，殁膺赠典；或行实志于人，著述出于己，有关于世教者，备载之，以示劝也。（祁门中井《冯氏宗谱·卷一·凡例》① ）

修谱，是用来彰明先祖的功德的。列祖列宗有以科举出身的，也有通过文章学识进仕的；有在生前接受朝廷封官授爵的，也有死后承蒙朝廷追赠的；有立志行高于人的，也有潜心研究学问的；等等。总之，有关祖宗的嘉言懿行，统统都记载于族谱之中，以对后人进行激励劝化。

> 修谱录文翰，所以显祖功、扬宗德也。历世以来，史传、金石、经义、诗词、古文，以及族中会序、祭文、联对，并凡机织精粹纯当者，皆当采刊谱中，题曰《舒氏传稿》。（歙县屏山《舒氏宗谱·卷一·修谱义例》② ）

修谱用到文章笔墨之事，为的是彰显祖宗的功德。因此，累世以来

①卞利. 明清徽州族规家法选编［M］. 合肥：黄山书社，2014：603.

②卞利. 明清徽州族规家法选编［M］. 合肥：黄山书社，2014：615.

祖先的历史事迹、镌刻文字、颂功纪事、文章诗词以及族中举行活动的会序、祭文、联对等，都要收录刊载在族谱之中，题目叫《舒氏传稿》。

> 家规所以修身齐家之道，慎终追远之意。众尚礼义，遵守而行，以新先前，上报祖宗德荫之流裔；以思裕后，下使子孙不失之孝敬。瓜派绵绵，相传世世，修其业，承其志，感其德其终。《诗》云“不愆不忘，率由旧章”，继述之悠久也。（新安大阜《吕氏宗谱·卷五·桑园祭祀规》① ）

既然以祖先为楷模让后人效仿，祖先的事迹就一定要具有典型意义和可信度。故此古人在记述先人的嘉言懿行时，非常注重其真实性与“先进性”，既不将子虚乌有的德行载入族谱，也不“拔高”先人的道德形象。如：

> 家之有谱，犹水之有源也。……谱内列录嘉言、懿行、诗文、传记、序铭、行状、墓志，意在扬善，必择其确实可据者，方敢梓入。（休宁江村《洪氏宗谱·卷首·凡例》② ）

修订族谱的意义，既在于明晰昭穆、睦族敦伦，又在于饮水思源、报本反始，更在于昭彰先德、激励后世。而在谱内列录先人的嘉言、懿行等，本就是为了扬善，故须“择其确实可据者，方敢梓入”，若将不尽不实的内容列录于谱中，何言称“善”？又如：

---

①卞利. 明清徽州族规家法选编［M］. 合肥：黄山书社，2014：120.

②卞利. 明清徽州族规家法选编［M］. 合肥：黄山书社，2014：577-578.

宗谱之作，所以仁子孙也，……扬善类盖以昭先德，示激劝也。故有福寿俱全、德位兼备及忠孝节义，并诸聪明豁达、异才异行及膺旌奖者，略纪实本名之下，以便观览。若行不足以激劝，则不敢徇私妄书，以从其例。（徽州三田《李氏统宗谱·卷首·凡例》① ）

编纂宗谱是为了教育子孙，将祖上的事迹载入宗谱，为的是扬善昭德，激劝后人。所以要把福寿俱全、德位兼备的先人以及他们有关忠孝节义的事迹记入宗谱，同时也要将资质聪颖、性情豁达、才学异于常人和曾经得到官府褒奖或授受荣誉的先祖录入宗谱，以便后人知晓和学习。但事迹一般，不足以激励后人的，不能写进宗谱作为后辈学习的典范。

古人这种实事求是的态度，本身就是一种无言之教。当后代子孙拜读宗谱、瞻仰学习祖先们嘉言懿行的同时，看到修谱者这种严谨、认真的精神，定会受到熏染与教育。

三、追述昔训，以贻后人

在古代家庭教育实践中，祭祖敦德的教育，还常见于家训、家书之类的文献中。家训的作者们，为了详尽阐述自己所推崇的、希望子孙后代切实践履的道德主张，往往会将父、祖的遗训和他们的“懿行”作为训辞或训辞的论据，记录在家训之中，以增强训辞的权威性。如：

①卞利. 明清徽州族规家法选编［M］. 合肥：黄山书社，2014：567-568.

予幼闻先训，讲论家法。立身以孝悌为基，以恭默为本，以畏怯为务，以勤俭为法，以交结为末事，以气义为凶人。（唐·柳玭①）

柳玭在给家中子弟的书信中要阐述的问题是，做人要以孝敬长辈、敬爱兄长为基础，以谦逊低调为根本，以谨慎行事为要务，以勤俭为准则，结交好友的人是行善事，背信弃义的人是可恶的人。但他没有板起面孔直接说教，而是言明这是“我”小时候接受父母教育时所听到的训诫，“我”接受了这样的教育并且也将这些训诫当作行为的准则，你们后人该不该牢记先人的教诲呢？

再如：

吾家本寒素，门第寡公侯。先子有令德，乐道尝优游。积善有余庆，清白为诒谋。……吾宗凡九人，继踵升官次。……鵷行暨内职，亚尹州从事。府掾监省官，高低皆清美。（北宋·范质《诫从子诗》②）

这是北宋初年宰相范质写给侄儿范杲的一首劝诫诗。范杲从小就成了孤儿，范质待他就像对待自己的儿子一般。范杲任校书郎时，请做宰相的叔叔范质上奏朝廷提升自己的品级，范质痛心侄儿不明事理，便“抒古诗一章晓之”。尽管自己视之如子，但毕竟是叔侄关系，有些话不宜重说，于是范质就以先人的事迹来劝诫范杲：“我们范家本是寒门，

①刘昫，等. 旧唐书（第4册）［M］. 陈焕良，文华，点校. 长沙：岳麓书社，1997：2710.

②楼含松. 中国历代家训集成1［M］. 杭州：浙江古籍出版社，2017：482.

没有出过什么‘大官’。你父亲（先子：通常指祖先，这里是指范杲的父亲）是有高尚道德的人，他安贫乐道，生活得十分闲适。生前行善积德，死后遗清白于子孙。……而在家族中先后有九个人出仕，有在朝中为官的，也有在州府当差的，但无论是位高还是职低、做主官还是当僚属，他们都能够保持自身的清雅和美德。”范杲请叔叔给自己提升品级遭拒，心里肯定不是那么痛快，如果再来一番大道理，即便表面上不显露出什么，未必能够听得进去。然以他自己父亲的为人和家族中出仕九人的事迹作为榜样，对照自己“托关系”提升品级的行为，或许就能在先人的道德示范中幡然醒悟，肯定比直接的训诫效果好得多。

因此，较之在宗谱中列录先人的嘉言懿行以昭先德，以家训的文体形式追述先人遗训、彰显先人事迹，不仅使先人道德楷模的示范作用更为鲜明、确切，而且将先人的道德理想诠释得更为透彻深刻，再现的道德形象更加丰满、生动，贴近生活，使理论上的道德规范变为生活中的道德标杆，激发后人道德修养与践履的志向，增强道德教育的效果。古代家庭教育者深谙其中的道理，故在家庭教育实践中每每应用。

例如，颜之推在《颜氏家训·戒兵篇》中，为了教育子孙潜心学问，不要好勇斗狠，用了较大篇幅追思颜氏先人的事迹，以作为子孙们效仿的目标。他说：

颜氏之先，本乎邹、鲁，或分入齐，世以儒雅为业，遍在书记。仲尼门徒，升堂者七十有二，颜氏居八人焉。秦、汉、魏、晋，下逮齐、梁，未有用兵以取达者。……吾既羸薄，仰惟前代，故寘心于此，子孙志之。（北齐·颜之推《颜氏家训·戒兵篇》[1]）

---

①颜之推．颜氏家训［M］．檀作文，译注．北京：中华书局，2017：177.

这段话的意思是，颜氏的祖先，本来在邹国、鲁国，有一分支迁到齐国，世代从事儒雅的事业，都在古书上面记载着。孔子的学生，学问已经入门的有七十二人，姓颜的就占了八个。自秦汉、魏晋，直到齐梁，颜氏家族中没有人靠带兵打仗来显贵的。我身体瘦弱单薄，又想起前朝人好兵致祸的教训，所以仍旧把心思放在读书做官上面，子孙们对此要牢记在心里。

清人张师载《课子随笔钞》中，辑录了一篇无名氏的《家范》，其中一段话写道：

> 予平居，先大人端坐，晨则侍食，晚则立于榻前，谈古今诗书，眼前鉴戒，至定更后方退，归书舍诵读，未尝一日离左右。或时远出乡村，必如期约而归，虽遇风雨，先大人必倚门而望，予亦冒风雨而至。今予子亦然。凛遵古人不敢自专之义，盖先大人之训也。（清·张师载《课子随笔钞·无名氏家范》①）

捧读这段训辞，一幅父子家教图跃然眼前：儿子平日安居无事时，就在父亲身边伺候着，早晨侍奉父亲进餐，晚间躬立于父亲床前，聆听父亲谈古今诗书和当前应该引为教训、使人警惕的事情，要等到定更之后才退出父亲的寝室，回到书舍夜读，从来没有离开。如果因事而出远门，也须在规定的日期内返回；如果恰巧遇到风雨，父亲必定倚门而望，儿子也要冒着风雨准时到家。“现在你们也要这样做，严格遵循古人不能一任己意、独断独行的道理，这是家里的祖训。”

①楼含松. 中国历代家训集成 8［M］. 杭州：浙江古籍出版社，2017：4813.

清道光安徽候补知县潘德舆，撰《示儿长语》一卷，其中置“吾家子孙当绳武先人之美”一篇，将潘家九世祖熙台公的生前事迹专录于此，以激劝后人：

吾九世祖副都御史熙台公，在明武宗朝以直谏闻，世宗朝以军绩著。年逾五十即归田，修家庙，定祭田，创宗谱，建昭恤院以白杨公之冤，辑《文献志》以阐淮人之美。其他兴利除害之事尚多。……为子孙者当世济其美，不可一日自惰。（清·潘德舆《示儿长语》①）

意思说，潘家九世祖熙台公，在明代武宗朝以敢于直谏闻名，在世宗朝以军功卓著。年过五十后解甲归田，修家庙、定祭田、创宗谱，在淮安建昭恤院祭祀洪武年间的尚书杨靖（天启《淮安府志》卷之九“典礼志·庙祀”：“昭恤院祠，在下关乡，都御史潘埙建，以祀里人尚书杨靖。”此事有据可考。——作者注），编辑《文献志》以颂扬淮人的美德，其他兴利除害的事迹还有很多。作为熙台公的子孙，要世代继承先人的美德，不可一日放松自己的道德修养。

总的来看，将祖先的事迹记于家训之中，具有奉先追远、传承祖德、树立榜样、激励子孙等多方面的意义，清代名士杜堮一段话可谓道出了古代家庭教育者的心声：

今老矣，每为儿孙追述昔训，欲令鸡鸣风雨，想见典型，因以激发其志气。退食之暇，辄复次其先后，付之箱箧，以贻后人。呜呼！后人方来，前人日远，所为刻苦自立者精神如在，唯赖诰戒之存。其

①楼含松. 中国历代家训集成 11［M］. 杭州：浙江古籍出版社，2017：6331-6332.

能憬然明发，振怠起懦，无失累世心传之绪，则前人为不亡，而亦余之所以释负担，告无罪于先灵也。（清·杜堮《杜氏述训》[①]）

人到老年，时常为儿孙追述先人的遗训，是希望儿孙们无论身处何种境地都不要改变志节，要以先祖为榜样，以激发自己的志气。所以，在饭后空余的时间，将先祖的嘉言懿行按照先后次序整理出来，放在箱子里留给后代。唉！后人方才来，而前人日渐远去，他们刻苦自立的精神宛在，只是希望儿孙们按照告诫将它们好好保存。如果能够帮助子孙醒悟，使他们振作而不懈怠、有为而非无能，就没有辜负世代相传的初衷，则先人们虽死犹在，而我们这些作家训、传祖德的人也算尽了责任，无愧于列祖列宗。

见善，修然必以自存

见善，修然必以自存也；见不善，愀然必以自省也；善在身，介然必以自好也；不善在身，菑然必以自恶也。

——（战国）荀况《荀子·修身》[②]

中华民族传统道德的范畴非常广泛，大到国家、社会，小到家庭、个人，道德规范无处不在，甚至在个人独处时都有严格的行为要求。例

①楼含松．中国历代家训集成 10［M］．杭州：浙江古籍出版社，2017：5832．
②荀况．荀子校注［M］．张觉，校注．长沙：岳麓书社，2006：10．

如，对国家要忠、对父母要孝，立身要持节，待人要义气；兴家立业要勤勉节俭，处世做人要奉公守法，待人接物要谦让有礼，人际交往要诚实守信；处人要仁爱友善，处己要自警慎独；还有扶危济困、见利思义、见义勇为、知耻后勇、尊老敬贤、乐善好施等，总之，涵盖了人的思、言、行等一切活动。这些道德理想，在中国上下五千年的文明发展史中，都不乏为之付诸践履并达到至善至美境界的古圣先贤、志士仁人。像岳飞精忠报国、文天祥舍生取义，不愧爱国典范；屈原投江、苏武牧羊，堪称节操楷模；曾子杀猪、商鞅立木，当为诚信君子；王祥卧冰求鲤、董永卖身葬父，更是大孝感人……。历史上这些道德典范，以其道德的高度、影响的广度、时空的深度给人们带来心灵的震撼与激励，不仅没有因为时间的流逝而湮灭淡去，反而还如窖藏的甘醇，时间愈久，香气愈浓，无限久远地熏染着中华民族世代子孙的道德情操。浩如繁星般的道德楷模，理所当然地受到历代家庭教育者的敬仰与推崇，并将之作为家庭教育的道德样板、增强修身养德效果的有效手段而大力加以提倡。

孔子说："见贤思齐焉，见不贤而内自省也。"（《论语·里仁》）意思是看见贤人就应该想着向他看齐，见到不贤的人，就要反省自己有没有类似的毛病。荀子也说过相同意思的话："见善，修然必以自存也；见不善，愀然必以自省也。"（《荀子·修身》）意思是看到好的品德，一定要恭敬谦虚地学习并保持这好的品德；对不好的品行，一定要心怀忧惧并加以自我反省，自己有没有这样的行为。两人说法不同，意思却是一样，"见贤思齐""见善，修然必以自存"，都是讲看到道德君子就要作为自己的学习榜样；"见不贤而内自省""见不善，愀然必以自省"，则是说看到不符合道德的人和事就要提高警惕，并对照检查自己有没有这些不道德的行为。以正面形象作指引，以反面教材作镜鉴，从而达到修身养德的目的。因此，尽管有些典型事例与人们所处的年代相去甚远，但毕竟是历史人物“活生生”的具体行为，是通过“自身”亲身经历过的真实事件，以此为典型示范，实质上也是一种“身教”的方式。

在许多传统家训册籍中，为了阐明其家训的义理与重要性，家训作者往往会大量列举正反两方面的典型事例，以加深后代子孙对家庭道德准则的理解和实践。在《颜氏家训》中，作者颜子推在对子孙进行理论上晓喻勖勉的同时，还穿插记述了许多西周至南北朝时期的人物事例，或佐证自己提出的道德观点，或直接作为家庭中的道德规范。这还不够，作者在《颜氏家训》二十篇中，还专置一篇“慕贤第七”。他感慨地说道：“假如遇上世间所少有的明达君子，怎能不攀附景仰啊！我出生在乱离之时，长成在兵马之间，迁移流亡，见闻已多，遇上名流贤士，没有不心醉神迷地向往仰慕。”司马光撰《温公家范》，更是典型事例之集大成者，作者在全面论述封建家庭伦理关系和道德规范的过程中，不惜篇幅节录了不少儒家经典中的治家、修身格言，并大量采辑了“自卿士以至匹夫”的“家行隆美可为人法”的典型事例，以阐述、印证、强化作者“赞同”或“批判”的道德观点，使后代子孙在感受典型“事迹”或“行为”的过程中，受到感染与教育。无独有偶，宋代吕祖谦的《少仪外传》，明代吕坤的《闺范》、秦坊的《范家集略》，清代张履祥的《近古录》、王士俊的《闲家编》等，这些为教育子女而撰写的家训著作，都是旁征博引，摘录了大量前贤先哲的嘉言懿行，作为其中的重要教育内容，以“使后人稽览，知畴昔之世，教化行而风气厚，其君子野人，各能砥砺整束，以章国家淳隆之治”（清·张履祥《近古录·自序》）。

除大量摘录典型事例以证家训外，也有撰著者自己并不提出训诫之辞，而集以典型范例作为其家训者，如宋代方昕所撰《集事诗鉴》，则完全以宋前历史名人有关敦和人伦、忠信孝悌等事迹编写而成，“所集之训，皆引古而列于后，亦指事而赋之诗，其词浅近，不为艰深，以期智愚贤不肖皆可取信，俾之遵道而行也。”明代正德进士陈良谟所撰家训，其辞文亦是自己不置一词，完全以典型事例来阐述作者主张的道德规范，与方昕的《集事诗鉴》不同的是，该书都是记述作者自己的所见所闻，故名《见闻纪训》，希望通过“近而有征”的例子，达到教育家中子弟从善去恶的目的。

一、以典型事例证明道德主张的适用性

传统家训虽然以“训诫”为名，其实大都为说理式的表述。除一些追求简短、华美、对称句式的格言警句类家训外，大部分家训先是提出本家（族）的道德主张，然后旁征博引，用事实和道理来解释为什么要提出这样的道德主张，以证明本家（族）这个道德规范的合理性、适用性。

例如《颜氏家训》治家篇，颜之推提倡治家要“躬俭节用”，但时人每每认为节俭其实是吝啬，于是颜之推提出了“可俭而不可吝已。俭者，省约为礼之谓也；吝者，穷急不恤之谓也。今有施则奢，俭者吝；如能施而不奢，俭而不吝”（意即可以俭省而不可以吝啬。俭省，是合乎礼节的节省；吝啬，是一种对困难危急也不周济的行为。如果能够做到施舍而不奢侈，俭省而不吝啬，那就很好了）的道德标准。接着，他以正反三个典型事例对此观点加以论证：一是南朝史学家裴子野为政清廉，生活极为俭朴，但见有远亲故旧饥寒不能自救的，他都收养下来。由于家里一向清贫，并且经常遇上水旱灾害，裴子野夫妇就用二石米煮成稀粥，勉强让大家都吃上，同时自己也和大家一起吃，从来没有厌烦（这些远亲故旧），因此赢得了好名声。二是京城邺下有个大将军，极具贪欲，家僮已有了八百人，还发誓要凑满一千，但早晚每人的饭菜，以

十五文钱为标准，遇到客人来，也不另外增加。后来犯事处死，籍册没收家产，麻鞋有一屋子，旧衣藏几个库，其余的财宝，更是多得数不清。三是南阳地方有个人，深藏广蓄，性极吝啬，女婿来看他，他只准备了一铜瓯的酒，还有几块獐子肉，女婿一下子就吃尽喝光了。这个人很吃惊，只好勉强应付再添上一点，回头责怪女儿说："你丈夫太爱喝酒，才弄得你们这么贫穷。"等到他死后，几个儿子为争夺遗产，发生了兄杀弟的事情。颜之推通过这几个事例来说明自己的道德主张：节俭，应该是合乎礼的节省，而不是见困不济的守财奴，合乎道德礼数就是"可俭而不可吝已"。

又如宋代天台人应俊补撰《琴堂谕俗编》（宋郑至道等撰），在劝诫后人要"崇忠信"时，提出"人之所以异于禽兽者，以有人理也。人理莫大于忠信，忠则不欺于心，信则不欺于人。人能内不欺心，外不欺人，然后可以为人，而异禽兽矣"的道德观点，并运用四个诚信典型来支持这一观点的成立：一是包拯任京兆尹时，有一人前来报官，说是某人有一百两黄金寄存在自己家中，不久前该人去世，自己将这百两黄金还给他的儿子，可他儿子竟不肯接受，故恳请大人将他的儿子召到官府，将钱财奉还。于是包公召来其子，未料其子仍然坚辞不受，并说他父亲从未寄存钱财于他人处。两人互相推辞，竟无法判定其金的归属。二是应俊本人亲见一老农去官府纳税。当时正遭大旱，旁人无论是否受旱，都向官府诈称灾害严重，以求免除赋税，唯独此人不说受灾。问他为什么这样，他说，"我的田地恰巧在有水的地方，实不曾受旱。若是混在那些受灾的一起欺诈减免赋税，那是欺骗苍天啊！"三是郡府里一个老吏，受同乡人请托向知州大人递状纸，并送他三十贯铜钱作为酬谢。后来案件得理，这个老吏着人将三十贯钱如数奉还。他说，"此事由知州大人亲自判决，我没有出力帮忙，不敢欺心接受这些钱财。"后来他的儿子中了举，别人都说这是他不欺之报。四是浙西有一个为买卖双方说合的经纪人之子登科，别人来家祝贺，他说："我自小就做这个职业，直到今天，从未欺瞒一文税钱，所以能有此报。"（笔者列举这些事例，只是说明传统家训"以典型事例证明道德主张的适用性"这一观点，对在例证中表现出来的"因果报应"之说未予批判，敬请读者自行鉴别。）以这样一些典型事例来说明某个问题，使受教育者思想受到震撼，从而加深了对道德规范的理解与记忆。

二、以道德模范论证道德主张的可践履性

道德教育的根本目的，除培养人格、改变气质之外，更为重要的是将道德规范外化为道德行为，在完善自身的人格基础上，为文明发展和社会进步做出积极的贡献。因此，古代家庭教育者们在开展家庭教育中，除了用典型事例对子孙们"督学"之外，更重视以道德楷模影响子孙们"笃行"。

司马光撰《家范》十卷，引用各种道德典型两百多个，其中不仅有广为人知的"孟母三迁""曾子杀猪""卧冰求鲤""伯夷叔齐让国"等历史典故，还有类似于"柳母口含黄连劝子苦读""乐羊子拾金遗金""隽母教子清廉""蔡廓奉兄如父"等鲜为人知的道德楷模。这些道德典范，都是司马光用以劝谕子孙进行道德实践的有力可信之例证。例如，司马光提倡"治家莫如礼"。他以北齐张公艺治家有方为典范，来激励子孙践行自己的治家主张：

张公艺，郓州寿张人，九世同居，北齐、隋、唐皆旌表其门。麟德中，高宗封泰山，过寿张，幸其宅，召见公艺，问所以能睦族

之道，公艺请纸笔以对，乃书“忍”字百余以进。其意以为宗族所以不协，由尊长衣食，或有不均；卑幼礼节，或有不备；更相责望，遂成乖争，苟能相与忍之，则常睦雍矣。（宋·司马光《家范·卷一·治家》[1]）

张公艺是中国历史上治家有方的典范，家族九辈同居，合家九百人，团聚一起，和睦相处，经历北齐、北周、隋朝、唐朝，多次受到朝廷旌表。相传唐高宗闻知张公艺九世同居，家大业大，怕他造反，就假托泰山封禅，来张家召见张公艺，问他的睦族之道。张公艺得到高宗的同意，以书作答，他在纸上接连写了一百多个“忍”字，表示这就是家庭和睦的道理。这个道德要求没有深奥难懂的含义，但要真正做到却不容易。司马光以前人业已做到的例子作为子孙仿效的榜样，以期子孙们能够将自己所推崇的道德理想运用在治家、处世的实践中。

晚清胡达源撰《弟子箴言》十六卷，亦是旁求博考，引用了许多前朝道德楷模的感人事迹，敦促子孙们将自己所主张的道德理想付之于实践。他在“崇谦让”一卷中训诲子孙：

自矜其智，非智也。谦让之智，斯为大智。自矜其勇，非勇也。谦让之勇，斯为大勇。（清·胡达源《弟子箴言·卷十一·崇谦让》[2]）

意思是，做人要谦虚谨慎。自夸聪明有智慧，并不是真正的智慧，能够谦和忍让的智慧才是真正的大智慧。自我夸耀的勇敢，也不是真正

①司马光. 钦定四库全书·家范［M］. 北京：中国书店，2018：26-27.
②胡达源. 胡达源集［M］. 长沙：岳麓书社，2009：100.

的勇敢，能够谦和忍让的勇，那才是真正的大勇。这个道德取向，字面上容易理解，但在实践中如何才是谦和忍让的智或谦和忍让的勇，似乎不好把握。于是胡达源列举了几个历史人物的道德行为作为子孙笃行的典范。其一，晏子之御。说的是晏子做齐国宰相时，一次坐车外出，车夫的妻子从门缝里偷偷地看她的丈夫。她丈夫替宰相驾车，头上遮着大伞，挥动鞭子赶着四匹马，洋洋得意，神气十足。不久回到家里，妻子就要求和离。车夫不解，问她原因，妻子说："晏子身高不过六尺，却做了齐国的宰相，名声在各国显扬，我看他外出，志向思想却很深沉，常有那种甘居人下的态度。而你身高八尺，不过是人家的车夫，看你的神态，自以为很了不起，因此我要求和你和离。"从此以后，车夫就谦虚恭谨起来。晏子发现了他的变化，感到很奇怪，就问他，车夫也如实相告。晏子就推荐他做了大夫。胡达源点评道：晏子谦退下人，乃能身居相位；车夫自此抑损，始有谦德，大夫之荐，也不是（晏子）随意而为。其二，将相之和。说的是蔺相如出使秦国，完璧归赵后，赵王因其功，任为上卿，官居于大将军廉颇之上。廉颇耻居其下，甚为不服，扬言要羞辱相如。蔺相如为保持将相和睦，不使外敌有隙可乘，始终回避忍让。舍人不解相问，蔺相如说："强秦之所以不敢加兵于赵国，就是因为忌惮我和廉将军两人。若我俩相斗，赵国恐怕危在旦夕。"蔺相如以国家利益为重的精神感动了廉颇，于是亲自到蔺相如府上负荆请罪，二人成为刎颈之交。胡达源赞扬说：蔺相如、廉颇两人的德行，可以影响和感化（他人）了。

以道德模范作为子孙学习、仿效的榜样，最典型的家训当数宋代方昕的《集事诗鉴》，他将家庭道德规范分为三十个类别，如"子之于父""子之于母""夫之于妇""妇之于夫"等，然后在每个类别中各列举一到两个道德典范，"皆引古而列于后"，以期后辈子孙无论"智愚贤不肖，皆可以取信，后之遵道而行”。如“子之于父当鉴顾恺”“父之于子当鉴刘商邓禹”“邻居当鉴王吉”等，虽然他没有提出自己的道德主张，但是数十个道德典范更能对子孙起到示范的作用，教育效果更为显著。

较之于家长父母的以身作范、祖先的嘉言懿行敦德，以历代先贤作为道德教化的榜样，其可行性是否会受到质疑？的确，道德楷模的道德高度，有时给人必须仰视的感觉。作为普通人，以这些优秀的道德之士做榜样，也许会因此产生可望而不可即的心理。对此，古代家庭教育者运用他们的教育智慧，为子孙指明了修身养德的正确方向。这就是，心中有志向，才能有信心，成就大或小，则看志向高或低。

吕祖谦在为教育子弟而撰写的家训著作《少仪外传》（又名《辨志录》）中，援引《陈了翁集》的一段话，对志向不高者批评道：

> 若夫立志不高，则其学皆常人之事，语及颜、孟，则不敢当也。其心曰：“我为孩童，岂敢学颜、孟哉？”此人不可以语上矣。（宋・吕祖谦《少仪外传》[①]）

意思是如果立志不高的话，就只能学点平常人之事，谈到学颜回、孟子就不敢了，心想：“我一个小孩，怎么敢学习颜回、孟子这样的贤人、圣人？”这样的人不可以跟他谈高深学问的。接着，又鼓励说道：

> 颜子、孟子，亚圣也，学之虽未至，亦可为贤人。今之学者若

①楼含松. 中国历代家训集成 1 [M]. 杭州：浙江古籍出版社，2017：537.

能知此，则颜、孟之事，我亦可学。（宋·吕祖谦《少仪外传》① ）

颜回、孟子他们是亚圣人，学习他们，虽不见得能够如他们那样成为亚圣人，但也可成为贤人。你们若是懂得这个道理，则颜回、孟子能够做到的事情，你们就有信心认为自己也能做到。

明武宗正德元年，时年三十七岁的刑部主事王守仁，因言获罪于宦官刘谨，被贬为贵州龙场驿站驿丞。当时龙场这个地方穷荒不文，王守仁每日与诸生讲学不辍，并书“立志”“勤学”“改过”“责善”四个教条以为训示。其中“立志”一条写道：

志不立，天下无可成之事。虽百工技艺，未有不本于志者。今学者旷废隳惰，玩岁愒时，而百无所成，皆由于志之未立耳。故立志而圣则圣矣，立志而贤则贤矣。（明·王守仁《教条示龙场诸生》② ）

这句话的意思是说，志向是决定成就的关键。志向不能立定，天下便没有可做得成功的事情。各种工匠有技能才艺的人，无不是先立志才获得成功的。现在的读书人，旷废学业，堕落懒散，贪玩而荒费时日，因此百事无成，这都是志向未能立定的缘故。所以，立志成为圣人，砥砺精进，就有可能成为圣人；立志成为贤人，就有可能成为贤人。

“见人善，即思齐，纵去远，以渐跻。”（《弟子规·信》）看见他人的优点善行，就立刻向他看齐，虽然目前还差得很远，只要坚持下去，

①楼含松. 中国历代家训集成 1 ［M］. 杭州：浙江古籍出版社，2017：537.

②王阳明. 王阳明诗文选译［M］. 吴格，译注. 成都：巴蜀书社，1994：160.

慢慢地总会赶上他。

还须指出，受时代与认识所限，在娴熟地运用各种道德典型为子孙树立学习的榜样时，有些作者还将一些违背自然规律、无视人的生理常识甚至泯灭人性的所谓“道德模范”也罗列于家训之中。但亦有一些具有远见卓识的先贤，对此进行了无情的揭露与批判。例如明代理学家沈鲤在《文雅社约》中明确宣称：

> 古人故事，虽足为后人法，然亦有不可为训者。如苏秦刺股，毁伤其父母遗体，何贵勤学？郭巨埋儿，忍绝宗祀，以养亲一时之口体，何足言孝？豫让则已事二君矣，何又言忠？诸如此类，临讲论时，亦须与分别好歹，使知趋向，勿一概以为美谈也。（明·沈鲤《文雅社约》[①] ）

这种积极的、实事求是的态度，对我们批判性地传承传统家训文化，具有很好的启迪意义。

①楼含松. 中国历代家训集成 4［M］. 杭州：浙江古籍出版社，2017：2532.

第六章　交邻处友，慎其浸渍濡染

现代教育理论认为，教育人的方法既有“灌输式”的显性教育，也有“润物无声”式的隐性教育。所谓隐性教育，就是受教育者在心理上并未察觉的一种无意识教育方式。在隐性教育形式中，“环境濡染法”是现代德育大力提倡且经常用到的一种重要方法，它通过创设良好的育德环境，将教育内容以生动活泼、喜闻乐见的形式渗透在受教育者的日常生活中，使受教育者的道德意识在不知不觉中受到感染和浸润，达到如入芝兰之室日久自芳的效果。因为这个濡染的过程实际上是“对个体潜移默化的熏陶过程，人们不可能总是清晰地意识到这一过程，彻底被濡化的人很少意识到在塑造他们行为的过程中，文化所扮演的角色”①，所以它虽然不像显性教育那样可以取得“立竿见影”的效果，但是能够通过对受教育者兴趣的激发，使受教育者完全自愿、自主地选择和参与教育活动，并在毫无强制性的情况下接受教育内容并转化为自己的思想品质、道德行为，成为现代德育一种特殊且有效的教育形式。

在我国古代，虽然没有“隐性教育”这样的说法，但环境育人思想却是中国传统文化育德树人的重要理念，与现代的“环境濡染法”并没有任何不同。在西汉文学家刘向所撰的《列女传》中，有一则注重环境育人的小故事：

战国时期，晋国太谷县（今山西省晋中市太谷县）有一妇人仉氏，婚后不久丈夫便离世，只有尚未成年的幼子与她相依为命。为了给丈夫守孝，仉氏带着年幼的儿子搬到离墓地不远的地方居住。因不时有人来

---

①万明钢. 文化视野中的人类行为：跨文化心理学导论［M］. 兰州：甘肃文化出版社，1996：51.

墓地祭扫，这少年耳濡目染，竟学起了祭拜之类的动作，玩起了办理丧事的游戏。仉氏见了暗想，这个地方不适合孩子居住，于是将家搬到一个集市的旁边。不久，仉氏又见儿子与同伴玩耍嬉戏时，惟妙惟肖地学着生意人做买卖，还有模有样地做出宰杀牲畜家禽的动作。仉氏见了又是暗暗吃惊，觉得这个地方也不能再住下去了，于是将家搬到一所学宫旁边。虽然没到上学的年龄，但那孩子经常在学堂外面隔窗相望，竟逐渐学会了鞠躬行礼以及进退的礼节。仉氏见了十分欣喜，暗道“这才是孩子居住的地方”，于是就在那里定居下来。果不其然，这小孩长大成人后，十分崇尚儒学，一心钻研学问，学成了“礼、乐、射、御、书、数”六艺，最终成为与孔子齐名的鸿学大儒。

这个故事就是中华民族家喻户晓的“孟母三迁”。

“孟母三迁”的故事之所以世代流传、有口皆碑，不仅仅因为孟子是万人景仰的“亚圣”，更是因为“孟母三迁”给人们以深刻的启示：教育子女要注意环境所带来的影响。

古人在亲身经历或大量观察的基础上，对环境影响人这一观点提出了很多精辟的见解。

早在“孟母三迁”之前，齐国大夫晏婴在出使楚国时就提到了“环境影响”论：

公元前547年，齐景公即位不久，就面临西边强邻晋国军队兵临城下的危局。权衡再三，齐景公决定与楚国修好，以共同抗击晋国。上大夫晏婴临危受命，出使楚国媾和。哪知楚王恃强凌弱，在晏子还未入城时，便与大臣们想好了羞辱他的办法。在接待宴进行时，楚国两个官吏绑着一个人走到楚王面前。楚王故意问道：“绑着的人是哪个国家的人?”近侍回答说：“他是齐国人，犯了偷窃罪。”楚王瞟着晏子问道：“齐国人本来就善于偷窃吗?”晏子听后离席，站起来说了下面一席话：

婴闻之，橘生淮南则为橘，生于淮北则为枳，叶徒相似，其实味不同。所以然者何？水土异也。今民生长于齐不盗，入楚则盗，得无楚之水土使民善盗耶？（春秋·晏婴《晏子春秋·内篇杂下》①）

虽然这是晏子为了捍卫国家尊严所说的“外交辞令”，但是“橘生淮南则为橘，生于淮北则为枳”应该是事实，否则的话，楚王听后绝不会笑曰：“圣人非所与熙也，寡人反取病焉。”其实也是无法对“得无楚之水土使民善盗”进行反驳。

比“亚圣”孟子稍晚的战国末期著名思想家荀子，曾经写了一篇论说文《劝学》，其中专门论述到环境育人的问题。他说：

蓬生麻中，不扶而直；白沙在涅，与之俱黑。兰槐之根是为芷，其渐之滫，君子不近，庶人不服。其质非不美也，所渐者然也。故君子居必择乡，游必就士，所以防邪僻而近中正也。（战国·荀况《荀子·劝学篇第一》②）

意思是，蓬草生长在挺直的麻田中，无须扶持自然就长得端直；洁白的沙砾落进烂泥之中，自然就变得和烂泥一样污黑。兰槐的根叫香艾，一旦浸入臭水里，无论是君子还是寻常人都会避之不及。不是艾本身不香，而是被浸泡臭了。所以，君子居住要选择好的环境，交友要选择有道德的人，才能够防微杜渐，保其中庸正直。

这种环境育人思想，更早出自于春秋时期的孔子之口。三国时期著名经学家王肃注的《孔子家语》，是一部记录孔子及门下弟子思想言行

①晏婴. 晏子春秋［M］. 哈尔滨：北方文艺出版社，2018：173.

②荀况. 荀子校注［M］. 张觉，校注. 长沙：岳麓书社，2006：3.

的著作，其中卷四记道：

> 曰："……与善人居，如入芝兰之室，久而不闻其香，即与之化矣。与不善人居，如入鲍鱼之肆，久而不闻其臭，亦与之化矣。丹之所藏者赤，漆之所藏者黑，是以君子必慎其所与处者焉。"（魏·王肃《孔子家语·六本第十五》[①]）

意思是，和品行高尚的人在一起，就像进入种植芝兰的屋子里一样，时间长了闻不到香味，但本身已经充满香气；和品行低劣的人在一起，就像到了卖咸鱼的作坊，时间长了闻不到臭味，也是融入环境里了。藏丹的地方时间长了会变红，藏漆的地方时间长了会变黑，也是环境影响的。所以，真正的君子必须谨慎地选择自己身处的环境。

这些朴素的认识论观点，不仅说明了古人对环境濡染的重视程度，也给出了古人应对环境濡染的智慧与良法："居必择乡，游必就士。"

人的社会属性，决定了人不能独立于社会之外，而必须每日每时面对特定的生活环境和人际环境。这些环境，给人的道德思想所带来的冲击是巨大的，久而久之甚至是不可逆转的。因此，人们的修身养德，不仅需要有良好的道德规范，需要进行系统的教育，还必须重视外部环境对人的思想的影响。好的外部环境，可以与道德教育相辅相成、相得益彰，互为补充，起到提高道德教育效果的辅助作用；不良的外部环境，则会冲淡甚至抵消道德教育的效果，使道德教育沦为形式。

在古代，社会结构（社会的主体——动物及其生存活动——社会活动和社会关系的存在方式）没有现代社会这么复杂，意识形态的表现形式和传播方式也远不如现代社会这么丰富多样、迅速快捷，因此古代环

①孔子，等. 孔子家语［M］. 王肃，注. 薛恨生，标. 上海：上海新文化书社，1934：77.

境育人思想对于环境的考量主要集中在两个方面，即居住环境和人际环境，按照古人的话说，就是交邻和处友。在撰著家训时，古代家庭教育者对“交邻处友”可谓是浓墨重彩，以大量篇幅告诫子孙后代“居必择邻，交必良友”（宋·佚名《名贤集》），“交邻以和睦，交友以信义，……否则，凌虐比邻，非所以自固；昵比匪人，非所以自淑，是在交与者”（古歙东门《许氏宗谱·家规》）。

君子须附，卜邻而居是也

善人须依，君子须附。一言之益，实重千金；一行之亏，痛于斧钺。但近善者，恶即自消，卜邻而居是也。居进良邻，日有所进。居近恶邻，日有所退。

——（唐）杜正伦《百行章·近行章第四十三》①

“远亲不如近邻”，这句俗语可说是妇孺皆知、耳熟能详。由于彼此相邻的关系，邻里之间的交往远远多于亲戚之间的联系，而且邻里之间在生活、生产之中经常会遇到一些困难和问题，也需要互相扶持、及时帮助。由此，使得邻里之间有了一种超出远亲的感情。但也因为彼此田地相接，屋宇相连，邻里之间又难免会因为各自的利益和生活琐事发生矛盾。在这种情况下，最考验邻里之间的道德修养与人格魅力。如果双方顾大局、识大体，自然就会大事化小、小事化了；而如果有一方道德

①楼含松. 中国历代家训集成 1［M］. 杭州：浙江古籍出版社，2017：69.

涵养较差、人格修养不够，一有矛盾就指责别人，甚至口角不善、拳脚相加，势必使邻里之间的人际关系逐渐恶化。久而久之，这种不和谐的氛围就会对成长中的子弟产生负面影响，极不利于孩子的人格塑造。

人的社会性和习惯性，决定了人们聚而居之的生活形式。远离人家、拒绝邻居并不现实，唯一的办法就是千方百计地处理好邻里之间的关系。而对于每个家庭来说，由于家长的认识水平、道德修养以及家庭条件各自不同，因此对于如何处理邻里关系也有不尽相同的取向。但从传统家训文化整体来看，古代家庭教育者留给后人的经验主要有两条：择邻与睦邻。

一、择邻而居

选择一个家风良好、人品优秀的道德之家为邻，是创设比较好的育德环境最为理想的举措。

“择邻而居”的“首创者”应该是春秋时期的教育家孔子。他说：“里仁为美，择不处仁，焉得知？”（《论语·里仁》）即跟有仁德的人住在一起，才是好的。如果选择的住处不是跟有仁德的人在一起，这怎么能算是明智的呢？这个观点，得到后世不少“名人”的附和。宋代理学家朱熹对此加注说：

> 里有仁厚之俗为美。择里而不居于是焉，则失其是非之本心，而不得为知矣。（宋·朱熹《四书章句集注》[①]）

明代政治家、改革家、万历朝内阁首辅张居正对这句话进行了逐句

①朱熹. 四书章句集注［M］. 杭州：浙江古籍出版社，2014：57.

解读，他说：

> 二十五家为一里。仁，是仁厚的风俗。择，是拣择。处，是居处。……若卜居者，不能拣择仁厚之里而居处之，则不知美恶，不辨是非，其心昏昧而不明甚矣，岂得谓之智乎！（明·张居正《四书直解》[①]）

这些思想家、教育家、政治家所表述的中心意思是，环境对人的影响是巨大的，但居住于怎样的环境是可以选择的。

当然，这些论述只是强调了“择邻而居”的重要性或必要性，而为什么要择“仁”者为邻，则在传统家训文化典籍中得到了充分的诠释。

明嘉善（今在浙江省）人袁颢在其《袁氏家训》中，言简意赅地阐述了择邻的意义，他说：

> 谚曰：“千金买邻，八百买舍。”此言邻之当重也。陶渊明诗云：“尚有素心人，乐与数晨夕。”夫邻居而得素心之人，相与往来，可与陶泳性情，可与渐磨学问，此至乐之事也。（明·袁颢《袁氏家训》[②]）

“素心人”，即纯朴的人，得一个纯朴的人做邻居，通过相互往来，可以陶冶性情、研究学问，这实在是至乐的事情。

清代学者沈赤然，在直隶丰润知县任上罢归，专心治学。伏案至晚，常常把酒独酌，儿子也时常在侧侍候，父子间得以有暇交谈。但说

---

①张居正. 张居正直解 论语 大学 中庸 上［M］. 北京：中国言实出版社，2017：57.

②楼含松. 中国历代家训集成 3［M］. 杭州：浙江古籍出版社，2017：1716.

什么呢？谈油米柴盐唯恐“乱其心”，谈经论史“又恐速其睡”，遂著《寒夜丛谈》一书，“聊令儿辈读书之余，时一披览”。《寒夜丛谈》实则是一部“家训”著作。在书中，沈赤然从“谈理”的角度阐述了居必择邻的道理，他说：

芝兰之室，必无鲍鱼；孔孟之门，必无盗跖。故曰：“日月不应非其气，君子不容非其类。”

……

与善人处，慈爱之心日生；与恶人居，残贼之念日起。故曰：“染于苍则苍，染于黄则黄。”公输之门必无拙匠，直臣之室必无险人。故曰：“近山之土燥，近河之土湿。”（清·沈赤然《寒夜丛谈》① ）

为什么提倡“里仁”？因为在种植（放置）兰、芷等香草的屋子中，不会有卖咸鱼的集市的那种臭味；像孔孟一般有德行的人家，就不会出现柳下跖这样的无德小人。所谓物以类聚人以群分，君子是不愿意与不同于自己品行的人相处的。他接着说道：与有德行的人相处，仁慈友爱的品行就会渐渐形成；与品德不良的人居住在一起，凶性和贪念就会慢慢滋生。这就好比染丝，染了青颜料就变成青色，染了黄颜料就变成黄色。公输班（鲁班）教出的徒弟必定不是笨拙的木匠，正直的大臣家里绝不会出现奸邪小人。这就好比靠近山的土地是干燥的，接近河水的土地则是潮湿的。

晚清胡达源，将治家教子的“良言”汇编成集，名曰《弟子箴言》（又名《治家良言汇编》），在“亲君子”一卷中，专门提到居住环境问题，他警示说：

---

①楼含松. 中国历代家训集成 10［M］. 杭州：浙江古籍出版社，2017：5788.

目之所见，耳之所闻，其浸渍濡染，有日变月化，而不知其然者，不可不慎也。孟子幼时，舍近墓，嬉戏为墓间筑埋之事……

夫居处之地，见闻最亲，与善者居，则入于善；与恶者居，则入于恶，未有不影响相应者也。故亲君子者，乃可以为君子。（清·胡达源《弟子箴言》[①]）

在环境的熏染作用下，“未有不影响相应者”是古代有识之士和广大家庭教育者的共识。《温公家范》以旁征博引见长，在论述教子的重要性时，司马光引用了西汉初年著名政论家贾谊在《治安策》中说的一段话：

夫习与正人居之，不能毋正，犹生长于齐，不能不齐言也；习与不正人居之，不能毋不正，犹生长于楚，不能不楚言也。（宋·司马光《家范·卷三·父母》[②]）

这段话，以十分贴切的比喻说明了环境影响人的必然性：一直与正直的人相处，他的思想和行为不可能不正直，就好像生长在齐国的人不能不说齐国话一样；经常与不正直的人相处，就会变成不正直的人，就像生长在楚国的人不能不说楚国话一样。在《颜氏家训》中，颜之推通过“人在年少，神情未定，所与款狎，熏渍陶染，言笑举动，无心于学，潜移暗化，自然似之”的现象，指出“与善人居，如入芝兰之室，久而自芳也；与恶人居，如入鲍鱼之肆，久而自臭也。墨子悲于染丝，

---

①楼含松. 中国历代家训集成10［M］. 杭州：浙江古籍出版社，2017：6190.

②司马光. 钦定四库全书·家范［M］. 北京：中国书店，2018：50.

是之谓矣，君子必慎交游焉。”（北齐·颜之推《颜氏家训·慕贤第七》）虽然借喻的对象不同，但是所阐述的道理是一致的。

在传统家训文献中，有关环境影响、居必择邻的训辞不一而足，古代家庭教育者们对卜邻而居的必要性、因与果的内在关系也进行了透彻的论述，但在开展家庭教育活动时是否付诸实践，这在传统家训文献中鲜有记载。究其原因，除本书随后要讲到的事实之外，除非地位显赫的官宦人家，即使真正有过“择邻而居”的家庭，也不可能记入史册。饶是如此，我们还是能从史料中找到类似“孟母三迁”的历史事例，例如上述袁颢的《袁氏家训》中，就列有两件“择邻”而居的轶事。

一件是“张用慕孝择邻”。说的是“李琼娶妻有子，而移居母之室，夜尝十余起，母每谕之，曰：‘汝年来筋力颇惫，盍求婢以给侍我，免汝之劳苦?’琼曰：‘凡母之所欲，不亲经手，（意）如有失。’其母遂不之强。以是家人无敢怠惰。张用闻起至孝，因与之卜邻而居。此皆知里仁之义者。”大意是，杭州仁和人李琼，父亲去世得早，因而对母亲非常孝顺。妻子怀孕生子，不能照顾年迈的母亲，自己就在母亲的卧房搭了个简单的床铺以便于随时服侍母亲，经常在夜里起床十余次。母亲见了不忍，就对他说道：“你这么多天来吃不香睡不稳，精力疲惫，不如请个婢女来照料我，也免得你这么辛苦。”李琼回答母亲说：“凡是您老人家想做什么事，如果我不亲自经手，只怕难免失误。”母亲听了就不再强迫他。在他亲力亲为的示范下，家里其他人都不敢懈怠。一个名叫张用的人听说李琼这么有孝心，于是想搬到李宅旁边，与李琼比邻而居。这就是要选择在有仁德者的宅子旁居住的道理。

另一件是“千金买邻，八百买舍”。这桩轶事在《袁氏家训》中语焉不详，但在唐代史学家李延寿撰著的《南史·吕僧珍传》中，可以找到详细的记载，只不过“千金买邻，八百买舍”变成了“百金买宅，千金买邻”：

> 宋季雅罢南康郡，市宅居僧珍宅侧。僧珍问宅价。曰：“一千一百万。”怪其贵。季雅曰：“一百万买宅，千万买邻。”（《南史·卷五十六·吕僧珍》[①]）

吕僧珍是南朝梁国的开国功臣，他功业显赫却不谋私利，平等待人，不私亲戚，是公认的清廉官吏，受到朝廷上下的尊敬和爱戴，在当时是远近闻名的道德君子。因为吕僧珍的品德高尚，人们都愿意和他接近。

其时，南康（今属江西省赣州市）郡守名叫季雅，此人为官清正耿直，秉公执法，为此他得罪了很多人而被罢官。罢官以后，一家人搬出原来的府第。可到哪里去安居呢？季雅离开临时的住所，四处查看打听，看哪里的住所最符合他的心愿。一天，季雅来到吕家附近，发现吕家子弟个个温文尔雅，知书达理，果然与传言名副其实。说来也巧，吕家隔壁的人家要搬到别的地方去，打算把房子卖掉。季雅赶快去找这家主人，很快就谈妥价钱，双方握手成交。一日，吕僧珍过来拜访这位新邻居。寒暄一番后，吕僧珍问季雅：“先生买这幢宅院，花了多少钱呢？”季雅据实回答：“一千一百金。”吕僧珍吃惊地问道：“据我所知，这处宅院已不算新了，也不是很大，怎么价钱如此之高呢？”季雅笑着回答说：“不贵。买房子只花了一百金，另外的一千金是用于买您这位道德高尚、治家严谨的好邻居啊！”

以十倍于房价的价钱买一个邻里“环境”，值得么？若是担心邻里

---

①马松源. 二十五史精华 第2卷［M］. 北京：线装书局，2011：654.

之间的关系不好相处，大可以选择远离人家的地方独居。其实不然，“千金买邻”，不仅是顾忌邻里的关系不好而使居住环境恶化，以至于影响子弟的人格和道德修养，更有借助邻居的好家风、好人品作为道德示范，达到熏陶自家子女气质的深意。这可以从唐初贞观中书侍郎杜正伦所撰的家训中得到印证。

杜正伦为了教育子孙避免“徒示空谈”、注重道德践履，“故录要真之言，合为《百行章》一卷”，作为家训。其中第四十三章写道：

> 善人须依，君子须附。一言之益，实重千金；一行之亏，痛于斧钺。但近善者，恶即自消，卜邻而居是也。居近良邻，日有所进。居近恶邻，日有所退。（唐·杜正伦《百行章·近行章第四十三》①）

要理解这段话的意思，我们先了解一下何谓善人、君子。儒家文化是以“人”为中心的伦理型文化，儒家文化的代表作《论语》把人细分成圣人、贤人、惠人、善人、君子、士人、众人、野人、小人等九个层次，且归并为圣人、君子、众人、小人四大类。其中“圣人”难做到，“小人”遭唾弃，是小众群体，大众群体是“君子”和“众人”。在这个大众群体中，“君子”既不像“圣人”那样“高大”、难以企及，也不像“众人”那样平庸、不良不莠，是大众群体中受人崇敬的佼佼者，也是多数人都想跻身其中的道德目标。

而要成为君子，说难也不难，说易也不易，就是要做到十二个字：“志于道，据于德，依于仁，游于艺。”（《论语·述而》）简单地说，君子必须追求正道，执守道德，依于仁爱，游习六艺。

---

①楼含松. 中国历代家训集成 1 [M]. 杭州：浙江古籍出版社，2017：69.

可见，要做（或培养）一个道德君子，除了有志向、有道德、有技艺之外，还要培养仁爱之心。但这种仁爱的思想既不能先天带来，也不能单从书本中学习，更主要的是在生活中培养。所以，做君子也好、做善人也好，必须依附于外部环境，在生活中领悟真谛。“千金买邻”看似虚而不实，但邻居家人一言一行都在熏陶着自家的子弟，而且这样的“良师”无须支付脩金、不管食宿，天长日久，何止千金之惠？

二、和睦邻里

如果说，择邻是“选择”家庭育人环境，睦邻则是“改善”家庭育人环境的举措。

对于绝大多数家庭来说，择邻而居只是一种美好的愿望。真要为了“择邻”而举家迁徙，且不说人人皆有的“故土难离”情结，单从择邻的可行性看，则须同时具备三个条件：首先，要有充裕的经济能力。买房建房要钱、搬家运输要钱、修缮置物要钱；其次，即便选中了好的邻居，还要邻家有宅子出售或有闲置地基可供建房；最后，中国古代是农耕社会，土地是人们赖以生存的基本生产资料，除了人迹罕至的地方外，土地各有其主，就算有条件、有能力举家迁徙，原籍的土地也无法搬走，所以，还须同时能买到较为中意的田地（古代田地私有制，可以自由买卖）。可见，除像季雅那样的官宦人家或是商贾之家外，普通人家基本上没有“择邻”的能力。

清仁和（今浙江杭州两塘河以东部分）人沈起潜，在其《沈氏家训》中独辟一篇名为“睦邻门”，其中一段写道：

圣人云里仁为美，欲人择而处之。然有祖父基业，生长于斯，

右舍左邻，均非良善，既不能驱而逐之，又不克迁而避之，此实无可如何。（清·沈起潜《沈氏家训·睦邻门》①）

既然不能“择邻”而居，那就“睦邻”而处！在传统家训文化中，和睦邻里是治家教子的一项重要内容，也是古代家庭教育者论述得较多的道德规范与治家守则。

例如，安徽休宁程氏祖训第三条：

和睦乡里：交好乡里，不与争斗，便是和睦。乡里之人，住居相近，田地相邻，朝夕相见，出入相随。若能彼此和睦，不与计较，交相敬让，无所争差，则喜庆必相贺，急难必相救，疾病必相扶，婚丧必相资助，有无必相那借。虽说异姓，有若一家，日相与居，自无疑忌，作事未有不成。若不相和睦，则尔为尔，我为我，孤立无助，嫌疑互生，作事难成，岂能长久相处？化民和好，莫切于此。（休宁富溪《程氏宗族祖训家规》②）

又如，绩溪荆川胡氏宗族祖训第十条：

和邻。邻里居者，上下不一其人，贫富不同其家，皆要有无相通，守望相助，疾病、患难相扶持，冠婚丧祭，庆吊往来，可为美俗。若矜富欺贫，雠仇讦告，岂有极乎？凡我子孙，不可不知。（绩溪荆川《胡氏续修宗谱·祖训十三条》③）

①楼含松. 中国历代家训集成 10［M］. 杭州：浙江古籍出版社，2017：5962.
②卞利. 明清徽州族规家法选编［M］. 合肥：黄山书社，2014：168
③卞利. 明清徽州族规家法选编［M］. 合肥：黄山书社，2014：73.

古代先哲不仅在治家教子时非常重视睦邻教育，而且还以个人的影响力，在一定的范围内推行自己的睦邻思想。例如，孟子在主张实行井田制，让“贤者与民并耕而食，饔飧而治”时，他描述“出入相友，守望相助，疾病相扶持，则百姓亲睦”（《孟子·滕文公上》）的和谐民风，为后人乐于称道。北宋时期“蓝田四吕”（吕大忠、吕大钧、吕大临、吕大防），共同修撰了一部《吕氏乡约》，规劝邻里乡人“德业相劝，过失相规，礼俗相交，患难相恤”，不仅在当时，而且对后世影响极大。

概括起来，古代家训文化所提倡与实行的“睦邻之道”，主要有以下几种思想：

（1）君子居乡，当以德化人

江西婺源《江氏家训》有“乡党”一条，其中明确主张“君子居乡，当以德化人”，认为邻里之间的人际关系是平等的，没有谁尊谁卑、谁大谁小，无论自家是何条件和地位，对待乡邻应该贫富无歧、童叟无欺、彼此尊重、以礼相待，不能刻薄乡曲，更不能以势骄人。

安徽祁门郑氏宗族的祖训，同样有一条训诫为“和邻里”：

> 邻里，居之相近也。凡事须要相接以礼，盖出乎尔者反乎尔也，必出入相友、守望相助、疾病相扶持、患难相恤，方为仁厚之俗。（祁门锦营《郑氏宗谱·祖训》①）

认为邻里之间相处甚近，经常接触，凡事都要待之以礼，因为你怎

①卞利．明清徽州族规家法选编［M］．合肥：黄山书社，2014：68．

样对待别人，别人也会反过来怎样对待你。因此，一定要做到出入互相友爱、守望互相帮助、疾病互相扶持、患难互相救济，这才是仁厚的民俗家风。

初唐诗人宋之问的后代宋若莘、宋若昭姐妹，著有《女论语》一部，用通俗的四言韵文对古代女子提出了严格要求和应遵循的基本礼节，其中关于处邻之道，她们是这样说的：

> 东邻西舍，礼数周全。往来动问，款曲盘旋。一茶一水，笑语忻然。当说则说，当行则行。闲是闲非，不入我门。莫学愚妇，不问根源。秽言污语，触突尊贤。奉劝女子，量后思前。（唐·宋若昭《女论语·和柔章第十一》[①]）

左右邻居，朝夕相见，因此一定要礼数周全。碰面时要主动打招呼问候对方，邻居串门时要敬奉茶水、笑语相迎，在邻居面前规行矩步，不搬弄是非，不说粗俗下流、污浊难听的言语伤害邻居的尊严，这些都是基本的睦邻之道。

宋代袁采，将以富贵地位论身份、恃富欺贫、结贵攀高的无德者斥为“无知之人”，他批评说：

> 世有无知之人，不能一概礼待乡曲。而因人之富贵贫贱设为高下等级，见有资财、有官职者则礼恭而心敬。资财愈多，官职愈高，则恭敬又加焉。至视贫者、贱者，则礼傲而心慢，曾不少顾恤。殊不知彼之富贵非我之荣，彼之贫贱非我之辱，何用高下分别

①陈宏谋. 五种遗规［M］. 北京：线装书局，2015：97-98.

如此！长厚有识君子必不然也。（宋·袁采《袁氏家训·处己》[①]）

这种人的确既无德又无知，试问，人家富贵自是人家的富贵，与己何干？己又有何荣？别人贫贱自是别人活得辛苦，又与己何干？用得着如此势利么？

因此，古人强调子弟特别是官宦人家或富家子弟，要牢记“富贵不压于乡党”，不倚势骄人。在《江氏家训》里，记载了一则居富贵而不骄的事例：

谚云：“富贵不压于乡党。”若倚势骄人，终必自满招损。昔石奋为汉时显官，长子建为郎中，少子庆为内史。每归，入里门，辄下车步趋。至家，人避己者，谕止之，无一毫富贵态。可为居显贵而不骄乡党者法。（江西婺源《江氏家训》[②]）

大夫石奋是汉朝的大官，他不通文学，但为人恭谨无比，而且治家严谨，教子有方，把四个儿子培养得非常出色，其中大儿子石建，官居郎中令；少子石庆，官至内史。

每当石奋回乡省亲时，在进庄之前必会下车，然后步行至家；乡人看见官家回来，都主动回避，石奋就连忙阻止，劝谕乡邻不要这样，没有显露出一丝一毫的富贵之态。

后来，石奋年纪大了，朝廷许他享受上大夫的俸禄告老回乡。在朝廷做官的儿子们则时常回家探望。一次，担任内史的小儿子石庆酒醉归来，进入里门时没有下车。石奋听到这件事后不肯吃饭。石庆非常害

①袁采．袁氏世范［M］．上海：上海人民出版社，2017：56．

②卞利．明清徽州族规家法选编［M］．合肥：黄山书社，2014：55．

怕，忙袒露上身跪在父亲床前请求恕罪，石奋仍然不肯原谅。后来全族的人也一同求情。石奋责备说：“内史是尊贵的人，进入里门时，里中的父老都急忙回避他，而内史坐在车中依然故我，不知约束自己，这是应该的么?”说完就喝令石庆走开。从此以后，石庆和石家的弟兄们进入里门时，都会自觉下车步行回家。

《江氏家训》的作者对于这件轶事加注说：石奋这种谦和乡邻的德行，可以作为身居富贵而不欲骄傲乡曲的人家学习的榜样。

（2）睦邻之道，当患难相恤，有无相济

和邻睦邻，除了以礼相待，平等待人之外，还须患难与共、相互扶持。俗话说，天有不测风云，人有旦夕祸福。人生之路并不平坦，可以说充满了坎坷。每个家庭都会有为难事、为难时，有时凭一家之力很难应付，这时乡邻的“援手”就显得弥足珍贵。因此，古代家庭教育者将“患难相恤，有无相济”摆在睦邻的重要地位。当“人有患难不能济，困苦无所诉，贫乏不自存，而其人朴讷怀愧不能自言于人者，吾虽无余，亦当随力周助。”（宋·袁采《袁氏世范·处己》）

歙县叶氏修家规二十条，其中第十四条规定：

> 乡里诚当相敬。凡有往来之礼，不可缺失。邻舍之密，较他不同，古人千钱买邻，盖重其事也。睦邻之道，当患难相恤，有无相济，贤否相戒。（歙县新州《叶氏家谱·修省斋公家规二十条》[①]）

袁颢在阐明“里仁”的意义后，又紧接着阐述“处邻之道”：

> 今素心与至孝之人，世不多得，而吾辈处邻，须要联之以恩，

①卞利. 明清徽州族规家法选编［M］. 合肥：黄山书社，2014：160.

接之以礼，孚之以信。年节则相与往来，守望则相与效力，疾病则相与问候，患难则相与救援，不足则相与补助，自然彼此辑穆，而风俗可厚。（明·袁颢《袁氏家训》①）

他说，纯朴的人与有孝心的人，世间不可多得，重要的是邻里之间要相处得好。处邻之道无非三条：平日间的交往要施以恩惠、以礼相待、讲求诚信。具体来说，逢年过节要相互问候祝贺，平时要关心帮助对方，若有疾病则要问候，有难处要给予救援，生活不济要倾囊相助。做到了这些，邻里之间自然和睦，风气也就变得仁厚。

明正统六年举人、浙江嘉善人袁衷，在其家训《庭帏杂录》中详细记载了自己母亲的睦邻事迹：有一沈姓邻居，一向比较仇视袁家。袁衷的母亲嫁过来之后，非常注意改善邻里关系。袁家有一株桃树，枝条长出墙外，伸到沈家院里，沈家径自拿锯子锯掉。袁衷兄弟看见后就告诉母亲，母亲说："应该这样啊，我家的桃树，怎能占了人家的地方？"沈家有棵枣树，同样也有枝条伸到袁宅，结枣以后，母亲对袁衷兄弟说："邻居家的枣，你们一个都不许摘取。"她还让家里人守在一旁，到了枣熟时，便请沈家的人过来，当面摘下来，装在盒子里让沈家拿回去。袁家有只羊误入沈家庭院，被沈家打死；后来，沈家也有一只羊窜到袁家，袁家仆人大喜，捉住羊准备如法炮制，以泄前忿。袁衷母亲立即制止，让家人将羊送还沈家。后来，沈家主人患病，袁衷的父亲忙去问诊，并掏钱为他买药。母亲还对左邻右舍说："疾病相恤，邻里之义，沈家因病贫困，我们这些邻居每家出银五分帮助他们一下。"结果筹得银钱一两三钱五分，袁家又单独助米一石。由此，沈家"忘仇感义"，两家竟如亲戚一样来往。

①楼含松. 中国历代家训集成3［M］. 杭州：浙江古籍出版社，2017：1716.

袁衷最后感叹道：只要互谅互让，天下无不可化之人。（“天下无不可化之人，谅哉！”《庭帏杂录》）

除对邻里患难相恤、有无相济外，其他如修桥补路、救灾赈济等造福桑梓的善举，都是睦邻、和邻的特殊表现形式。例如，袁采在《袁氏世范》治家篇中，多处论及这些内容，如“池塘、陂湖、河埭有众享其溉田之利者，田多之家当相与率倡，令田主出食，佃人出力，遇冬时修筑，令多蓄水。及用水之际，远近高下，分水必均，非止利己，又且利人，其利岂不博哉？”“乡人有纠率钱物以造桥、修路及打造渡船者，宜随力助之，不可谓舍财不见获福而不为。且如造路既成，吾之晨出暮归，仆马无疏虞，及乘舆马，过桥渡，而不至惴惴者，皆所获之福也。”分水、修路、造桥都是一些平凡小事，但也是造福一方的义举，在方便别人的同时也方便了自己。而且最大的收获是邻里之间的和睦与信任，家风、民风将更淳朴仁厚。

（3）交邻之道，大事小，小事大

邻里之间，朝夕相处；田地屋宇，紧密相连。平常劳动、生活甚至休闲憩息，邻居之间多有联系，一来二去，难免有些许分歧；加之儿童嬉戏、鸡犬无知，也很难避免产生矛盾。在处理这些或大或小的邻里纠纷问题时，如果邻里之间心胸狭窄、意气行事，小则产生隔阂、关系紧张，大则口角忿争甚至拳脚相向，双方势同水火。因此，古人提出了“交邻”六字原则，即“大事小，小事大”。

安徽歙县朱氏宗族，有一则“和睦邻族”的祖训：

古交邻之道，大事小，小事大，二者尽之。……大抵齿之刚，不如舌之柔；火之烈，不如水之懦。以刚与烈处邻族，断难服其心，不服则必亢；以柔与懦处邻族，自足摄其志。志既摄，则易

平，何也？柔懦乃所以令人玩，不令人争；令人怜，不令人忌。（歙县古歙义成《朱氏宗谱·祖训十二则》①）

意思是古人交邻之道，就是大事要当成小事，小事要当成大事。这两句话涵盖了交邻的所有问题。牙齿虽然坚硬却容易脱落，不如柔软的舌头那么经久（耐用）；火虽然猛烈，却缺少水那般柔情。以强硬、刚烈的态度处理与邻居的关系，不可能令人心服，心不服就会抗拒；以柔与懦处理邻居关系，就会取得别人的理解。

所谓“大事小”，即在处理邻里纠纷时，要有一种宽容的胸怀、大度的风格、高尚的情操，多想邻家长处，多作自我批评，抱着与邻为善的态度将大事化小、小事化了。“一切小忿，说过便消，仍复旧好，不留宿怨。躬自厚而薄责于人，虽百世可同居矣。”（歙县《谢氏统宗志·家规》）

在清末桐城人姚永朴著《旧闻随笔》中，记载了一段将邻里纠纷“大事化小”的佳话：

张文端公居宅旁有隙地，与吴氏邻，吴越用之。家人驰书于都，公批诗于后寄归，云：“一纸书来只为墙，让他三尺又何妨。长城万里今犹在，不见当年秦始皇。”吴闻之感服，亦让三尺。其地至今名为六尺巷。（清·姚永朴《旧闻随笔》②）

说的是清代康熙年间大学士张英，安徽桐城人，邻居姓吴。张家宅边有一块空余的地基，这年邻居吴氏翻修房子，把房基打在张家这块空

①卞利．明清徽州族规家法选编［M］．合肥：黄山书社，2014：80.
②姚永朴．旧闻随笔［M］．张仁寿，校注．合肥：黄山书社，1989：183.

地上。张家人不让，双方起了争执。情急之下，张家人派人送书信到京城，想让张英回来与吴家打官司。张英接信之后，并没有把它当作什么“大事”，反而给家人写了一封规劝信，信中说：“一纸书来只为墙，让他三尺又何妨。长城万里今犹在，不见当年秦始皇。”张家人本来素有家风，只是看见吴家无理占用本属于自家的地基才引起争执。如今见官居宰相的老爷回信规劝，立即让了吴家三尺之地。吴家知道了张英回信的事情后，既感动又内疚，于是主动将原先打的房基回填平整，又从自家的分界处退后三尺。两家尽释前嫌，从此留下六尺宽的小巷，更留下邻里相互谦让的美谈。

所谓“小事大”，是指在看待邻里可能出现的纠纷问题上，要将“小事”当作“大事”来防范。

在明人焦竑撰著的《玉堂丛语》一书中，载有一则“杨翥卖驴”的轶事：

> 杨公翥有厚德，为景皇帝宫僚，居京师。乘一驴，邻翁老而得子，闻驴鸣辄惊，公遂鬻驴徒行。天久雨，邻垣穴，潴水公舍，家人欲与竞。公曰：“雨日少，晴日多，何竞为？”（明·焦竑《玉堂丛语》[1]）

说的是吴县人杨翥，因德高望重而在明代宗一朝官居礼部尚书。当时他住在京城，喜欢骑驴出行。他的邻居是一位老翁，正好老来得子。有一次，杨翥骑驴从邻居家门前经过，邻居家小孩听见毛驴的叫声，吓得哭闹起来。于是杨翥卖掉了心爱的毛驴，改为徒步出行。还有一次，天下了很长时间的雨，邻居家的墙被雨水洞穿了，雨水流到了杨翥家

---

①焦竑. 玉堂丛语［M］. 北京：中华书局，1981：6-7.

中，造成了大面积的积水，家人想找邻居理论，杨翥却说："下雨的时候少，天晴的时候多，有什么好争的呢？"

驴子的叫声惊扰了邻家小孩，这本是一桩"小小的"偶然事情，但杨翥却视为扰邻"大事"，宁可抛去自己所喜，也不为邻居增加烦恼。这种境界的确是人们处邻的楷模。

袁采在《袁氏世范》治家篇中，多次列举居家"小事"，训诫家人留意预防，比如其中一段写道：

> 人有小儿，须常戒约，莫令与邻里损折果木之属。人养牛羊，须常看守，莫令与邻里踏贱山地六种之属。人养鸡鸭，须常照管，莫令与邻里损啄菜茹六种之属。……园圃种植菜茹六种及有时果去处，严其篱围，不通人往来，则亦不至临时责怪他人也。（宋·袁采《袁氏世范·治家》①）

邻里相交日久，免不了出现一点损折邻家果木的事情，牛羊鸡鸭践踏庄稼、啄食粮菜也不鲜见，但这些小事如果不加注意，很容易引起邻里之间的矛盾，所以要时常戒约与看守。在《汉书》中，记载了这么一则睦邻佳话：

> 始吉少时学问，居长安。东家有大枣树垂吉庭中，吉妇取枣以啖吉。吉后知之，乃去妇。东家闻而欲伐其树，邻里共止之，因固请吉令还妇。②

---

①袁采．袁氏世范［M］．上海：上海人民出版社，2017：129-130．

②班固．汉书（下）［M］．长沙：岳麓书社，2009：826．

汉宣帝时，有位谏议大夫王吉，字子阳，街坊们叫他王阳。王阳年轻时在长安赁屋居住，东边邻居有棵大枣树，枝叶纷披，垂入他居住的院中。王阳的妻子摘了些枣给丈夫吃。吃完之后，他发现这枣是摘自东邻的枣树时，一怒之下将妻子休了。东邻闻知此事，于心不忍，拿了把斧子就来砍大枣树。街坊们纷纷出来劝解，王阳只好召回妻子，东邻也就扔掉了斧子没砍枣树。

与人交游，　宜择端雅之士

与人交游，宜择端雅之士，若杂交终必有悔，且久而与之俱化，终身欲为善士，不可得矣。

——（宋）江端友《家训》[①]

“明人伦”是孟子提出的学校教育的目的。所谓“明人伦”，就是“父子有亲，君臣有义，夫妇有别，长幼有序，朋友有信”，统称为“五伦”。将“朋友”列为五伦之一，足见古人对结交朋友的重视程度。

在汉语言文化中，有关“朋友”的词汇非常丰富，如良友、挚友、诤友、损友，生死之交、道义之交、乌集之交、酒肉之交等，说明“朋友”在人际关系中虽然是比较“知己”的一种关系，但是从相互之间的影响看，有益有损。故在古代家庭教育中，对子孙交朋结友的训诫很多，几乎是逢“训”必诲，而“交朋接友，人所不免”“人之处世，必

①喻岳衡. 历代名人家训［M］. 长沙：岳麓书社，2003：156.

须择友”“君子以远小人，不恶而严”是其主要的教育思想。

一、交朋接友，人所不免

在传统家训文献中，不仅许多“家训”都有关于交友的训诫，而且在对待子孙交结朋友的态度上，都有这样一句大致相同的训辞：“人未有不须友以成者。”（《毛诗序》）意思是说，没有人能不借助朋友的力量而达到目标。

清代文学家蒋士铨在写给儿子的五言诗《再示知让》中，要求儿子要以“学、友、识、守”四个字作为立身处世之道，并从正反两个方面强调了“学、友、识、守”的重要性。他说：

> 莫贫于无学，莫孤于无友，莫苦于无识，莫贱于无守。无学如病瘵，枯竭岂能久？无友如堕井，陷溺孰援手？无识如盲人，举趾辄有咎。无守如市倡，舆皂皆可诱。学以腴其身，友以益其寿。识以坦其心，守以慎其耦。时命不可知，四者我宜有。（清·蒋士铨《再示知让》[①]）

古人把朋友列为五伦之一，将之视为与父子、兄弟、夫妇同等重要的人际关系，其意义在于朋友之间有德业相劝、过失相规的作用。

一是德业相劝。拥有朋友，才能够互相砥砺、共同进步。“女无明镜，不知面上之精粗；人无良友，不知行之亏余。”（唐·佚名《太公家教》）朋友就是身边的一面镜子。通过他，可以衡量自己的德才境界，发现自己的错误与不足，以朋友为标杆，努力追赶前行。

---

①颜之推，等. 中国家训精华［M］. 周彪，译注. 天津：天津古籍出版社，2018：293.

明清之际三大思想家之一的王夫之在他的著作《读通鉴论》中说：

> 君子之所望于人者，以礼相奖、以情相好已耳，非若小人之相倚以雄也。（清·王夫之《读通鉴论》[①]）

这里的“礼”是尊重的意思，“情”指情谊、友谊。意思是说，君子结交朋友，是由于彼此相互尊重、互相赏识而形成的友谊，交往的意义只是互相鼓励、互相学习，以不断完善自己、丰富自己，而不是像小人那样，结交狐朋狗友为的是互相利用而壮大势力。

在安徽绩溪县华阳邵氏宗族的家规中，有一条“择交”的家规是这样写的：

> 朋友，五伦之一，人未有不须友以成者。但损益殊途，不可不慎。故友得其人，则德业相劝，过失相规，其益多矣。（绩溪华阳《邵氏宗谱·卷十七·家规》[②]）

“德业相劝，过失相规”，这句话出自前文提到的《吕氏乡约》。在这里，意思就是如果友交其人，那么，在立德、治家方面就能够互相勉励，发现了过错就能够进行规谏。这样，人们的道德操行才能逐渐完善。

古代二十四孝之“涤亲溺器”的主人翁黄庭坚，与秦观、晁补之、张耒并称“苏门四学士”，当宋代文豪苏轼如日中天的时候，他还是籍籍无名之辈。因为才华过人，黄庭坚得到苏轼的赏识，两人名为师生，

---

①王夫之. 读通鉴论 文白对照全译［M］. 太原：山西人民出版社，1994：431.

②卞利. 明清徽州族规家法选编［M］. 合肥：黄山书社，2014：163.

实为挚友。苏轼没有因为黄庭坚是后学之辈而有所怠慢，黄庭坚也没有因为苏轼的宦海沉浮而对他疏远。在漫长的岁月中，两人诗文往来，切磋词艺，针砭时弊，感悟人生，虽各自际遇不同，然惺惺相惜，互相砥砺，为后世留下一段交友的佳话。

二是过失相规。拥有朋友，才能够互相规谏、完善自己。“天子有诤臣，不得罪于天下；士有诤友，不得罪于乡党州间，则朋友之责所系匪轻。”（安徽绩溪县《积庆坊葛氏重修族谱·卷三·家训》）人们交结朋友，不单是在一起谈天说地、吟诗作对，朋友应该是严师，督率相互之间的言行；也应该是“良医”，医治相互之间的“痼疾”。

明代著名思想家王守仁说：

> 人在仕途，比之退处山林时，其工夫之难十倍，非得良友时时警发砥砺，则其平日之所志向，鲜有不潜移默夺，驰然日就于颓靡者。（《王阳明全集·与黄宗贤》[①]）

他感叹人在官场中，由于尔虞我诈，往往很难交到知心的朋友。而想要仕途一帆风顺，又必须有一个敢于直言的良友不时对自己进行规谏。否则，原先所立下的志向，难以避免不露形迹地改变，久而久之人就会颓废。

为士如此，为农、为工、为商又何尝不是如此？诤友之所以可贵，就在于他们能视朋友如家人，以诚相交、赤诚相待，对朋友的缺点、错误绝不粉饰，敢于力陈其弊，促其改之，使朋友在人生的道路上，避免遇到过多的挫折。

在《资治通鉴》中，记载了一则“徐原谏争”的历史轶事：

---

①王阳明. 王阳明全集 1 [M]. 北京：中国画报出版社，2016：250.

己丑，吴大司马吕岱卒，年九十六。始，岱亲近吴郡徐原，慷慨有才志，岱知其可成，赐巾褠，与共言论，后遂荐拔，官至侍御史。原性忠壮，好直言，岱时有得失，原辄谏争，又公论之；人或以告岱，岱叹曰："是我所以贵德渊者也！"及原死，岱哭之甚哀，曰："徐德渊，吕岱之益友，今不幸，岱复于何闻过？"谈者美之。（宋·司马光《资治通鉴·卷第七十七·魏纪九》①）

三国时期，吴国大司马吕岱，很欣赏吴郡人徐原的才志与豪爽，料定他日后能够建功立业、取得成就。在徐原还没有出仕的时候，经常赠他巾帻、单衣等常人穿戴的礼服，并与他交流政事、文学等方面的思想，后来就向朝廷推荐提拔他，官至侍御史。徐原性格忠厚豪放，喜好直言，吕岱有时出现失误，徐原就直言进谏争辩，并且还在众人之中议论。有人将这事告诉了吕岱，吕岱感叹地说："这是我看重徐原的原因。"徐原去世时，吕岱哭得十分哀痛，说："徐原啊，我的好友，如今你不幸而去，我又从何处听人指出我的错误？"谈论的人十分赞美这对挚友。

朋友间的德业相劝、过失相规，不仅在于面对面的显性劝导作用，还在于人格魅力的隐性濡染作用。

清代仪封（今河南兰考）人张师载在《课子随笔钞》中辑录了一则佚名《袁氏家训》，对交"诤友"的意义作了比较贴切的描述：

与刚直人居，心所畏惮，故言必择，行必谨，初若不相安，久而有益多矣。与柔善人居，意觉和易，然而言必予赞也，过莫予警

①司马光. 资治通鉴全译 第6册［M］. 贵阳：贵州人民出版社，2002：107.

也。日相亲好，积尤悔于身而不自知，损孰大焉？故美味多生疾疢，药石可以长年。

与善人交，有终身了无所得者。与不善人交，动静语默之间亦从而似之。何耶？人性如水，为不善如就下，故易。（清·张师载《课子随笔钞·袁氏家训》① ）

这里描述的是朋友间德行操守的濡染机理：与刚直不阿的人在一起，必定有所敬畏、忌惮，因此说话不敢随意，行为也必然相当谨慎。起初可能不太习惯，但天长日久，对自己的益处就多了。与柔善的人在一起，虽然感觉融洽适意，但是开口就是称赞之词，有过却不能规劝预警。长期这样相处，缺点、不足之处越积越多却懵然不知，对人品的损害不知有多大。所以，美味容易导致疾病，药物可以保护人的健康。与有仁德的人相交，有可能一辈子没有得到多少教益。但与没有仁德的人相交，行为言语之间则没有学习、模仿的榜样。这是为什么？因为人性就像流水一样，往高处走很难，往低处流就容易得很。

在如何对待子孙的交友观中，有一种比较特殊的现象引起了人们的注意与思考：社会上的人鱼龙混杂、良莠不齐，自家子女阅历尚浅，让他出外交游，误交匪人怎么办？大多家庭教育者认为，既然“交朋接友，人所不免”，那就不能“绝其交游”，阻断他们与社会的联系，而应因势利导，提醒他们“谨其交游”，让他们在交游中丰富自己的阅历，找到志同道合的良友、益友。例如《袁氏世范》：

世人有虑子弟血气未定，而酒色博弈之事，得以昏乱其心，寻至于失德破家，则拘之于家，严其出入，绝其交游，致其无所闻

①楼含松．中国历代家训集成8［M］．杭州：浙江古籍出版社，2017：4787.

见，朴野蠢鄙，不近人情。殊不知此非良策。禁防一弛，情窦顿开，如火燎原，不可扑灭。况拘之于家，无所用心，却密为不肖之事，与出外何异？不若时其出入，谨其交游，虽不肖之事习闻既熟，自能识破，必知愧而不为。纵试为之，亦不至于朴野蠢鄙，全为小人之所摇荡也。（宋·袁采《袁氏世范·处己》①）

袁采认为，为人父兄如果担忧子弟尚未成年，血气不成熟，酒色赌博这些事会扰乱他们的心神，以至于丧失品德，败坏家业，就把他们拘禁在家里，严防他们出入，断绝他们与外界的往来，这样只能使他们缺乏见闻、愚蠢鄙陋，不懂得人情道理，岂不知这样做并非良策。一旦对他们的管教松懈下来，他们的情感就会爆发出来，如同野火燎原，不可扑灭。况且把他们拘禁在家里，整天无所事事，就会偷偷地做些不该做的事情，这与让他们外出有什么区别呢？不如按时让他们出去，告诉他们交朋友要谨慎，对于那些不该做的事他们眼见耳闻多了，自然能够看出问题，知道羞愧而不做那样的事。即使试着去做，也不会愚蠢鄙陋，完全被小人蛊惑愚弄。

二、人之处世，必须择友

既然“交朋接友，人所不免”，那么对于子弟就不能“绝其交游”，而应该让他们到“江湖”中闯荡、在闯荡中成熟。父母家长唯一的责任，就是教导他们“谨其交游”，在茫茫人海中找到“知音”。而“谨其交游”的要旨就是两个字：择友。

择友的意义，在于得贤。古代家庭教育者教育子孙“谨其交游”，

①袁采．袁氏世范［M］．上海：上海人民出版社，2017：83-84．

不是声色俱厉地训诫，而是苦口婆心地讲道理。宋哲宗时期“七里先生”江端友教育子孙后辈说：

与人交游，宜择端雅之士，若杂交终必有悔，且久而与之俱化，终身欲为善士，不可得矣。（宋·江端友《家训》[①]）

指出交友必须要结交那些庄重文雅的人，如果不分好坏乱交朋友，最终必定后悔，久而久之被那些不良之人同化，再想做一个有仁德的君子，就很困难了。

汉末安众（今河南镇平县东南）人刘廙，发现弟弟刘伟与图谋叛曹的魏讽往来甚密，故而投书，劝谕他交友要慎重。书中说：

夫交友之美，在于得贤，不可不详。而世之交者，不审择人，务合党众，违先圣人交友之义，此非厚己辅仁之谓也。吾观魏讽，不修德行，而专以鸠合为务，华而不实，此直搅世沽名者也。卿其慎之，勿复与通。（汉·刘廙《诫弟伟》[②]）

意思是说，结交朋友的好处，在于能得到有才德的人的帮助，因此不能不慎重选择。可是，世上交朋友的，往往不能慎重地选择，甚至是拉帮结派，结党营私，这就完全违背了孔圣人有关交友的教导，这不是“厚己辅人”之说。我看魏讽这个人，不讲究道德修养，而专门拉帮结派，华而不实，是真正沽名钓誉而求取于人。你应当审慎才是，千万不要再与他交往了！

---

①喻岳衡. 历代名人家训［M］. 长沙：岳麓书社，2003：156.

②陈寿. 三国志［M］. 武传，点校. 裴松之，注. 武汉：崇文书局，2009：281.

如果说这些道理还不足以说明“择友”的意义，那么下面这些劝谕之辞则更为直观、透彻。

宋理宗时期海盐（今属浙江）人许棐说：

> 与邪佞人交，如雪入墨池，虽融为水，其色愈污。与端方人处，如炭入熏炉，虽化为灰，其香不灭。（宋·许棐《樵谈》①）

意思是说，与奸邪谄媚之人交往，就像白雪进入墨池里，虽然融化成水，但是其颜色却更加肮脏；与正直之人相处，就像木炭投至熏炉里，虽然烧成了灰，但是其香气依然可闻。

明嘉靖二十九年进士方弘静说：

> 与正人为朋，其为人鲜不正矣；与邪人为朋，其为人鲜不邪矣。乃曰：吾非不知其人，姑用其才，是以猰貐之爪牙而自附于不踏生草之仁兽，可乎？（明·方弘静《方定之家训·卷二》②）

猰貐，是传说中的天神。另一个名叫“二负”的天神听信别人的挑拨将猰貐误杀，后来黄帝命巫师用不死药救活了猰貐。但猰貐复活之后，竟神智迷乱，掉进昆仑山下的弱水里，变成了形状像牛、经常上岸危害百姓的“恶兽”。方弘静这段话的意思是，与正派的人做朋友，其为人很少有不正派的；而与心术不正的人做朋友，其为人很少有心地善良的。有人说，我（结交心术不正的人做朋友）不是不知道他的为人，而是姑且借用他的才能。（这样做）好比是将危害百姓的恶兽之爪牙安

①曾枣庄，刘琳. 全宋文 第333册［M］. 上海：上海辞书出版社，2006：374.

②楼含松. 中国历代家训集成4［M］. 杭州：浙江古籍出版社，2017：2327.

附在连草都不忍践踏的仁兽身上，难道可以吗？

在明代休宁叶氏族谱里，有一段“教训子孙”的诫辞，其中说道：

> 良朋好友与他相处，自然会好；浪子游徒与他相狎，自然会不好。所以古人云：“近朱者赤，近墨者黑。”可见教训子孙的，毕竟要慎择同伴。（休宁《叶氏族谱·卷九·保世》[①]）

这段话基本上是白话文，无须翻译。

总之，朋友之间过从甚密，平日言谈举止，都对对方产生潜移默化的影响，因此要近贤远佞，注意熏染。

择友的原则，在于有德。既然交友在于得贤，那么就要选择端雅之士进行交往。怎样才是端雅之士？我们先来看孟子是怎么说的：

> 万章问曰：“敢问友。”孟子曰：“不挟长，不挟贵，不挟兄弟而友。友也者，友其德也，不可以有挟也。”（《孟子·万章（下）》[②]）

孟子的学生万章向老师问交友之道。孟子回答说：“与人交朋友时，不自恃年长，不自恃地位尊贵，不自恃兄弟有权有势而居高临下地对待朋友。所谓交友，是以品德相交，不可以有所倚仗。”

简而言之，结交朋友，就是要结交志同道合的人，不能有任何功利之心。否则就如古人所言——

---

①卞利. 明清徽州族规家法选编［M］. 合肥：黄山书社，2014：63-64.

②孟子. 孟子选注［M］. 桂林：漓江出版社，2014：122.

以财交者，财尽而交绝；目色交者，华落而爱渝。（西汉·刘向《战国策》①）

以权利合者，权利尽而交疏。（汉·司马迁《史记·郑世家赞》②）

以势交者，势倾则绝；以利交者，利穷则散。（隋·王通《文中子中说·礼乐篇》③）

因此，结交朋友，要友其德，而不可友其财、色、权、利、势。谨记“君子之交淡若水，小人之交甘若醴”。

唐代“苦吟诗人”孟郊有一首《择友》诗，十分犀利地揭露了那些“损友”的丑恶嘴脸：

虽笑未必和，虽哭未必戚。面结口头交，肚里生荆棘。好人常直道，不顺世间逆④。

（这些损友）虽然脸上带着笑容，但是未必与你关系和谐；你难过的时候，他虽然跟着流泪，但是未必与你一样悲伤；面上虽然说是交友，心里可能正在打你的歪主意。真正的好朋友常常是心肠耿直，不与世间那些阴暗晦涩同流合污。

正因为“江湖险恶”，在传统家训里，提醒儿孙“慎交”的训诫尤其多。如：

---

①刘向．战国策［M］．高诱，注．北京：商务印书馆，1958：17.

②司马迁．史记选［M］．储欣，选评．北京：商务印书馆，2014：74.

③王通．文中子中说［M］．阮逸，注．秦跃宇，点校．南京：江苏古籍出版社，2017：61.

④孟郊．孟郊集校注［M］．韩泉欣，校注．杭州：浙江古籍出版社，1995：100.

慎交。交朋接友，人所不免，其相与为友者，必择言可法、行可则，缔为心腹，方可无损。若与无籍之徒，贪其酒食之欢，更相迭和，引诱嫖荡，家筵渐败，求免祸也，难矣。试睹今之与便佞以为腹心，听其愚弄，诱其非道，鲜有不祸及其身者。凡我子孙，更当慎之。（荆川明经《胡氏续修宗谱·卷一·祖训十三条》[①]）

交朋友要选择那些言语值得学习、行为值得仿效的人，才会有益无损。如果与那些无赖、无耻的人混在一起，必会引祸上身，子孙不可不慎。

朋友五伦之一，系吾身不浅。善人宜交，老成人宜交，有学有道之士宜交。至嫖赌荒淫，及衙门讼师，并不孝不友之徒，总不宜一见。即机械变诈，世之所谓能人，正吾身之蟊贼也。故要择交。（明·陈其德《垂训朴语·保家五要》[②]）

朋友是五伦之一，与自己的关系很重要。善良的人、稳重敦厚的人、有学问有仁德的人适合交朋友。而吃喝嫖赌、游手好闲、不孝敬父母不恭敬兄长的人，不能与他们相见，更别说结交。那些欺谋善变的所谓能人，正是要加以提防的坏人，因此要择人而交。

清人沈起潜的《沈氏家训·朋友门》中，以两千余字的篇幅，详细论述了交友、择友、识友、处友的意义、原则、规矩、禁忌等方方面面

①卞利. 明清徽州族规家法选编［M］. 合肥：黄山书社，2014：73.
②楼含松. 中国历代家训集成 5［M］. 杭州：浙江古籍出版社，2017：3281.

观点，可算是集大成之交友教科书。“朋友门”开宗明义，指出：

> 朋友为五伦之一。当先察其人品学问，肝胆义气，而后可言结纳，故曰朋友之交。古人得一知己，可以不恨。要能择交，不滥交，一交匪人，为害不浅。慎之，慎之。（清·沈起潜《沈氏家训·朋友门》①）

择人而交是交结朋友的首要事项，也是最为重要的事项。要先考察他的人品如何、有无真才实学、是否真诚重义等，然后才能决定是否可以结纳，这就是交友之道。古人说，能有一个知己好友，就没什么可遗憾了。因此，要能够做到择交而不滥交，如不小心误交匪人，将来危害不浅，所以需要谨慎再谨慎。

不仅是耳提面命，更要敦促子弟力学笃行。在司马光《温公家范》中，记载有一则“儿子交友不善，母亲拒绝吃饭”的敦行事例：

南北朝时期，北魏巨鹿（今河北省巨鹿县北）人魏缉的母亲房氏（古代八德故事中“魏房泉壤”的主人公），丈夫魏溥去世的时候，她年仅十六岁，儿子魏缉生下来还不到一百天。此后数年，闭门在家抚养教导儿子魏缉，将儿子训导得知书达理、颇知礼仪法度。房氏因儿子自小缺失严父的管教，就特别注意儿子身边的人对他的影响。魏缉在外边结交的人，如果是有好名声的来家做客，魏母就亲自准备酒食，款待客人；如果是品德修养差的人，她就睡在屏风后面，不出来吃饭，一定要儿子表示悔恨，向她谢罪后，她才肯吃饭。

①楼含松. 中国历代家训集成 10［M］. 杭州：浙江古籍出版社，2017：5880.

三、君子以远小人，不恶而严

君子与小人是两个完全对立的人格品质，决心要成为一个道德高尚的君子，就要远离小人。

对子弟“亲君子而远小人”的训诫，最有特点的莫过于清代学士胡达源。他撰《弟子箴言》十六卷，收录箴言七百六十二条，其中就有“亲君子”一卷、“远小人”一卷。在“远小人”一卷中，他指出：

> 人当童蒙之时，无不可教者，特不亲阳刚之君子，而近阴柔之小人，必至败坏而不可救。
>
> 明乎此义，……（小人）岂可不远乎？（清·胡达源《弟子箴言·卷八·远小人》①）

这里的“阳刚之君子”，指正派敢于直言相劝的人；“阴柔之小人”，指表面和善、口蜜腹剑的伪君子。全句的意思是，人在小的时候，没有不能教导成材的，但若是不让他亲密接触正直敢于规谏的人，而与表面和善暗里使坏的人经常在一起，必然导致道德败坏，不可救药。明白了这个道理，还不远离小人吗？

宋人刘元成甚至说：“子弟宁可终岁不读书，不可一日近小人。”（清·陈弘谋《诸儒论小学》）足见小人之为祸不小。

然而，“小人”除人品之外，表面上与普通人并无二致，同样是衣冠楚楚、相貌堂堂，因此，“远小人”，首先要能够正确辨识小人。

南宋理学家朱熹给出了一个识别小人的“标准”，他说：

---

①胡达源. 胡达源集［M］. 长沙：岳麓书社，2009：70-71.

凡阳必刚，刚必明，明则易知。凡阴必柔，柔必暗，暗则难测。故圣人作《易》，遂以阳为君子，阴为小人。……凡其光明正大、疏畅洞达，如青天白日，如高山大川，如雷霆之为威而雨露之为泽，如龙虎之为猛而麟凤之为祥，磊磊落落，无纤芥可疑者，必君子也。而其依阿淟涊，回互隐伏，纠结如蛇蚓，琐细如虮虱，如鬼蜮狐蛊，如盗贼诅祝，闪倏狡狯，不可方物者，必小人也。（宋·朱熹《王梅溪文集序》[1]）

意思是，凡是阳刚的事物，一定刚健，刚健就一定光明，光明就容易了解；凡是阴柔的事物，一定柔弱，柔弱就一定晦暗，晦暗就难以测度。圣人在《易经》中，以阳喻为君子，阴喻为小人。据此可以获得识人的办法，凡是做人光明正大、性格开朗流畅、通情达理，像青天白日一样明朗，像高山大川一样旷达，像雷霆的威力、雨露的润泽，像龙虎一样的勇猛，又如麒麟和凤凰一般的祥和，磊磊落落，没有一丝一毫的隐瞒可疑，这样的人一定是君子。而那些依附阿谀卑污懦弱的人，做事躲躲闪闪，隐藏在暗处，像蛇蚓一样纠结、虮虱一样琐细，像鬼魅狐妖蛊毒一样害人，像强盗小偷和巫师一样闪烁其词、狡猾诡诈，让人看不清面目的，一定是小人。

清代桐城人方东树认为，能否辨识小人固然有必要，但更重要的是做好自己，不为小人所惑、不为小人所用。他说：

凡中小人之祸，必由己心中先自有私妄故也。若自己真能正心诚意，力绝好名好胜、徇好恶、任偏私、积疑忌、存成见、贪

①朱熹．朱熹集7［M］．郭齐，尹波，点校．成都：四川教育出版社，1996：3958.

功利、纵嗜欲、畔援歆羡、一切私妄邪念，彼小人亦何隙之可乘哉？君子重袭，让小人无由入，故克己之学为明明德之先功。吾镜果明，彼魑魅且不敢现形，况能骋其伎俩乎？（清·方东树《大意尊闻》①）

但凡交结小人而致祸端，都是自己先有私心和不正当的念头所引起的。如果自己心地端正诚恳，能够弃绝争名好胜、根据喜恶办事、任意袒护私情、聚积猜疑妒忌、心中充满成见、贪图功名利禄、放纵嗜好欲望等一切不合常理的心念，那些小人又哪来的缝隙能钻呢？君子一层又一层地防范，小人就没有办法进入，因此，注意约束自己是修养品德之前应该做到的事情。如果镜子足够明亮，那些妖魔鬼怪恐怕连身形都不敢出现，何况让它放手施展各种招式呢！

所以“远小人”之道，重要的是摒弃自己的邪念、端正自己的行为，让小人无机可乘，自然离你而去。胡达源在论及“远小人之道”时，提出“君子以远小人，不恶而严”的主张，他没有详细解释如何“不恶而严”，而是列举了几位前贤的论述，表示“诸说皆可参观”：

程传云：“远小人之道，若以恶声厉色，适足以致其怨忿。惟在乎矜庄威严，使知敬畏，则自然远矣。”张子曰：“恶读为憎恶之恶，远小人不可示以恶也，恶则患及之，又焉能远？严之为言，敬小人而远之之意也。”（清·胡达源《弟子箴言·卷八·远小人》②）

就是说，要远离小人，不能简单地用厌恶的神色和严厉的语气，那

①楼含松. 中国历代家训集成10［M］. 杭州：浙江古籍出版社，2017：5991.
②胡达源. 胡达源集［M］. 长沙：岳麓书社，2009：70.

样只会使小人心生怨恨，就可能暗中使坏，招来麻烦。只要自身保持矜持、庄重、威严，说出的话严肃而不庸俗，使他们知道敬畏，懂得（我有）“敬而远之”的意思。

择地而处，儆游惰之为急

> 择地而处，青楼翠馆、茶坊酒肆、鞠场赌局勿往焉，虽强之往，不可。则虽未必能纪纲人伦，亦未必陷于饴蜜，媒于阴险，不为父母僇，不为天地弃人矣。尔辈懋戒哉。
>
> ——绩溪周坑《周氏宗族宗训》[①]

在古人看来，为人一世，既要养浩然之气以成德、立鸿鹄之志以建功，又须脚踏实地，淡泊于名利、守得住清贫，谨守四民之道，遵从五伦之礼，切不可不甘于平凡而取巧、不耐于劳作而游惰、不满于既得而贪恋、不制于人欲而邪淫。

基于这种认识，古代家庭教育者意识到除居家环境和人际环境之外，还有一些三教九流聚集之所，其中充斥着投机取巧、游荡懒惰、贪得无厌、淫辞邪说等不良气息，对人的思想和行为产生很大的熏染作用。因此，除“居必择乡，游必就士”之外，还训诫子孙要禁邪僻、黜异术、儆游惰。

---

①卞利．明清徽州族规家法选编［M］．合肥：黄山书社，2014：7．

一、禁邪僻

古代家庭教育者将青楼翠馆、茶坊酒肆、鞠场赌局等场所列为乖谬不正的“邪僻”之地，严诫子孙不可轻易前往。

在绩溪周坑《周氏宗族宗训》中，有这样一段训辞：

> 择地而处，青楼翠馆、茶坊酒肆、鞠场赌局勿往焉，虽强之往，不可。则虽未必能纪纲人伦，亦未必陷于饴蜜，媒于阴险，不为父母僇，不为天地弃人矣。尔辈懋戒哉。

意思是说，君子要选择哪些地方能去，哪些地方不能去。像妓院、茶楼、酒肆、赌场这些地方，一定不要去，就算别人强迫，也要坚决拒绝。（到这些地方去）虽然未必违犯法度纲常，也未必会陷入甜蜜温柔的地方或接触到什么阴险之事，但是（不去这些地方）就不会被父母斥责，不会为天地抛弃。因此，子子孙孙都要黾勉戒慎。

绩溪涧州许氏，训诫子孙要慎交友，尤其对那些“腹怀利剑，阴险鼓舞”的“朋友”要心存警惕，更不能与他们同去青楼翠馆、茶坊酒肆、鞠场赌局这些邪僻的地方，就算强迫也要拒绝：

> 凡我子孙……尤必择地而处，青楼翠馆、茶坊酒肆、鞠场赌局，勿与同游，虽强之，亦不可轻往。他虽有阴险之计，亦无从施于我矣。与其失义于其后，孰若决拒于其先。尔辈其戒之。（绩溪涧州《许氏宗谱·祖训》①）

①卞利．明清徽州族规家法选编［M］．合肥：黄山书社，2014：87.

我国古代，青楼翠馆是合法的存在。在许多书籍中，“青楼”虽是“妓院”或“窑子”的代名词，但其内涵实际上比“妓院”宽泛得多。“青楼”本义是指豪华精致的青砖青瓦的楼房，多为富贵人家居住。自唐以后，逐渐演变成烟花柳巷之所的代名词。但等次较高的“青楼”依然是比较“文雅”的地方，青楼内的女性是一些卖艺不卖身的歌妓、舞妓，而且也有一个文雅的称号，叫作“清倌人”。她们的工作就是陪同客人“吟诗诵词、弹琴唱曲”，历史上秦淮八绝中的陈圆圆、董小宛等，就是“青楼”中的“清倌人”。等次稍差的“青楼”有一个专门的称谓，叫作“茶室”，其情形大致与上等“青楼”相同，除了格调稍次，其余并无很大区别。“妓院”或“窑子”亦被人赋予“青楼”的雅称，这些地方的妓女另有一个名称，曰“娼妓”。“娼妓”和歌舞伎最大的区别，后者是卖艺不卖身，前者则既卖艺又卖身。在妇女地位十分低下的封建社会，封建政权和封建制度为维护婚姻家庭的稳定和社会安定（其中也有“创收”的考量），对于男性实行一种“有限的性自由”政策，即婚外男女关系以不破坏婚姻家庭为原则。“娼妓”的婚姻身份是“自由人”，没有婚姻家庭的羁绊，所以就成为男子在婚姻之外“合法”的性交往对象。这就是前面家训中所说的“未必能纪纲人伦”的缘故。

但是，从道德层面看，无论是吟诗诵词、弹琴唱曲的“青楼”“茶室”，还是艳欲纵横、色相驰骋的“妓院”“窑子”，都是风花雪月、颓废消沉之场所，它与传统道德所提倡的报国济民、仁爱兼利、自强不息、修身自律背道而驰，与“修身齐家报国平天下”的儒家正统观念格格不入，必然为父母僇、为天地弃，为家庭、家风所不容。

而酒肆为三教九流汇聚之场所，其间不仅鱼龙混杂，而且呼朋唤友、猜拳行令、借酒生事、斥骂斗殴等乱象频仍；鞠场赌局则崇尚以小博大、以无博有，无一不是损人利己、唯利是图、钩心斗角、巧取豪夺的丑恶行径，必然与传统道德所提倡的仁者爱人、重义轻利、诚实守信、谦虚有礼有本质上的区别。

因此，古代家庭对子弟进出这些场所进行了严格的限制，如果发现有人不遵教诲，则要从严处罚。例如，黟县南屏叶氏族谱规定：

> 禁邪僻。族中邪僻之禁至详，而所尤严者赌博。赌博之禁，业经百余年，间有犯者，宗祠内板责三十。（黟县南屏《叶氏族谱·卷一·祖训家风》① ）

二、黜异术

古代社会，由于科学技术比较落后，人类对自然界的认识还十分肤浅，对一些未知的自然现象不能作出正确的解释。由此出现一些对自然现象进行探索的行业和研究者，并创造了不少的民间奇门异术，例如算卦、占卜、堪舆术、道术、蛊术等，从唯物或唯心的角度来解释各种自然现象、预测某些未知的事物。

而在民间的传统家训中，古代家庭教育者大多对其中一些故弄玄虚、讳莫如深甚至装神弄鬼的术法表示厌恶和反感。他们从朴素的唯物主义思想出发，认为僧道邪说、巫祝媪尼等，不过是引妖魅之风、作暴戾之气，既伤风败俗又蛊惑人心，应当永行禁绝。

例如绩溪旺川曹氏家族，制定家训十则，其中就有“黜异术”一则：

---

①卞利．明清徽州族规家法选编［M］．合肥：黄山书社，2014：67.

> 凡僧尼巫婆之属，最易蛊惑人心，不可与之入门，小则滋祸福之惑，大则为奸盗之媒。不严绝之，是养乱也。程伊川曰："居官者，凡异色人等，皆不宜与之相接。巫祝媪尼之类，尤宜疏绝。"诚以其有妨于官守也。居官且然，矧士庶民之家乎？（绩溪旺川《曹氏宗谱·卷一·家训十则》① ）

他们认为，和尚、尼姑、神汉、巫婆这类人，专门喜欢胡说八道、蛊惑人心，绝不能让他们进入家门。不然，小则增加自己对福、祸的疑惑，扰人心智；大则为他们非奸即盗提供了条件，如果不严格禁绝，必然养成祸乱。北宋理学家程颐说过，做官的人，凡是异色人等都不宜与他们交往，巫师、僧尼之类的人，尤其应当与他们疏远，因为这些人有可能妨碍做官的职业操守。为官尚且如此，何况我们这些庶民之家呢？

绩溪仙石周氏宗族，以摆事实、讲道理来论述黜异术的必要性，其祖训这样写道：

> 杜邪风……僧道邪说，概不可信。近世僧道又添出恶习，聚众金鼓，狂奔呼喊，作暴戾之气，引妖魅之风，乃王法所当禁者，更不可行。至于男女入教持斋，非但伤风败俗，而且贻祸宗党，凡我族永行禁止。一村钱谷有限，都在塑佛造寺、延僧布施上用了。所以族中一切正事，都无力去做。信邪之村必败，可不戒乎？（绩溪仙石《周氏宗谱·卷二·石川周氏祖训》② ）

①卞利. 明清徽州族规家法选编［M］. 合肥：黄山书社，2014：12.

②卞利. 明清徽州族规家法选编［M］. 合肥：黄山书社，2014：78-79.

意思是，僧道邪说一概不可相信。特别在近代以来，这些僧道又生出令人厌恶的习俗，他们聚众敲锣打鼓，狂奔呼喊，搞出凶暴残忍的气氛，鼓吹一些妖魔鬼怪、疑神疑鬼的东西，这都是王法所禁止的。至于一些男男女女信奉佛教、道教，吃斋念佛，不仅伤风败俗，而且还给宗族的人留下祸害，所以我们这个家族要永远禁止。一个村里钱粮只有那么多，如果全用在雕塑佛像、建造寺庙、施舍僧道上，族中的正事就没有能力去做了。信奉僧道邪说的家族，村子势必败落，怎么能够不戒除呢？

休宁叶氏家族，以历史为镜，将黜异术与否与家族的兴衰联系起来，告诫子孙：

> 师巫邪术，律有明条。盖鬼道盛，人道衰，理之一定者。故曰："国将兴，听于人；将亡，听于神。"况百姓之家乎？族中凡遇僧道邪术，勿令至门。一切超荐、诵经、拜北斗、披剃等俗，并皆禁绝。（《叶氏族谱·卷九·家规》①）

他们以唯物史观和以民为本的视角，说明信神信鬼的风气兴盛时，人性的道德理念就衰微这一道理。这里引用了春秋时期西虢国太史嚚的一句话，"国家要兴旺，（君主）就听从人民的呼声；将要灭亡，就听命于神（的摆布）"。国家尚且如此，何况百姓之家？家族的兴衰成败，只能靠自己的双手去把握，哪能指望鬼神的冥冥相助？所以，但凡遇到僧道邪术之人，不能让其进门。至于念佛超度、诵读经文、拜北斗、出家为僧尼等恶俗，更要一并禁绝。

---

①卞利. 明清徽州族规家法选编［M］. 合肥：黄山书社，2014：129.

三、儆游惰

游惰，游荡懒惰之谓。人若无所事事，竟日四处游荡、游手好闲，就相当于身处在一个消极颓废、毫无生气的环境之中。人在这种环境里，如丝入染缸，“染于苍则苍，染于黄则黄，故染不可不慎也”（《墨子·所染》）。

黟县横岗胡氏家规亦从善恶培养与滋生的本源，提出“儆游惰之为急”的主张，其家规说：

> 儆游惰。凡人劳则思，思则善心生；逸则淫，淫则忘善，忘善则恶心生。是生人之善恶，视乎用心之勤惰，而初非一定之性也，明矣。所以古之圣人谆谆提命而多方以为之训者，岂非劳哉？诚以业精于勤而荒于嬉，稍萌逸豫之思，而职业之坐废者，虽千驷莫追耳。惟是聚邻而处，比户而居，父勉其子，兄诫其弟，务以各勤职业为心，而勿逸、勿休之意，自足以家喻而户晓之也。岂犹有游手荡佚之虑乎？则儆游惰之为急也。（黟县横岗《胡氏宗谱·卷下·家规》[1]）

劳动不仅是人获取生存资料的需要，也是锤炼道德品行的途径。参加了劳动就会因身体劳累而去思考如何节俭律己，若经常思考这些问题，就会使自己的心地善良起来；游手好闲、无所事事就会放任自己，一旦放任，就会忘掉善良，没有善良就会滋生作恶之心。所以，人的品行是善是恶，主要看他平日是勤劳还是懒惰，而不是看他生就的品性。

①卞利. 明清徽州族规家法选编［M］. 合肥：黄山书社，2014：135.

古代的圣人之所以谆谆教诲并在多种场合对游惰进行训诫，并非是为了让他们参加劳动，而是不让他们产生享受安乐的念头，有安乐念头则荒废工作，没了工作就是有千匹良马也追不回来。鉴于此，（后世子孙）要集中居住，（以便于）父兄告诫子弟，务必要勤于工作，不图安逸、儆游惰的祖训，要让全族家喻户晓、人人皆知。如果做到这样，怎么还有游手好闲、没人约束的忧虑呢？因此，儆戒游惰是家族中最为紧急的事情。

儆游惰之“儆”，本义为戒备，即使人警醒不犯过错之意。“儆”而不是“惩”，是古代家庭教育者针对游惰而忘善、忘善则恶心生这样一个演变过程的应对举措，将事后惩处提前到事前预防，以免造成“千驷莫追”的被动局面，以至于贻害子孙、贻害家门。

事前预防的基本措施，主要有以下三条：

一是教以正务，不使有游手好闲的机会。

湖北回族定氏家族制定《家规十则》，第四则写道：

> 务本业以惩游惰。人之初，性本善。但后来知识渐开，习于善则善，习于恶则恶。为父兄者，须择严师教之。在聪明子弟，自可望其光大门闾。即令天分不高，亦当教以正务。或耕耘，或商贾技艺，皆可营生。倘听其游手好闲，一遇水旱毫无生路。将为非作歹，势所必至。世间所呼为游痞者，即是人也。凡我族人，须各严禁子弟，无蹈斯愆。（湖北回族《定氏家训·家规十则》[①]）

目标很明确：专心从事本业以避免游荡懒惰。这是因为人的本性都是善良的，只是后来逐渐开始学习知识时，经常见到善良的人或事，自

①德尔基彭错，郭嵩明．中国南方回族文化教育资料选编［M］．成都：四川民族出版社，2001：304.

己也慢慢培养了善良的品质；经常见到邪恶的人或事，自己也会慢慢邪恶起来。所以，为父兄者，对子弟要选择严师进行教导。这样，聪明的子弟可以光大门庭，天分不高的子弟也能学点从业的本领，日后或种田，或经商，都可以谋生。如果任其游手好闲，最终生活无着、没有出路。一旦没有生路，势必要起邪念而去为非作歹。那些被人们称作游民地痞的就是这种人。凡是我定氏族人，必须严格管教子弟，不要重蹈这种过失。

二是即便有了职业，也要警惕空闲时产生的懒散之心。

明代文学家、思想家洪应明说："身不宜忙，而忙于闲暇之时，亦可儆惕惰气；心不可放，而放于收摄之后，亦可鼓畅天机。"（明·洪应明《菜根谭》）意思是说，身体不宜过于忙碌，但是在闲暇时找一点事情来做，就可以防止空闲时产生的懒散之心；人的思想不宜过于闲适，但是在紧张之中放松一下，也可以捕捉到内心的灵感，领略到生活的真谛。总之，在闲散时要有紧迫感，不能一歇下来就无所事事，内心的空虚和无事可做就有可能产生懒散之心，如果那样的话，就离游惰不远了。

三是不得沉湎游戏、玩物丧志。

被朱元璋赐以"江南第一家"美称，并在此后屡受旌表的浦江孝义门郑氏家族，因其孝义治家的大家庭模式，奠定了它在中国传统家训教化史上的重要地位。其传世家训《郑氏规范》经过数代人的传承修撰，由五十八则、九十二则修撰至一百六十八则。在这个"世上最齐全的家庭管理规范"中，就有三则关于"儆游惰"的训诫：

俗乐之设，诲淫长奢，切不可令子孙听，复习肄之，违者家长棰之。

棋枰、双陆、词曲、虫鸟之类，皆足以蛊心惑志，废事败家。

子孙当一切弃绝之。

子孙不得蓄养飞鹰猎犬，专事游佚，亦不得恣情取餍，以败家事。违者以不孝论。（元·郑太和《郑氏规范》[①]）

庸俗之乐和戏法之类，都是引诱人产生淫欲或者助长奢靡之风的东西，不可让子弟观看学习，如果有人违犯，父母家长就要责打。

劳作之余，利用闲暇时间下下棋、听听曲，或鼓捣一下花鸟虫鱼，本无伤大雅。但《郑氏规范》认为，沉迷于游戏、词曲、虫鸟等，很容易玩物丧志、消沉意志甚至蛊惑心志，耽误事业、败落家庭，因此不得饲养虫鸟宠物，不能游走于棋局、勾栏之间。

“左牵黄（黄犬），右擎苍（苍鹰）”，是宋代大文豪苏轼笔下围猎的标配，围猎自然是有闲之人用以消遣时光的游戏。因此《郑氏规范》禁止族内子孙蓄养鹰犬，更不得纵情满足自己的欲念以致败家，违犯了这条规矩，那就是不孝。

类似于《郑氏规范》这几条“儆游惰”的训诫，在民间家训、家规中往往都有记载，如：“棋枰、双陆、词曲、虫鸟之类，皆足以蛊心惑志，废事败家，一切皆当弃绝，不得收畜。至于俗乐戏术，诲淫长奢，不可令子弟观听肄习。有类此者，神而明之，均应痛戒也。”（歙县潭渡孝里《黄氏族谱·卷四·家训》）“子孙不得惑于邪说，溺于淫祀，以徼福于鬼神。俗乐之设，诲淫长奢，切不可令子孙听复肄习之。棋秤、双陆、辞曲、虫鸟之类，皆足以蛊心惑志、废事败家，子弟当一切弃绝之。”（休宁茗洲《吴氏家典·卷一·家规八十条》）等。而在封建士大夫笔下的家训、家规等册籍中，鲜有此类训辞。

---

①楼含松. 中国历代家训集成 2［M］. 杭州：浙江古籍出版社，2017：1183.

第七章　子弟为学，务要体之于身

在中国传统家训中，有一个使用频率很高的词语——教子要有“义方”。例如，“以义方训其子，以礼法齐其家”（宋·司马光《训子孙文》）；“居身务期质朴，教子要有义方”（清·朱用纯《朱子家训》）；“义方之教，责在尔躬”（清·纪昀《寄内》）等。在《隋书》中，还记载了一则“元母对其子勖以义方”的事迹：

> 元务光母者，范阳卢氏女也。少好读书，造次以礼。盛年寡居，诸子幼弱，家贫不能就学，卢氏每亲自教授，勖以义方，世以此称之。（《隋书·列传第四十五》①）

教子以“义方”，最早出现在东周时期史学家左丘明为解析《春秋》而作的《左传》中：卫庄公娶了齐国太子得臣的妹妹庄姜为妻，此女容貌漂亮却不能生育，于是庄公又从陈国娶了一个名叫厉妫的女子做夫人，生下了儿子孝伯，不料幼年夭折。所幸厉妫陪嫁过来的妹妹戴妫以及另外一个姬妾，先后为庄公生下公子完、公子晋和州吁三个儿子，庄公自然是喜不自禁，特别是那个宠妾所生的儿子州吁，庄公对他特别溺爱，其宠爱的程度可以用四个字形容：任其所为。偏偏这个州吁毫不珍惜父王庄公对他的爱，不仅暴戾好武、任性妄为，而且还很有野心，他常常在宫廷内外招摇过市，与权贵子弟交往过密，甚至结交朝政大臣，俨然有取代嫡长子公子完的态势。有一个名叫石碏的大夫看到了问题的

---

①魏徵，等. 隋书2（卷61~85）[M]. 北京：大众文艺出版社，1999：573.

严重性，于是就向卫庄公进谏道："臣闻爱子，教之以义方，弗纳于邪。"之后还说了许多诸如"六逆六顺""去顺效逆，所以速祸"之类的大道理，但庄公对他的谏言不理不睬、恍若未闻，石碏辞官归去。后来，石碏的预言成真，州吁果然招致"速祸"——因为弑君篡位而落得个身败名裂的悲惨下场。

也许是鉴于庄公溺爱而导致州吁悲凄人生的历史教训，石碏那句"爱子，教之以义方"的忠言从此成为历代父母家长教育子孙的"金科玉律"，广泛地出现在各个氏族的家训之中。

何谓教子"义方"？晚清举人戴翊清解释为"本乎义而方正行之，是为义方"（《治家格言绎义》）。从字面解释，"义"即义理，是行为的准绳；"方正"即用来形容人性格刚直、正道直行。这句话的大概意思是，根据义理（在家庭教育中，义理就是道德规范）而方正得宜地去力行。也就是说，教子之"义方"就是教导子女言语行为应当遵守的规矩法度，并督促他们将之付诸实践。戴翊清举例说："如教子读书，必勉以敦品力学，凡场屋种种弊端，勿使稍染。教子为官，必令其洁己奉公以成循吏，凡仕途种种恶习，务使力除。下及农工商贾，必教子勤俭安分，诚信无欺。凡机械变诈，利己损人之事，断勿使为。"总之，教育的目的不仅是为了"知"，而且要以"知"导"行"，将所学应用于实践，即人们常说的"知行合一"。

宋代教育家朱熹将知与行的关系形象地喻为目与足的关系，他说："知行常相须，如目无足不行，足无目不见。"（《朱子语类》）他认为，认识与实践是紧密相关的，就好像有眼睛没有脚不能走路、有脚没有眼睛不能看路一样。因此，在他毕生的教育实践中，始终大力倡导致知与力行相结合，他说："为学之实，固在践履。苟徒知而不行，诚与不学无异。"（《晦庵先生朱文公文集·答曹元可》）即治学的实质，原本在于实践。如果只是懂得道理而不践行，那与不学没有什么不同。

在传统家训中，“劝学”几乎是“标配”内容，但家训的作者们在勉励子孙勤于学问的同时，更不忘提醒他们要“将所读之书，句句体贴到自己身上来”（清·陆陇其《示大儿定徵》）。这种知行合一、行重于知的教育理念，在传统家训中非常明确地反映出来。例如，北齐颜之推在勉励其子孙努力求学时特别指出：

> 夫所以读书学问，本欲开心明目，利于行耳。……夫学者犹种树也，春玩其华，秋登其实；讲论文章，春华也，修身利行，秋实也。（北齐·颜之推《颜氏家训·勉学第八》①）

他告诫子孙读书做学问的目的是增长智慧、有利于行为，就像种植果树一样，不是为了观赏它的花朵，而是为了获得果实。讲论文章，虽然华藻如春花，但是中看不中用。只有修身利行，才能使艳丽的花朵结成丰硕的果实。

明初著名学者曹端，被史学家称为“明初理学之冠”，他不仅非常重视教化，而且以躬行实践为务。他在家训中为子孙制定了十五条“习学”准则，最后一条写道：

> 子弟为学，须将圣经贤传字字句句于心上理会，务要体之于身，见之于行，不可只做一场话说。（明·曹端《家规辑略·习学第九》②）

---

①颜之推．颜氏家训［M］．檀作文，译注．北京：中华书局，2017：94，98.

②楼含松．中国历代家训集成［M］．杭州：浙江古籍出版社，2017：1651.

与曹端同时代的方孝孺，这个被称为“读书种子”的大儒，更是直接对儿孙们宣称“方氏之学，以行为本”（《宗仪》）。

清代进士汪辉祖教导子孙“读书以有用为贵”，他说：“所贵于读书者，期应世经务也。……不则迂阔而无当于经济，诵《诗三百》虽多，亦奚以为？”（《双节堂庸训》）“应世经务”亦为“经世应务”，经世即阅历世事，应务即应酬事务。汪辉祖认为，读书贵在能适应社会，成就一番事业。如果只知空谈而不将所学付诸实践，即便是满腹诗书又有何用呢？

总而言之，向子孙传授道德知识固然重要，但更重要的是要对道德知识深刻领悟并躬身践行，将道德知识外化为道德行为，实现自己的道德价值，才是开展家庭教育的动机与目的。而对于如何引导子孙学以致用，古代家庭教育者更是言传身教、耳提面命，教导他们深刻理解知与行的意义、如何在日常生活中力行所学，为子孙涵养品格与道德践履指明了方向。

知之在先，必先知而后行

知之在先，行之在后，必先知而后行。苟不先知行之，虽力非为无益，而又害之矣。……惟先知而后行，既行而益知，益知而行。

——（宋）倪思《经鉏堂杂志》①

①倪思．经鉏堂杂志［M］．长沙：岳麓书社，2005：90.

家训作为家庭道德教育的教材，其功能是将具有家庭特色的价值观一代一代地传授给子孙，以改变他们的气质、涵养他们的道德。因此，古代家庭的道德教育都是循着先致其知、再笃其行的原则而展开的。“惟先知而后行，既行而益知，益知而行。”（宋·倪思《经鉏堂杂志》）

知之在先，明确了家庭道德教育的出发点与目的性。在古代家庭教育者看来，“先知而后行”的意义有三点。

一、道德践履须先明确价值取向

《三字经》开篇是“人之初，性本善”。就是说，人刚出生来到这个世界的时候，他的禀性是善良的。尽管远在公元前，中国两位非常著名的思想家孟子与荀子对这个观点发表过完全不同的看法，但是似乎多数人还是愿意相信“性善”之说，若不然《三字经》自南宋王应麟成书（存疑）至明清甚至民国时期，其内容不断被增补，却未见删改这句开篇语，更不用说该书还成为历史上家喻户晓的蒙学读本。关键问题是，人们的善恶观即价值取向是一个什么样的状态，将决定其道德践履的人生方向。人的善恶观或者说道德观念是怎么形成的呢？当然不是从母腹中带出来的，而是后天环境影响（包括教育）的结果。因此，《三字经》的第二句紧接着说：“性相近，习相远”，是说人先天具有的善良本性，彼此都是很接近的，而后天养成的习性，差异却比较大。例如，一个小孩在他懵然无知的时候，偶尔将邻居的一枚鸡蛋拿回了家，他的母亲知道后，就对孩子讲道理：拿别人家的东西不是好孩子，不仅别人厌恶你，母亲也不喜欢你这样的行为。让孩子明白将别人的东西占为已有，自己就成了坏孩子，别人不喜欢，父母也不高兴，此后就会约束自己的行为不再随便拿别人的东西。如果这个母亲看见孩子拿回一枚鸡蛋，就对孩子夸奖一番，称赞孩子有本领、有出息，这样就给孩子一个错误信息，以为只要对自己有利的事情都是好事情，就能得到父母的欢心，是一个好孩子，从此就会无所顾忌地做那些损人利己的事情。从本性来看，孩子（个体）愿意向“好”而忌讳向“恶”，但究竟是利人为“好”还是利己为“好”，这就要看母亲（教育者）给他一把什么“尺子”（价值取向），正是由于价值取向的差异，最终导致善恶两种行为的出现。

人们对外交往中的一言一行总与道德有关，而道德践履首要的问题是价值取向问题。

古代家庭教育者认为，家有子孙就须自小进行教导，让他们知道什么事能做，什么事不能做，这样他们才能在平时一言一行中遵守道德规范。如果不事先让子孙知晓社会和家庭提倡什么、反对什么，即便他想通过实际行动做一个好人，但他的所作所为不一定就是善行，甚至还有可能是恶行。

宋代学者倪思在其家训中专门强调，子孙对道德规范要“知之在先，行之在后，必先知而后行。苟不先知行之，虽力非为无益，而又害之矣”（《经鉏堂杂志》）。并仿用“南辕北辙”这个典故来进一步说明知先行后的道理：比如某人要去燕国，并且知道燕国在（某人所处位置的）北边，于是向北而行，这样无论脚程是快是慢，最后必定能够到达燕国；如果不知道燕国在何方，盲目地驱车向南方行驶，即便使尽全力，不仅不能到达燕国，反而距离燕国越来越远。所以要知之在先。

明初学者方孝孺作家训《宗仪》，自谓“方氏之学，以行为本”，但同样认为道德力行须知之在先。他说：

学者，君子之先务也。不知为人之道，不可以为人。（明·方孝孺《宗仪·务学》①）

这里的“为人之道”，即价值取向；“不可以为人”之“为人”，即道德行为。意思很明确：要“为人”须先知道“为人之道”。同时，给出了为何要先学的道理，他说：

人之资不能无失，犹鉴之或昏，弓之或枉，丝之或紊。苟非循而理之，檠而直之，莹而拭之，虽至美不适于用，乌可不学乎？（明·方孝孺《宗仪·务学》②）

人的天资不是没有任何不足的，就像铜镜可能有一些昏花、弓箭总有一些弯曲、丝线会有一些紊乱。如果不能用礼法弥补自己的不足，等于不矫正弓箭使它笔直、不擦拭铜镜使它光亮，就算非常漂亮却不适用，人怎么能够不学呢？

再来看孟、荀关于“人性”善恶之争。孟子认为人性本善，天生就有恻隐之心、羞恶之心、辞让之心、是非之心，只是后来在成长过程中，“苟能充之，足以保四海；苟不充之，不足以事父母”（《孟子·告子章句上》）。荀子认为人性本恶，天生有财利之欲、耳目之欲、声色之欲，所以在后来的成长中，要“待师法然后正，得礼义然后治”（《荀子·性恶》）。两位先贤所持的观点虽然相反，但是合起来恰好是人性的两

①方孝儒．方孝儒集 上［M］．徐光大，点校．杭州：浙江古籍出版社，2013：58.

②方孝儒．方孝儒集 上［M］．徐光大，点校．杭州：浙江古籍出版社，2013：58-59.

面；恻隐之心、羞恶之心、辞让之心、是非之心，是人获得社会尊重的精神需求；财利之欲、耳目之欲、声色之欲，是人获取生存、繁衍、安全条件的生活和生理需求，这两者同时存在于个体一身，并不矛盾。实际上，孟、荀最后的观点也是相当一致的，即承认人性可以在后天改变，强调后天道德教育的必要性。

因此，道德教育的首要任务，就是要通过道德规范的灌输，使个体掌握道德标准这把尺子，对自己的思、言、行进行衡量，保持恻隐之心、羞恶之心、辞让之心、是非之心，控制财利之欲、耳目之欲、声色之欲，使个人的道德观念符合社会价值观的标准，为个体指明行为的道德方向。

明代进士庞尚鹏在《庞氏家训》的序言中，强调了作家训之目的：

> 吾成法具存，父兄因而督责之，使勉就绳束，犹何冀其改图也。若前无辙迹，使索途冥行，其不至于法守荡然几希矣？（明·庞尚鹏《庞氏家训》[①]）

意思是，我将子孙应该遵循的道德规范都写在家训里面了，作为家庭教育者要根据这些法理督促子孙，使他们努力接受约束，更希望有过错的子孙能够对照道德标准弃恶从善。如果没有这些道德标准，子孙就像在没有车轮痕迹的路上夜行一样，能够按照法度的要求来规范自己的行为，这样的情形怕是不多。这句话简洁地阐明了道德知先行后的意义所在。

---

①《诫子弟书》编委会. 诫子弟书［M］. 北京：北京出版社，2000：269.

二、道德践履须先涵养道德意识

“以德及民，必由自己明德”（清·刘沅《家言》）。道德践履，是将处理人与人之间关系的行为规则应用到实际行动上，所以在付诸行动之前，须先知道有关规则并具有遵循规则的意识。比如确定要“为善”，就要遵循社会公认的善恶评判：利益当前，重义轻利是为善，见利忘义是不善；与人交往，诚实守信是为善，背信弃义是不善；面对穷困，扶危济难是为善，漠不关心是不善；危急关头，慷慨仗义是为善，胆怯退缩是不善……这其中的重义轻利、诚实守信、扶危济难、慷慨仗义等，就是“为善”的规则，只有用“为善”规则指导自己的行为，才能真正称得上“为善”。而这些规则并非天生存在于人的大脑之中，需要后天的学习与涵养。

传统家训中，学习行为规则、涵养道德观念，被视作子孙“明理”“开心明目”的重要功课。在古代家庭教育者看来，这不仅是子孙修身养性的必然经历，而且是道德躬行践履的前提条件。南宋文学家叶梦得在其家训中对后辈说：

> 盖人之资性得之天也，学问得之人也。资性由内出者也，学问由外入者也。自诚明，性也；自明诚，学也。（宋·叶梦得《石林家训·勉幼子力学解》①）

意思是说，人的资质性情是先天就有的，但学问是各人自己获得

①楼含松. 中国历代家训集成 1［M］. 杭州：浙江古籍出版社，2017：286.

的。资质性情由内出，学问由外入。至诚之心是人的本性，而明白道理则要靠后天学习。

“明诚”，即古代儒家提倡的“明善诚身”。所谓“明善”，就是明是非、知荣辱、懂好恶；所谓“诚身”，就是以至诚（其实就是择善）立身行事。孔子曰：“诚身有道，不明乎善，不诚乎身矣。”（《中庸·第二十章》）反过来说，只有先明乎善，然后才能诚乎身。明乎善的过程，就是学习、读书的过程。“若不读书，则知慧不开，一般身体，偏自倔僵，宛如枯木死灰，……俗气薰人，绝无随机应变风流，绝无揖让进退礼节。”（明·陆树声《云间陆文定先生家训》）总之，学习是改变气质、明白道理和获取经世应务、待人接物之道的基本途径。

传统家训用以传授子孙的行为规则，主要有以下两个方面：

一是“圣贤书”中倡导的道德规范。中华民族历来有崇德尚礼的优良传统，古往今来，人们始终都把德行看作立身之本、经世之要、应物之基，不仅自己身体力行，而且还耳提面命教导子孙，薪火相传、世代弘扬。这种历久弥新、浓郁厚重的崇德环境，孕育催生了诸子百家、程朱理学、陆王心学等各种学术流派，它们从不同的视角研究与阐发了不同的道德主张，形成了各具特色、百花齐放的道德理论，后人将这些理论统称为“圣贤之书”。“圣贤之书”大量阐发了先贤们的哲学观点和道德主张，如“知、仁、勇三者，天下之达德也，所以行之者一也”（《中庸》）、“非法不言，非道不行”（《孝经》）、“临财毋苟得，临难毋苟免”（《礼记》）、“见善，修然必以自存也；见不善，愀然必以自省也”（《荀子》）等。尽管各流派的学术观点不尽相同甚至相左，但不妨碍人们对这些学说的尊崇，认为这些学说的落脚点都是“教人诚孝”。“孔曰成仁，孟曰取义，惟其义尽，所以仁至。”（宋·文天祥《衣带赞》）无论是主张成仁还是提倡取义，只要把符合道义的事情一直做下去，就能成为一个有道德的人。故此，许多传统家训都把“圣贤书”中的道德观点奉为本家庭（家族）的基本道德规范，勉励子孙后代“次第学之”，并且“反上身来贴切理会，遇事遇境，期于将所读者依傍行习”（清・王心敬《丰川家训》）。如宋代孙奕的《履斋示儿编》、明代曹端的《夜行烛》等。也有家训虽制定有本家庭的道德规范，但仍告诫子孙“圣经当佩之终身，不可离之顷刻”（清・王师晋《资敬堂家训》）。如清代王师晋在家训中说：

> 读《五经》、四子书，须要句句体认，反之于身，宛如先圣先贤相对晤语。
>
> 做人之道，备于《五经》、四子书。……读书精，而上之可以希圣希贤，次之亦可显亲扬名。其余通达事理，非读书，何以能之？（清・王师晋《资敬堂家训》[①]）

二是家庭（族）提倡与推崇的道德规范。所谓家训，是一个家庭（族）所提倡与奉行的道德价值取向，它的功能是规定家庭成员在处己、治家、经世等方面应该做什么以及怎么去做，是指导、规约家庭成员的行为准则。在传统家训中，几乎都制定有本家庭应当遵循的道德准则，如：

> 恭为德首，慎为行基。愿汝等言则忠信，行则笃敬。无口许人以财，无传不经之谈，无听毁誉之语。（西晋・羊祜《戒子书》[②]）

---

①楼含松．中国历代家训集成 11［M］．杭州：浙江古籍出版社，2017：6587，6592．

②颜之推，等．中国家训精华［M］．周彪，译注．天津：天津古籍出版社，2018：71．

忠、信、笃、敬，先存其在己者，然后望其在人者。（宋·袁采《袁氏世范》[①]）

以孝悌为本，以忠义为主，以廉洁为先，以诚实为要。（明·高攀龙《高子家训》[②]）

不洟涊以乞怜，不唯阿以附势，固穷厉志，守义不移。（清·汪辉祖《双节堂庸训·贫贱当励气节》[③]）

这些道德观点，是古代家庭教育者为子孙“定制”的行为规则，其特点是“不务高深，惟取切近”（清·潘宗洛《诚一堂家训》），多为家长与子孙之间劝善去恶的寻常之语，其含义“浅近明白，无论何人，俱可领会。……惟其寻常，所以人人可为”（清·刘沅《寻常语》）。

此外，还有一些传统家训“采古圣贤之明训，与历代史传所载仁人义士、孝子慈孙前言往行之可法者，及我先君祖先君畴昔居家所行之迹、所言之事，编于一书”，要求“后世为吾子孙者，终身奉之，世世守之”（宋·王十朋《家政集》），这也是古人传授子孙行为规范的特殊形式。如北齐颜之推的《颜氏家训》、宋代司马光的《温公家范》、明代秦坊的《范家集略》等，都大量辑录了前人的嘉言懿行，作为教育子孙的道德准则，同时也能达到见贤思齐的效果。

三、道德践履尤须明辨道德是非

“大学之道，在明明德，在亲民，在止于至善。”这是《礼记·大

①袁采．袁氏世范［M］．上海：上海人民出版社，2017：64.

②楼含松．中国历代家训集成5［M］．杭州：浙江古籍出版社，2017：2845.

③汪辉祖．双节堂庸训［M］．王宗志，等注释．天津：天津古籍出版社，1995：45.

学》的开篇语。这里的“大学”，不是现代的高等教育学校，而是“大人之学”。在我国古代，一般八岁开始进入“小学”，学习“洒扫应对进退、礼乐射御书数”；自十五岁起开启“大学”，学习“穷理正心，修己治人”的学问。“大学”的宗旨是什么呢？是弘扬光明正大的品德，以良好的道德风尚对待他人，使自己的德行达到最完美的境界。明代思想家袁黄对“明明德”有非常通俗的诠释，他说：

> 明德不是别物，只是虚灵不昧之心体。……汝心中有知是知非处，便是汝之明德；但不昧了此心，便是明明德。（明·袁黄《训儿俗说》①）

“知是知非”，是对道德修养的基本要求，也是能否做到隐恶扬善的必备道德素质。用现代语言来表述，就是要提高道德修养者的道德判断力，即运用一定的道德标准对一定的事件或行为进行对与错、恰当与否的判断能力。“明善然后可以诚身，而善不易明，故必辨是非。”（清·刘沅《家言·是非》）一般人可能认为，善就是善，只要按照社会共同奉行的道德规范去做，那就是善行，为何说“善不易明”？主要有以下两个原因。

其一，在具体行为中没有整齐划一的道德规范。就整体而言，道德规范是判断、评价人们行为善恶的标准，它对所有人的要求是一致的，不偏不倚，其评价尺度比较抽象。但就个体而言，虽然一言一行都关乎道德，但是由于行为的多样性，很难以比较抽象的道德规范去判断、评

①楼含松．中国历代家训集成4［M］．杭州：浙江古籍出版社，2017：2753-2754．

价这些行为。比如，“孝”为八德之首，抽象的孝（标准）可以用四个字定义：孝亲敬老。但在每个人的具体行为上，如何体现孝亲敬老，是一个比较难以统一和明确的问题。由于每个家庭的情况不同，孝亲敬老的方式必然也不一样。又比如“仁”，抽象的“仁”是“能行五者（恭、宽、信、敏、惠）于天下，为仁矣”（《论语》）。但孔子在回答弟子们问“仁”时，并没有重复这句话，而是分别答之曰“克己复礼”“出门如见大宾，使民如承大祭”“其言也讱”。从孔子师徒关于“仁”的对话中，引申出两个问题：一是既然孔子已经说了“能行五者于天下，为仁矣”这句话，为何颜回等弟子还要问“仁”？说明颜回等人还不明白何为“恭”、何为“宽”……二是孔子为何没有以“能行五者于天下，为仁矣”这句话回答弟子们的问题？说明抽象的道德规范在具体行为中有“具体问题具体分析”之必要。这是古人说“善不易明”的原因之一。

其二，在具体事情上不易确定“适用”的道德规范。人的道德行为涵盖了人的一言一行、一举一动，作为判断、评价人们行为善恶标准的道德规范，自然也有相应的道德评价形式（如孝、悌、忠、信、礼、义、廉、耻等）。而这些关乎善恶的评价形式，有时会产生“不好把握”的问题，如“谦恭待人”与“见义勇为”。什么情况下应该坚持谦恭待人、忍让不争？什么情况下又应该路见不平、拔刀相助？又如“人贵有耻”与“唾面自干”，在什么情形下要能忍人所不能忍？什么时候又须知耻持节、维护自己的人格？这些问题，是对当事人道德素养和道德行为的非凡考验，一旦“诚伪”莫辨，将有可能导致“失德”行为的发生。例如，“终生让畔，不失一段”，是古人劝诫子孙涵养谦退品德的名言，但假若真的有人占着道路不让人行走，（在不明情况下）这时是该固守谦让的信条、劝告行人绕道而行，还是针锋相对、与此人争辩是非？劝人绕道而行，也许是助纣为虐；与人争辩是非，也许是好勇斗狠。“若不思量好歹，随意去做，只怕做的事干，好事甚少，坏事甚多，将如之何？”（清·陆一亭《家庭讲话·作事》）为此，古人提出“过情之事，虽善不可为”（清·冯班《家戒》）的主张，就是说，超过常情的事情，虽然看上去是做善事，但也是不可去做的。

由此可见，一个道德标准并非要规范千篇一律的道德行为，同样的道德要求对于不同的人、不同的事，其规范的行为可能并不一样。所谓“善不易明”，也不是说不容易弄懂什么是善，而是要能够清醒地“辨明”自己的言行（结果）何者为善、何为不善，对可能发生的不善言行保持警惕。就如清代桂士杞所言：

> 学者必先明义利之界，谨诚伪之关，则富贵贫贱之非道不处不去，必划然也。（清·桂士杞《有山先生诫子录》[①]）

解决“善不易明”之法，就是“读书明理”，增强对善恶对错的分辨能力。“读书正以明理为本也。理既明，则中心有主，而天下是非邪正，判然矣。遇有疑难事，但据理直行，得失俱可无愧。”（清·史搢臣《愿体集》）

①楼含松. 中国历代家训集成 11［M］. 杭州：浙江古籍出版社，2017：6374.

义理渐解，务要践履力行

> 凡所在人民，除家道窘迫、资质昏愚者外，其余稍稍殷实之家，父兄率其子弟，皆当亲近师儒，读理义之书，讲人伦五常之道。……义理渐解，务要践履所读之书。
>
> ——（元）王结《善俗要义·勤学问》①

传统家训主张道德践履“必先知而后行”，主要基于践行之前须先明确价值取向、涵养道德意识、明辨道德是非等问题的考虑。那么，怎样才算达到了“知”？或者说，“知”有什么标准？

《大学》最早提出“格物致知”的观点：“致知在格物”“物格而后知至”。但何为“格物”，又如何“致知”？《大学》没有作出进一步的解释。故此，“格物致知”的真正含义成为古今思想家们所共同关注的问题。从最早为《大学》作注的东汉郑玄，一直到现代的儒学学者，对这个问题探讨、争论了千余年，却始终没有定论。只是南宋学者朱熹撰写的《四书章句集注》一书，自元朝中叶至明清两朝，被官方采用为科举取士的应试准则，书中的注解成为官方观点，其中有关格物致知的诠释也就顺理成章地成为后世社会上普遍流行的定义：“格，至也。物，犹事也。穷至事物之理，欲其极处无不到也。”（《四书集注·大学章句》）意思是，来到事物面前，就要穷究事物的道理到极致，了解事物

①楼含松. 中国历代家训集成 2［M］. 杭州：浙江古籍出版社，2017：1133.

的方方面面，通晓事物的一切。

但是，所“格”之“物”有大小之别、客观事物与具体事物之分。对具体事物而言，穷究其中的道理，能使“知”“通达至极”而不致一知半解；对于客观世界来说，虽然没有不可认识的事物，但始终有尚未被认识的现象，故此将无法“穷”其之理，“知”亦永无止境。

按照知先行后的道理，若借口格物不明而“知”不至，“行”则遥遥无期。

在传统家训的作者群体中，虽不乏思想家、哲学家、教育家，但绝大多数人只是普通的家庭教育者，“格物”之争并不影响他们对子孙的道德笃行。他们认为，作为家庭德育活动，“教小儿读书，先讲说于他，是教他为人，不是教他穷经。”（清·高梅阁《训子语》）家庭教育中的道德规范，原本就是一代一代传承下来的为人之美德，例如“为礼以教人，使人以有礼，知自别于禽兽”（《礼记》）；“不义而富且贵，于我如浮云”（《述而》）；“善父母为孝”（《尔雅》）等。这些劝人为善的道德主张，根本没必要去“穷究”诸如“为什么要制定礼法来教导人使之有礼”“为什么不能用不正当的手段获得荣华富贵”“为什么要对父母尽孝心”之类的“极致”道理，而是要在“义理渐解”的情况下，脚踏实地地去“践履所读之书”。

由此可见，传统家训“知之在先，行之在后，必先知而后行”的道德践履主张，并非将“知”与“行”截然分成两段，“知”与“行”之间没有什么节点，而是一旦对伦理道德的行事准则有所领悟，就要应用在行为上，然后“既行而益知，益知而行”，“知”与“行”互为先后、往复循环。这种德育知行关系的建立，是由家庭道德教育所规定的内容、目的和方式决定的。

一、书上之言，皆宜身体力行

家庭道德教育有别于文化教育，不是为了学几句文雅的辞藻来装潢门面，而是为了开心明目，以利于经世应务，因此家庭道德教育所用“教材”均是教人修齐治平的“圣贤之书”。其中的“圣贤之语，皆指身心事物上说，非如佛老谈空说妙”，只要“潜心省察，身体力行，随时随地无不用心取法，迨行之有效，心中自有豫悦景况”（清·周馥《负暄闲语》）。

前文曾经介绍过，在我国古代，一般八岁开始“小学”，十五岁起开启“大学”，学些什么内容呢？“所言自《小学》以至于《大学》之事，格致、省察、克制、存养，以至于成德之功，居身、接物、齐家、训俗、教学，以至于治平之业无不有。”（清·方东树《大意尊闻》）。

“书上之言，皆宜身体力行”（清·庄受祺《维摩室遗训》），如果读这些“居身、接物、齐家、训俗、教学，以至于治平之业无不有”的圣贤之书，不想着如何去亲身体验与努力实行其中的道理，而是专门为了同著作者争论哪些是对的、哪些是错的，那就是违背了家庭道德教育的理念。清初进士汤斌笃信儒学，其理学思想务实求用，他认为“先儒之言，都是自己用工夫体认过来，无一句不是实话”，要求子孙及其弟子“正当反求诸身，识其所以同者，勿向话头讨分晓始得”，若“读书不务身体力行，专为先儒辨同异，亦是玩物丧志”（清·汤斌《常语笔存》）。

清人涂天相在撰写《静用堂家训》时，写到自己年轻时的一段经历：

> 某自幼谨守父师之训，足不入廛肆。年二十许，偶过市门，见坊间书一册，签“小学”二字，索观之，至二三板，背脊间汗渍渍欲滴，遂购归。十昼夜始卒业，方知做人样子，觉平日一言一动都是错处，痛自悔憾。自此谨守礼法，不敢稍违，间有出入，辄加猛省。（清·涂天相《静用堂家训》①）

可见“书上之言皆宜身体力行”，并不是空泛的说教，而是对人的道德行为具有确确实实的教导、影响作用。

由于古代经济发展得不快，教育事业并不发达，能够接触“圣贤之书”的人毕竟有限，故而在家庭道德教育中，使用面最广的教材当属各个家庭自备的“家训”。这些家训教材，尽管体裁、篇幅不一，道理详简各异，然其内容无非是前贤先哲提倡的道德主张、家训作者推崇的价值取向或节录家行隆美可为人法的道德典范，以及本族祖先的嘉言懿行。这些伦理道德、嘉言懿行，在家训中化成贴近生活的行为规矩和日常礼仪，更便于在日常环境中践行。

例如，颜之推结合自己的人生经历、处世哲学而写就“述立身治家之法，辨正时俗之谬”的力作《颜氏家训》，全文二十篇，系统地讲述了治家、教育、做人、修身以及成才的道理和方法，既有“夫风化者，自上而行于下者也，自先而施于后者也”之类的个人道德主张，也有“欲不可纵，志不可满”之类的“圣贤之语”；既有“颜氏之先，本乎邹、鲁，或分入齐，世以儒雅为业，遍在书记”之类的颜氏先人的嘉言懿行，也有大量前朝的道德典范，其道德规范通过夹叙夹议的方式呈现给子孙后辈，“为汝曹之所信”（颜之推语），自然能

①楼含松. 中国历代家训集成 8［M］. 杭州：浙江古籍出版社，2017：4652-4653.

够自觉地“反之于身”，践行先人倡导的道德主张。

又如，被誉为“其言精确而详尽，其意则敦厚而委屈，习而行之，诚可以为孝悌，为忠恕，为善良而有士君子之行”（宋·刘镇《袁氏世范序》）的《袁氏世范》，有《睦亲》《处己》《治家》三篇，讲的是家人如何和睦相处的各种准则，个人立身、处世、言行、交游之道以及持家兴业之方。这部被誉为“《颜氏家训》之亚”的家训，基本上都是以极为通俗的语言对世俗生活作道德规范的要求。如“处家贵宽容”“子弟贪缪勿使仕宦”“邻里贵和同”等，都是人们衣食住行等生活中经常遇到而且必须妥善处理的日常“小事”，其实用性不必多说。

清代举人窦克勤在作家训《寻乐堂家规》时回忆父亲对自己儿时的教导，说父亲每天早晚都要召集自己与兄弟于道康斋中，考察几个兄弟的学业功课，教导读书做人的道理，常常以“忠厚谦虚”四字为训：“忠则不欺，欺则不忠；厚则不薄，薄则不厚；谦则不骄，骄则不谦；虚则不满，满则不虚。”并抄录一些古昔治家有道者的事迹贴在墙上，令子孙观省。自己那时年幼不懂父亲的深意，以为这只是古人的故事，久之才知平常日用都与道德有关，需要躬行实践的事情即在于此。故此，他秉承父亲大人的意愿，就日用所接之人、所居之位、所处之事，分类编次，成为家训，希望后辈子孙能够牢记家训、躬行践履，光大家风。

总的来说，期于“整齐门内，提撕子孙”“以礼乐政教为用”的传统家训，每一部实际上就是一个道德行为指南，是规约家庭成员行为的制度、规矩，只要“义理渐解”，就应该付诸实践，不可能也没必要探究其中的“极致”道理。

二、之所以道学自修，将以成人而经世理物

身修而后家齐，家齐而后国治，国治而后天下平。齐家治国平天下、处世应物兴业，都必须先修身养性，涵养自身的人格品质。人生于世，家庭是他最早接受教育的场所，家庭教育在其人生成长道路上起着奠基的作用。所以，开展家庭教育的目的，是帮助子孙树立道德观念、懂得待人接物的道理，更好地融入社会。方东树在其家训中告诫自己的子孙说：

> 君子之所以道学自修，非为一己欲成其德与名而已，将以成人而经世理物也。（清·方东树《大意尊闻》①）

何为“道学自修”？《大学》说：“如切如磋者，道学也；如琢如磨者，自修也。”南宋学者朱熹对此批注说：“切以刀锯，琢以椎凿，皆裁物使成形质也。磋以鑢锡，磨以沙石，皆治物使其滑泽也。……道，言也。学，谓讲习讨论之事。自修者，省察克治之功。”“引《诗》而释之，以明明明德者之止于至善。道学自修，言其所以得之之由。”（《大学章句》）即道德修养如打磨美玉一样要反复琢磨（指自我修炼的精神），使（自己的）品德达到最完美的境界。所谓“成人”，不仅是身体已经完全发育成熟的人，也不只是有能力独自生活甚至可以赡养父母的人，更主要的是有道德修养、有完备人格的人。“经世理物”，就是阅历世事，待人接物。这句话的意思其实挺简单，就是人之所以持之以恒地修养品德至最完美的境界，不是为了成就自己的道德名声，而是为了成

①楼含松. 中国历代家训集成 10［M］. 杭州：浙江古籍出版社，2017：6015.

为一个有道德素养、懂得待人接物、有利于社会的人。

方东树这番话，实际上是古代家庭开展道德教育的共同目的。更务实一点说，古人作家训对子孙进行训诫，其中有不少的内容是对子孙进行“涉务”教育，以增加子孙必要的社会知识和阅历，教会他们处理实际事务的能力，并了解生活艰辛和人间的疾苦，培养他们克勤克俭、扶贫济困的思想品德。

例如，明代思想家袁黄的家训《训儿俗说》，包括“立志”“敦伦”“事师”“处众”“修业”“崇礼”“报本”“治家”等八个方面，基本上都是做人、治家的道德规范。譬如他在“崇礼”一章首先指出：“礼仪三百，威仪三千，皆是儒家实事。”然后提出若干行为准则，诸如“凡听人说话，宜详其意，不可草率”“凡行须要端详次第”“凡授物与人，向背有体”“饮食乃日用之需，不可拣择美恶”等。这些日常行为，无不与人的道德品行息息相关，故此他在本章结尾时强调：“礼虽至卑，崇之可以发育万物，峻极于天，勿视为末节而忽之也。”

又如清代医家陆一亭的家训《家庭讲话》，全书共三卷二十八则。上卷十一则为“端本务实”之训，训诫子孙如何立品、作事、耕织、勤俭等；中卷八则为“孝悌敦睦”之规，规约子孙如何孝亲、尊祖、教子、睦族等；下卷九则为“应酬世务”之道，教导子孙如何睦邻、交友、爱物、济人等。这二十八则都是日常生活中的行为要求，譬如：

为人须要立品。……“品”字原包括为人之道，所以叫做立品。……行步须要持重，不可轻狂跳跃。坐立须要安稳，不可摇摆横斜。待人要有礼体，不可惰慢不恭。说话须要谨慎，不可胡言乱语。应酬须要次序，不可举动慌张。行事要有身分，不可造次苟

且。这等都是举止立品。（清·陆一亭《家庭讲话·立品》[①]）

这些行为规范，都是立身处己、经世应物所必备的基本要求，“实是要言”（《家庭讲话·刑法》），“总要遵循而行”（《家庭讲话·作事》）。

总之，无论是道德教育还是“涉务”教育，古代家庭教育者们不希望子孙成为家训教材的“研究者”，而应成为学以致用的“实干家”。因此，在传授子孙经世应务道理的同时，又告诫他们不仅要具备丰富的道德知识和良好的道德素质，还要不断加强自身修养，学以致用，躬身实践，在治家兴业、处众济人等具体行为上实现自己的道德价值。例如：明初学者方孝孺在其家训中叮嘱后代，只知教育子孙如何向善去恶，不知督促他们在实践中运用，即使子孙言出必善，也没有什么益处。他说：

爱其子而不教，犹为不爱也。教而不以善，犹为不教也。有善言而不能行，虽善无益也。（明·方孝孺《杂诫》[②]）

他明确宣称：“方氏之学，以行为本，以穷理诚身为要，以礼乐政教为用。”（明·方孝孺《宗仪》）如何体现“以行为本”？他在家训中作出了许多具体的规定，如：七岁要开始“小学”，教他孝敬长辈、友爱兄弟，首先端正做人的根本；当人多的时候，要他与别人和睦相处；给他东西的时候要教他懂得谦让；到“大学”的时候，使立“四教”（即孔子四大教育要目：文、行、忠、信），视其人质之端方纯明和通明才智，或论道，或政事，或治经，或文艺均可，但无论哪一行，“皆本于

①楼含松. 中国历代家训集成 9 ［M］. 杭州：浙江古籍出版社，2017：5464.
②楼含松. 中国历代家训集成 3 ［M］. 杭州：浙江古籍出版社，2017：1395.

行，行不修者不与。”（《宗仪》）他告诫子孙：“及今尚少，不勇于为，迨其将老，虽悔何追？”（《家人箴·笃行》）

除了阐述道理引导子孙重视并致力于践行之外，古代家庭教育者还旗帜鲜明地批评只学不做、言行不一的表现与做派，将只藏书不读书者喻为“书佣”，只读书不践履者斥为“书橱”，并将两者统称为“书虫”，以警示子孙不能只读死书、疏于力行。例如：

能藏不能读，是书佣耳；能读不能行，是书厨耳。佣也，厨也，概谓之蠹鱼焉可也。（清·涂天相《杂诫》①）

明代学者姚舜牧作家训，取名《家训警俗篇》，顾名思义，是为了警示子孙要加强人格修养，做一个道德君子，不可流于俗气，成为趣味不高、令人厌恶的小人。此家训多为警示之词，实为子孙后代医治心病之良药，故在家训即将付刻时，他又将家训改名为《药言》。其中讲到“读书要明白事理”时，他明确强调必须学以致用。他说：

先儒训道言也，又训道行也。言贵行，行方是道。不行，虽讲无益也。（明·姚舜牧《药言》②）

古代的儒家学者，不仅教导人怎样去说，还教导人怎样去做，其关键在于做，如光说不做，虽然讲得头头是道、天花乱坠，又有什么益处呢？

①楼含松. 中国历代家训集成 8［M］. 杭州：浙江古籍出版社，2017：4667.
②楼含松. 中国历代家训集成 5［M］. 杭州：浙江古籍出版社，2017：2767.

明末清初隐士金敞纂录其父恬斋先生训子孙言为《家训纪要》，他在“自序”里写道，“先君子一生暗修，专务笃行”，又强调：“看圣贤书，不实求之于践履，则书终与我无与。故有读书到老，只是故吾者，殊可痛惜。”意思是看圣贤之书，不想着脚踏实地去力行践履书中的道理，则书始终没有给予自己什么。读书到老，我还是原来的我，真是令人痛心惋惜。

清代女诗人高梅阁“高才且贤”，初生一女二子，皆夭亡，四十岁始生幼子张安雅。虽然晚来得子，但是依然对他严加管教，她曾经说：“吾不望其为官，但愿其为人耳”，教导儿子读书“为人”“明理”，学以致用。在《训子语》中，记录了一段她与儿子张安雅的对话：

问安雅曰：“古人为学，从何处用功？”对曰：“理会念头，闲邪存诚，似为要紧。”曰：“固是。然学问实际，全在饮食言语、应事接物上，从此用功，乃为知行并进。故《大学》不曰‘穷理’而曰‘格物’，无物非礼，无事非学。此道之所以不可须臾离，而二氏不待借口也。”

接着批评儿子说：

听汝说道理，尽有精微透彻处。奈何到行己接物时，便身与口异，往往做错，可见不曾实用功夫。（清·高梅阁《训子语》①）

训示儿子“致知格物，皆是躬行，知行本一事”，道理懂了，就要

①楼含松. 中国历代家训集成 11［M］. 杭州：浙江古籍出版社，2017：6319-6320.

下功夫去力行。

三、识得一字即行一字，方是善学

家庭教育具有不同于其他形式教育的特点，这些特点决定了家庭道德教育知行合一的可行性与必要性。

在内容上，家庭教育具有针对性、多元性、生活化的特点。家庭是人生的第一课堂，父母是子女的第一任老师，作为教育者，父母对子女的言行举止十分关注，对他们的资质特点、兴趣爱好、言行习惯、生活态度以及思想情绪了如指掌，因此，在日常教育活动中，一般都是根据子女在不同时间、不同情况进行有针对性的教育，对孩子的具体行为进行引导或纠偏。正因为教育的针对性较强，因此教育内容具有多元性：由于家庭教育以人格养成为基本目的，所以对子女的教育以伦理道德、交往礼仪、个人性格等为主要内容；同时，由于治家立业、经世应务的需要，还要结合家庭、社会的要求对子女进行齐家理念、从业技能、职业道德等方面的教育，是集道德、知识、技能等教育于一体的多元化教育。而无论是伦理教育、礼仪教育，还是技能教育、职业道德教育，都是随时随处体现在日常琐屑俗事上的，因此其教育内容极具生活化特征，如"临事让人一步，自有余地；临财放宽一分，自有余味"（明·高攀龙《高子家训》）；"黎明即起，洒扫庭除，要内外整洁；既昏便息，关锁门户，必亲自检点"（清·朱用纯《朱子治家格言》）等，都是日常生活的行为规范，易懂易行，对子女的性格培养和习惯养成具有较强的实用性和感染力。

在方式上，家庭教育具有随机性、多样性、终身性的特点。整体来说，家庭道德教育是古代家庭世代传承的家风教育活动，具有（不成文的）教育方针、教育目的、基本教材（家训）、施教方式、弼教措施等各项教育要素，形成了比较健全的教育机制。但从具体教育活动来说，日常的家庭教育并不是有计划有组织地开展，而是在生活中随机进行的活动。它虽然也存在以家族为单位、以家庙（祠堂）为教育场所、定期召集族人进行教育的制度，但是绝大多数还是以家庭为单位进行的，没有固定的时间、地点、模式，比较自由灵活，家长一般根据子女的情况随机进行教育，体现出家庭教育的自然性和生活化。而在开展教育活动的过程中，可以是因材施教、就事敦德，也可以是遇物即诲、寓教于喻。总之，教育方式既照顾个性化，又具有灵活性，或循循善诱润物无声，或当头棒喝醍醐灌顶，用不同的方法达到对子女敦德、笃行的目的。此外，父母教育子女的责任和义务不是一时或仅限于成年之前，而是长期的甚至是终身的。例如，司马光在其家训《温公家范》中记录了一段典故："李景让，宦已达，发斑白，小有过，其母犹挞之。景让事之，终日常兢兢。"这种终身性的教育特点，也决定了家庭教育不可能等到"穷理"之后再践行，而只能是边知边行，在力行中进一步深化知识。

鉴于家庭教育这些特点，古代家庭教育者们要求子孙务必要坚持学用结合，即学即行，如此才能做好人，直至大圣大贤。被康熙评为"天下清官第一"的清代名臣张伯行在《读养正编要言》中写道：

吕献可尝言："读书不须多。读得一字，行取一字。"伊川先生亦尝曰："读得一尺，不如行得一寸。"盖读书不能力行，只是说话也。（清·张伯行《读养正编要言》[①]）

①楼含松. 中国历代家训集成 8［M］. 杭州：浙江古籍出版社，2017：4913.

读书越多，知识越多，明白的事理也越多。这里的“读书不须多”，主要是强调知行关系，强调学用结合、边读边行。读书再多而不去践行，读了也无益。晚清政治家左宗棠在给侄儿的家书中说：

> 既读圣贤书，必先求识字。所谓识字者，非仅如近世汉学云云也。识得一字即行一字，方是善学。终日读书，而所行不逮一村农野夫，乃能言之鹦鹉耳。纵能掇巍科、跻通显，于世何益？于家何益？（清·左宗棠《与癸叟侄》①）

他勉励侄儿读学要践行，而且要学一字即行一字，这才叫善于学习。如果书读了不少，而言行仍旧很粗俗，就算科举时名列前茅、跻身于高官，对国家、社会、家庭又有何益？这些论述，充分体现了古代家庭教育者们知行结合、以行为重的教育理念，以及寄望子孙勇于道德践履的殷切之情。

在古代家庭教育活动中，对于家训中道德规范、价值准则的传授，并不都是由家长向子孙照本宣科或口头训诫，很多时候还要求子孙通过多种形式进行自我学习。如山西乔家将道德规范、家规家法镌刻在厅堂、照壁、卧室等地方，让家人在出入行走中能够反复观看；蒲江郑氏规定每日会聚家众，令未冠子弟朗诵男女训诫之辞，以强化他们对家训家规内容的记忆；明朝嘉靖进士杨继盛因弹劾贪官权臣严嵩而获罪，临刑前写了一封敦德笃行的遗书，要求两个儿子无论忙、闲，每月初一、十五一定要召集合家大小，在自己的灵前把遗书从头至尾念一遍，不可

---

①左宗棠. 左宗棠全集 家书 诗文［M］. 刘泱泱，等校点. 长沙：岳麓书社，2014：6.

遗忘，等等。通过口诵、耳濡、目染，帮助子孙熟悉和牢记道德规范，涵养和树立道德观念。

这些形式对子孙的自我教育虽然提供了机会与动力，但是也可能出现自我学习时口不对心、只知念诵不求甚解、止于学而不力行的情形。由此，古代家庭教育者们尤其注重教导子孙“切己体察之法”，督促他们得之于心、用之于行。

晚清胡达源撰《治家良言汇编》，收录了数百条箴言，其中有一条箴言：

> “学者读书，须要将圣贤言语体之于身。如‘克己复礼’‘出门如见大宾’等事，须就自家身上体验，实能‘克己复礼’、主敬行恕否？件件如此，方有益。”此谓学者于圣贤之堂奥，未易窥也，则以言语示之阶。言语之指陈，亦非泛也，必以践履尽其实。则切己体察之法，不可不遵也。（清·胡达源《弟子箴言·勤学问》[①]）

由此看出，所谓切己体察之法，就是要将所学的道理，联系到自己身上，体会、省思这些道理于自己有什么帮助，然后在言行中体验、践行。这种督学笃行的良法，在传统家训中被作为教育“秘籍”一代一代地传承，对涵育子孙后代的道德品行起到了非常大的作用。

明代文学家、思想家吕坤，有感于当时社学日渐沦为“聚徒诵读”之所，遂撰写《社学要略》一书，对学生的品德、行为以及老师的教学方法提出了具体要求。其中一段写道：

---

①胡达源. 胡达源集［M］. 胡渐逵，校点. 长沙：岳麓书社，2009：18.

每讲书，就教童子向自家身上体贴，这句话，与你相干不相干。这章书，你能学不能学。仍将可法可戒故事，说与两条，令之省惕。他日违犯，即以所讲之书责之，庶几有益身心。（明·吕坤《社学要略》① ）

清朝中期学者陈宏谋读后给予了很高的评价：

此法最为切近，即如弟子一章，先就本义讲毕，再将现在如何方为孝悌、谨信、爱众、亲仁、力行、学文，详切指点。再将如何便为不孝悌、不谨信、不亲爱、不力行、不学文，反复警戒。嗣后遇学徒行事，有合于孝悌等项者，则指其合于书中某句，而对众称之。如有所犯，则指其不合于书中某句，而对众责之。如此，则讲一章书，即受一章书之益，即知即行，始基于此。（清·陈宏谋《养正遗规》② ）

清初理学家王心敬继承乃师李颙的“经世致用”思想，反对空淡玄虚之说。他把“切己体察之法”作为子孙“立身”的功课，告诫子孙说：

所读之书，读时期于反上身来贴切理会，遇事遇境，期于将所读者依傍行习，久之则书与我浃洽。读时既津津有味，行时亦非格格不合。能读一部胜十部，读一句胜十句也。若徒入耳出口，虽多

①陈宏谋. 五种遗规·养正遗规［M］. 北京：线装书局，2015：73.
②陈宏谋. 五种遗规·养正遗规［M］. 北京：线装书局，2015：73.

奚益学？……纵有不诵读讲贯之时，必不可忘身体力行之意。（清·王心敬《丰川家训·立身》[①]）

王心敬不仅口头教诲，更是率先垂范，他用平生所学，专注于农业研究，其所著《区田圃田说》，主张土地综合利用，提高农作物产量。受他的教诲，儿子王功任湖南新田县令时，大力引导当地百姓发展农桑经济，取得了不错的政绩。

清代理学家陆陇其历官江南嘉定、直隶灵寿知县、四川道监察御史，无暇顾家，但他依然不忘教育远在家中的后辈，在给儿子定征的书信中，说：

我虽在京，深以汝读书为念。非欲汝读书取富贵，实欲汝读书明白圣贤道理，免为流俗之人。读书做人，不是两件事。将所读之书，句句体贴到自己身上来，便是做人的法，如此，方叫得能读书人。若不将来身上理会，则读书自读书，做人自做人，只算做不曾读书的人。（清·陆陇其《示大儿定征》[②]）

总之，切己体察之法既是督学之法，又是笃行之法。将所学体贴于身，既能深刻领会所学之含义，又能明确行为的方向，达到即知即行的效果。

---

①楼含松．中国历代家训集成7［M］．杭州：浙江古籍出版社，2017：4095.

②喻岳衡．历代名人家训［M］．长沙：岳麓书社，2003：241.

道无大小，当于日用中求之

道无大小，何处非道？当于日用中求之。衣服饮食，道也；娶妻生子，道也；动静语默，道也。

——（宋）杨简《纪先训》①

“一屋不扫，何以扫天下？”这句激励人从小事、从身边事做起的笃行名言，几乎人尽皆知。这句话出自《后汉书·陈王列传》，但在《后汉书·陈王列传》中，虽有陈蕃独居勤学的记录，却没有“一屋不扫，何以扫天下”之类的语句。大约1700年后，与陈蕃相似的经历又重新演绎了一回。清朝文学家刘蓉在他的散文《习惯说》中记述了自己年轻时的一件事：

蓉少时，读书养晦堂之西偏一室，俯而读，仰而思；思有弗得，辄起，绕室以旋。室有洼，径尺，浸淫日广。每履之，足苦踬焉。既久而遂安之。

一日，父来室中，顾而笑曰：“一室之不治，何以天下家国为？”命童子取土平之。（清·刘蓉《习惯说》②）

①楼含松. 中国历代家训集成2［M］. 杭州：浙江古籍出版社，2017：787.
②张岱，等. 明清小品文选［M］. 张厚余，注析. 太原：三晋出版社，2008：244.

说的是刘蓉小时候在养晦堂西边一间屋子里勤奋学习，整日低头读书、仰面思考，遇到想不通的道理时就绕室徘徊。室内有一尺许的洼坑，久经踩踏越来越大，以至于每次经过此处总要趔趄一下。但时间一长也就习惯了，再走到那里就同走平地一样。一天，他的父亲来到屋子里，看到地上的洼坑，笑着对他说："你连一间屋子都不能治理，还能治理国家吗？"随后叫仆童将洼坑填平。

这两个极为相似的典故，哪个是"一屋不扫，何以扫天下"的正宗出处并不重要，重要的是，前人给我们留下了两个不同的道德践履选项：是"大丈夫处世，当扫除天下，安事一室乎"？还是"一屋不扫，何以扫天下"？

"大丈夫处世，当扫除天下"。要求建立丰功伟业、泽被天下黎民，自然是大善大德。在中华民族几千年的文明历史中，曾经涌现出不少赤诚报国、持节知耻、仁爱孝悌、勇毅力行等道德楷模。例如"匈奴未灭，何以家为"的霍去病，"臣心一片磁针石，不指南方不肯休"的文天祥，留胡牧羊的苏子卿，虎门销烟的林则徐，收复台湾的郑成功……这些道德楷模，高山景行，令人敬仰。然而，能够青史留名的大德大贤，与上下五千年的芸芸众生相比，不过是沧海一粟。对于绝大多数人来说，也许一辈子都没有在疆场杀敌或为民解难的机会，只是过着"日出而作，日入而息"的普通人生活，他们的道德情感往往只能在日常小事中得以体现。即便是那些历史上的道德楷模，在他们干出治国平天下的丰功伟绩背后，更多的道德行为也是体现在平常琐事之中。如果借口"扫除天下"而不屑"事一室"，那么"扫除天下"只能是一句空谈。

"非知之艰，行之惟艰"（《尚书·商书·说命中》）。道德践履，只有"行"（即践行）与"不行"之分，没有"大"与"小"之别。

传统家训文化对子孙的道德笃行，一贯主张着眼当前、小中见大，即培养子女的道德意识与道德行为要从幼时开始、从小事做起，将道德行为融入生活之中，达到潜移默化、积沙成塔的效果，先能成己，然后成物。

一、道无大小，何处非道

在中国古代，“道”和“德”是分开使用的两个汉字，将“道德”二字连用成为一个词语的，始于荀子《劝学》篇：“故学至乎礼而止矣，夫是之谓道德之极”。意思是学习到了明礼的程度才停止，这就是道德的极致。荀子认为人性本恶，十分看重后天的学习对于“化性”的作用，将学习的功能与价值归结为提高人的道德品质。因此，荀子口中的“道德”，实际上是指人的一种良好的习惯和品质，十分接近现代文化对道德的定义，即“人们共同生活及其行为的准则和规范”①。

既然道德是“人们共同生活及其行为的准则和规范”，就意味着人的一言一行都与道德息息相关、都要受到道德的约束，道德践履也就不是刻意的行动计划而是必然的行为常态。南宋哲学家杨简的《纪先训》，记录了其父杨庭显关于修身教子齐家治国的遗训两百多条，其中一条说道：

> 道无大小，何处非道？当于日用中求之。衣服饮食，道也；娶妻生子，道也；动静语默，道也。（宋·杨简《纪先训》②）

---

①中国社会科学院语言研究所词典编辑室. 现代汉语词典［M］. 6 版. 北京：商务印书馆，2012：269.

②楼含松. 中国历代家训集成 2［M］. 杭州：浙江古籍出版社，2017：787.

这里的“道”，就是道义、礼仪、规范，就是指道德。他说道德无所谓大小轻重，并且存在于万事万物之中。人的道德践履，并非必须要在特殊的情况下才能进行，而应该在日常生活当中随时表现在行为上。平时穿衣吃饭、结婚生子、行走坐立、说话沉默，都是对道德品质的体现。他还列举了一些日常生活的例子，说明在这些细小的俗事之中，都有道德的存在，或者都要受到道德的约束。

例如穿衣，衣冠整齐、干净得体是一个人应有的修养，也是“礼义”的外在表现。《礼记·冠义》说：“凡人之所以为人者，礼义也。礼义之始，在于正容体、齐颜色、顺辞令。容体正，颜色齐，辞令顺，而后礼义备。……故冠而后服备，服备而后容体正，颜色齐，辞令顺。”意思是，人之所以是人而区别于禽兽，在于人懂得礼义。礼义是从容貌、服饰、表情和言辞开始的。体态端正、服饰整洁、表情庄敬、言辞得体，礼义才算齐备。所以说，只有行过冠礼以后才算服装齐备，服装齐备以后才能做到举止得体、态度端庄、言谈恭顺。

又如吃饭，遵守一定的礼仪规范，是人应该具有的道德素养。《礼记·曲礼上》说：“即席饮食，必后长者……毋抟饭，毋放饭，毋流歠，毋咤食，毋啮骨，毋反鱼肉，毋投与狗骨，毋固获，毋扬饭，饭黍毋以箸，毋嚃羹，毋絮羹，毋刺齿，毋歠醢。”意思是，要等长者入席之后才能就座，吃饭时，不要用手撮饭团，不要把多余的饭放回盛饭的食器中，喝汤不要喝个不停，吃饭不要发出声响，不要啃骨头，不要把夹起的鱼肉又放回菜盘里，不要把肉骨头扔给狗，等等。

这些看似极为普通的日常小事、琐事，无一不与人的精神面貌和道德修养紧密联系。一个衣冠不整、行为轻狂、不拘小节的人，在与他人相处时，必然招致别人的反感、鄙夷、厌恶与轻视。因此，能否引导子孙树立于“日用”中求“道”、从“小”处行“道”的践履意识，是家庭教育能否取得实际效果的关键所在。

前面讲过，古人认为，家无贫富，子孙不可不教，训诫子孙是古代家庭的第一紧要事。而教子立德、教子立志、教子立身、教子立业，是教诫子孙的基本内容。立德要求希贤希圣，能够达到“上善若水”；立志要求志当高远，建立丰功伟绩；立身要求信义仁爱，经世济人；立业要求事业有成、光大门楣。这些高远的目标，虽然能够激励子孙致力于培养完美的道德品行、追求精彩的成功人生，但也有可能使子孙出现“大丈夫处世，当扫除天下，安事一室乎”的情绪，沉湎于空想而疏于实干，坐等时机去实现“扫除天下”的凌云壮志而不注重日常小事，成为思想的巨人，行动的矮子。为此，在古代家庭教育实践中，一方面勉励子孙要立大志、干大事，另一方面又教导他们要脚踏实地、着眼当前，在平常的生活中遵守道德规范、培养道德情感，通过寻常小事实现自己的道德价值。

例如，明末诸生张履祥鉴于明朝覆灭、清朝统治局势已定，“遂弃诸生”，隐居乡间，训蒙自给，他常告诫弟子要读有用之书，务经济之学，毋专习制义（即学习八股文应试科举）。晚年为训示子孙崇德尚善、力学笃行，撰《训子语》一册，清人陈宏谋称其“以躬行所得，为训子之语。事不越于日用伦常，理惟主于忠信笃敬。实为立身行己之极则”（《五种遗规》）。《训子语》将重义轻利的道德思想融入穿衣吃饭、婚丧嫁娶、礼尚往来等日常杂事之中，明确了道德践履的方向与途径。如“人生饥渴不能无饮食，寒暑不能无衣裳，以及冠昏丧祭、岁时伏腊、馈问庆吊，俱不能无资于货财。然其源不可不清，其流不可不治。源则问其所自来义乎，不义乎？流则问其所自往称乎，抑过与不及乎？果其取之天地，成之筋力，如君子之劳心禄入是也，小人之劳力稼穑、桑麻、畜牧是也。”

嘉庆时期的项城才女高梅阁，自幼好学不倦，与兄弟共砚读书。诸兄弟热衷于功名，她却留心日用伦常之道。二十二岁嫁与监生张东杺为妻，丈夫嗜酒不爱文墨，见她写字常发无名之火。但高梅阁并未因此而放弃对儿子张安雅的教诲，她将平时对儿子所讲的道理集成一册，书名亦是《训子语》。她教导儿子读书不是为了做官，而是更好地“为人”“明理”，要求儿子学以致用，从小事做起，在琐屑俗事上践行所学的道理。针对儿子好高骛远、厌恶学习诸般礼节的情绪，她开导说：“小学、大学，仍是一个不是。先学小学，到学大学时，将小学舍了。试思修身齐家，那一件离了小学？”“道理全在琐屑俗事上，人生大事，能有几件？日日所行，尽是琐屑俗事。汝于俗事早自厌烦，更学何事？越是琐屑浅近，越是难能。”她非常注意引导儿子将所学道理在生活中努力践行。见儿子读书，就问：“古人为学，从何处用功？”儿子回答说：“理会念头，闲邪存诚，似为要紧。”她说：“固是。然学问实际，全在饮食言语、应事接物上，从此用功，乃为知行并进。”听儿子讲解书上的道理“尽有精微透彻处”，但到待人接物时却“身与口异”，不能照书中道理去做，她又语重心长地教导儿子，“致知格物，皆是躬行，知行本一事”“随时随处体贴事物当然之理，注一于所事，无两念，即是收放心。若不就事物上说，却放在何处？收在何处？”综观《训子语》五十余则教子理论，几乎都是从饮食居用等日常生活方面教导儿子如何应对进退，“随处诱以正道”。在母亲的言传身教下，张安雅“弱冠以郡第一人入庠”，成为一时名士，居“陈郡七子”之首。

二、积德亦随在可为，不必有待

荀子认为，人性虽恶，却可以利用“师法之化”去恶从善，即通过老师和礼法的教化，达到端正人性的目的。他还进一步指出，通过接受教化而修身养性，重要的是要将礼义落实到自己的行为上，不行则不至，不为则不成。他说：

> 道虽迩，不行不至；事虽小，不为不成。……好法而行，士也；笃志而体，君子也。（《荀子·修身》① ）

意思是说，路程虽近，不走就不可能到达；事情虽小，不做就不会成功。爱好礼法而能依其行事的，是士；志向坚定而能身体力行的，是君子。强调了修身必须踏实笃行的重要意义。

然而，在道德践履过程中，也有一些人抱着好高骛远、舍近求远的态度，他们“不能见其近者小者，而妄意谈其大者远者”（宋·吕本中《童蒙训》，意思是看不见身边的小事同样可以体现人的德行，却妄想在将来的大事中去成就品德），认为自己有积德行善的愿望，但书上的道德要求与实际不相符，如何行得？而且，没有遇到像闵子骞那样芦衣顺母行孝的机会，也没有像范仲淹那样设义庄接济穷人的条件，怎么去行？简言之，他们虽有道德践履的志向，奈何既没有道德践履的机会，也没有道德践履的实力。只要有机会、有能力时，他们一定会像那些道德君子一样行善积德。

---

①荀况．荀子［M］．耿芸，标校．杨倞，注．上海：上海古籍出版社，1996：13.

明末清初著名教育家朱用纯对这种思想提出了尖锐的批评，他说：

> 积德之事，人皆谓惟富贵，然后其力可为。抑知富贵者，积德之报，必待富贵而后积德，则富贵何日可得？积德之事，何日可为？惟于不富不贵之时，能力行善，此其事为尤难，其功为尤倍也。（清·朱用纯《劝言·积德》[①]）

意思是说，对于行善积德这种事，人们都说只有富贵了，然后才有能力去做。殊不知富贵是因行善积德才可以得到的，如果等到富贵了才开始行善，则富贵没有可得之日，行善积德亦没有能行之期。恰恰是在不富不贵的时候，能够力行善事，因行善有难度，其积德之功才倍加珍贵。

对于道德践履，正确的态度应该是，“遇当行善事即举而行之，不以小善为无益而弗为，不以大善为无力而弗为。”（清·但明伦《诒谋随笔》）朱用纯在批评了“等待”思想之后，接着明确指出：“积德亦随在可为，不必有待。”就是说，行善积德这种事，随时随地都能够做，不需要等待机会或条件。这种随时随地行善积德的观点，亦是传统家训文化的普遍共识。

首先，“但存一积德之心，则无往而不积”（清·朱用纯《劝言·积德》）。古代家庭教育者认为，无论什么人、什么时候、在什么地方，只要有心行善积德，则步步都是德，步步可积德。明代文学家陈继儒在其家训中训诫子孙说，我不知道什么样的行为才能称为善，但是能让其他人感动的行为就可以叫作善行，即“吾不知所谓善，但使人感者即善

①陈宏谋. 五种遗规［M］. 北京：线装书局，2015：232.

也。”这些使人感动的行为，可以发生在任何时候、任何地点、任何人身上，“宰相日日有可行的善事，乞丐亦日日有可行的善事，只是当面蹉过耳。”（明·陈继儒《安得长者言》）朱用纯举例说，见乞人哀叫，施舍他两文钱或残羹剩饭，便是德；帮助别人跑个腿、带句话、解除困苦等，这些不需要钱财，不过劳己之力的事情，也是善行；甚至隐人之过，成人之善，亦是善行。总之，就日用常行之中，所见所闻之事，日积月累，就能成为一个有德之人。所以，“人每日必思行几件有利益于人的事，日日如是，久则天理心熟，起心动念都是天理矣。”（清·王士俊《闲家编》）

写下《了凡四训》的明朝思想家袁黄，家中并不富有，可是他要求家人省吃俭用，尽一切可能节省一些粮食、衣物去接济需要帮助的人。他的夫人非常贤惠，经常帮助他行善布施，并且依照功过格记下所做的功德。因为她没有读过书，不会写字，因此用鹅毛管蘸红墨水，每天在历书上做记号。有时了凡先生比较忙，当天所做功德较少，她就紧皱眉头，及时提醒先生能多做些善事。

在古人看来，只要尽自己的能力，每日做一点有利于别人的事情，就是最好的行善积德方式。

其次，“待有余而后济人，必无济人之日”（清·史搢臣《愿体集》）。在《庄子·外物》中，记有一个庄子借米的故事：庄子生活贫困，家里经常缺钱少粮。这一天，眼看无米下锅，他便到朋友监河侯家欲借三升小米渡过难关。监河侯对他说：“可以啊！不过我家现在没有很多米粮，等我收到封地的赋税，我就借你三百两黄金，可以吗？”听了监河侯的话，庄子感慨地打了个比喻：“我来您家的途中，听到有鱼儿对我呼唤求救，我回头一看，路上有一个坑洞里的水快干了，那鱼儿希望我能往坑里倒几杯水。于是我对鱼儿说：‘我先到南方向吴王、越王商讨借水，然后再将西江水引来这里救你，让你回到东海。’鱼儿很生气地说：‘我失去了在水中的正常生活，现在只求升斗的水就可以活命了，你却这么回答我，不如你明早就去卖鱼店看看，那时候我的身体都已经变成鱼干了！’”

这则故事说明，作为求助者，所求并不在多，只需微少的东西来解燃眉之急，并不奢求那种遥不可及的富贵。作为被求助者，不能尽自己的能力去接济需要帮助的人，只是空言许诺，看似慷慨，实是吝于布施，“待有余而后济人”，只不过是不愿济人的借口而已。

行善贵在有心，贵在尽力而为，也贵在恰逢其时。若不能做到“雪中送炭”，或不愿做小善，只想行大善，甚至拖延等待，不肯适时伸出援手，实际上是见难不解、见危不扶、见死不救的无德行为。对于这种行为，不少家庭教育者在其家训中进行了批评与鞭挞，并训诫子孙要心存善念，从身边小事做起，从眼前之事做起，竭尽绵薄之力帮助他人。

乾隆年间举人纪大奎将其父平日的训诫之言加以整理而写就一部《敬义堂家训》，称“此所言皆日用常行之理，人人可行，时时可行”，希望“子孙宜深体此意，努力行之，不可自暴自弃”。若“有一等是甘心谓我不能行，有一等是以此为古老迂谈，不合时宜，今不可行”，那便是“流毒于人，其罪尤大矣”。

清初衢州学人周召于双桥避难期间，撰写家训《双桥随笔》十二卷，自言“惟是老生常谈，诚不足采，而药石之言，原以针砭儿辈，与世无关。……言理而不言数，崇实而不崇虚”，目的是“阐扬圣教，扶进人心”。在书中，他大力提倡学以致用，并引用薛文清的话指出：“为学不是虚谈道理，须于应事接物处随在详审，每日不问大事小事，处置合宜，便是学问到处。若泛观天下之书而不知善处事物，究于实何补？”

告诫后人："力行未必到圣贤，不力行则趋入禽犊矣。"

"何用终年讲学，善恶个个分明，稳坐高谈万里，不如踸踔一程。"（明·吕坤《续小儿语》）毋庸执着于只成就惊天动地的事业，只要从凡人小事做起，哪怕微不足道，也能对身处困境的人带来希望；不必等到家财万贯、粮食满仓时才去行善，只要适时付出点点滴滴的爱，哪怕绵薄之力，也会给需要帮助的人送去温暖。

三、善须是积，积小便大

"不积跬步，无以至千里；不积小流，无以成江海"。（荀子《劝学》）这句话形象地阐明了"近"与"远"、"小"与"大"之间的辩证关系。大事皆由积小事而成，大德亦因积小善之功。古代家庭教育者督促子孙将家庭道德规范付诸实践，不仅要求他们"积德亦随在可为，不必有待"（明·朱用纯《朱柏庐先生劝言》），更要求他们"善须是积，今日积，明日积，积小便大"（明·高攀龙《高子家训》）。道德践履的重点在于"积"，即行善要持之以恒、久久为功，而不是时冷时热、一曝十寒。

积小惠可成大德。"积"善，是成就德业的重要途径，也是道德践履的终生功课。古人认为，"一事之善曰修德，事事为善曰积德"（暨阳《龙砂姜氏宗谱》）。意思是，做一件善事只能算修炼德行，件件都做善事才是积累德行。事事为善，惟不拘大小随处而为。明代思想家袁黄为教诫儿子袁天启明辨善恶、行善积德，专门写了一部家训著作（也是我国第一部"善书"），取名《训子文》，又名《了凡四训》。在"积善之方"中，他详细论述了善与善行的要义，将积善之方精练地归纳为"随缘济众"，指出"凡日用间，发一言，行一事，全不为自己起念，全是为物立则”（在日常生活当中每讲一句话，每做一件事情，都不是为了自己的私念，而是给他人树立榜样），由此推而广之，“则万德可备矣”。高攀龙以自身的人生经验写成一册短小精悍的《高子家训》，通篇强调做“人”的重要性，告诫子孙“立身天地间，只思量作得一个人，是第一义，余事都没要紧”。他笔下的这个“人”，指的自然是好人。而做好人，要有善举善行，否则何以为“好”？他认为，做好人行善，眼前看觉得没啥好处，但是善事做多了累积起来就有大好处。他说：

古语云世间第一好事，莫如救难怜贫。人若不遭天祸，舍施能费几文？故济人不在大费己财，但以方便存心，残羹剩饭亦可救人之饥，敝衣败絮亦可救人之寒……去无用，可成大用；积小惠，可成大德。此为善中一大功课也。（明·高攀龙《高子家训》[①]）

勿以善小而不为。人的一生，能够做成一两件轰轰烈烈的大事实属不易，做大事的机会更是可遇不可求。无论是“大英雄”还是“小人物”，绝大部分时间都是归于平凡的生活，日常所见所闻所面对的都是一些琐碎小事。在这些人人可做、时时可做的平凡小事中，也许有人需要得到帮助、支持、慰藉，只要我们心存济人之念，或救人危急，或护持正法，或成人之美，或劝人为善，则于人送去关爱、于己成就德行。公元223年，63岁的蜀汉昭烈帝刘备在病中给儿子刘禅留下遗诏，其中一句“勿以恶小而为之，勿以善小而不为”，成为后世教育子孙要在日常生活中勇于道德践履的经典训辞。在传统家训中，有许多对这句名言的精辟论述与独到的阐释。如嘉靖年间进士方弘静说：

①楼含松. 中国历代家训集成5［M］. 杭州：浙江古籍出版社，2017：2846.

谓小善为无益而弗为，其大者曰非所能为也，则何时为善？谓小恶为无伤而不去，其大者将曰是亦小耳，则何恶不为？吉人见善如不及，见不善如探汤，无小大也。（明·方弘静《方定之家训》[①]）

意思是，说做小小的善事没有什么益处而不愿意去做，而大的善事又说没有能力做，那么要到什么时候才能做善事呢？说小小的过错没有什么关系而不及时改正，将大的不良行为看作小错，还有什么恶劣的事情不能做？善良的人见到好的人或事，就担心自己没能力赶得上；看到坏的人和事，就像手伸到滚烫的开水里一样，马上缩手，善就是善、恶就是恶，没有大小之分。

袁黄对善大善小更有不同的见解，他举例说，从前有个叫卫仲达的人在翰林院做官，一次鬼卒把他的魂引到了阴间，阴曹判官让手下把他在阳间所做的善事、恶事两类册子送上来。结果，恶事册子摊满一院，而善事册子只有一支筷子那样小。用秤一称，满院的恶册子比较轻，而像一支筷子那样小的善册子反而比较重。卫仲达问道："我还不到四十岁，哪会有这么多的过失罪恶呢？"判官说："只要一个念头不正，就是罪恶，不必等到你去犯。"卫仲达又问："这善册子里记的是什么？"判官说："皇帝有一次要修三山地方的石桥。你上奏劝皇帝不要修，免得劳民伤财，这就是你的奏章底稿。"卫仲达说："我虽然讲过，但是皇帝不听，还是动工了，对那件事情没有影响，这份疏表怎么还能有这样大的分量呢？"判官说："皇帝虽然没有听你的建议，但是你这个念头，目的是要使千万百姓免去劳役；倘若皇帝听你的，那善的力量就更大了

---

①楼含松. 中国历代家训集成 4［M］. 杭州：浙江古籍出版社，2017：2344.

哩!”因此，袁黄提出判断善大善小的标准：立志做善事，目的在有利于天下百姓，那么善事纵然小，功德却很大。若为了有利于自己，那么善事虽然多，功德却很小。即“故志在天下国家，则善虽少而大；苟在一身，虽多亦小。”（《了凡四训·积善之方》）

积善在久久勤行。一个人做点好事并不难，难的是一辈子做好事。孟子说：“仁之胜不仁也，犹水胜火。今之为仁者，犹以一杯水救一车薪之火也；不熄，则谓之水不胜火，此又与于不仁之甚者也。”（《告子上》）孟子用杯水车薪的比喻说明，仁要胜过不仁是有条件的，那就是仁必须达到足够的力量才能战胜不仁。行善的道理也是一样，一件善事不足以济天下欲济之人，同样也不能成就自己的德行，只有随处行善、终身行善，才能积小善为大善，成为一个真正的道德君子。

明人徐祯稷说：

> 夫为善易，积善难。士之于善也，微焉而不厌，久焉而不倦。（明·徐祯稷《耻言》[①]）

一个人偶尔做善事是很容易的事，但能够坚持长期做善事就比较难了。有道德的人对于行善这件事，即使是很微小的善事也不厌烦，长期做也不觉得厌倦。

清人唐翼修在《人生必读书》中说：

> 士君子处心行事，须以利人为主。利人原不在大小，但以吾力量所能到处，行方便之事，即是惠泽及人。如路上一砖一石，有碍

①楼含松. 中国历代家训集成 5［M］. 杭州：浙江古籍出版社，2017：2881.

于足，去之，即是善事。惟在久久勤行耳。岂宜谓小善不足为？（清·唐翼修《人生必读书》①）

意思是，士君子们立心行事应该以有利于别人为主，对别人有利并不在于这种利的大小，只在个人力量所能达到的地方做一些方便别人的事情，这就是给人恩惠了。比如路上有一块砖、一块石头，妨碍人们走路，把它弄开就是一件好事。但要能持之以恒多做好事，哪能说小的好事不值得去做呢？

明代姚儒"撮古人嘉言善行，并采所谓颜、郑诸家集载至切要者"，编撰《教家要略》两卷，其中录用了镇江太守葛蘩的一段话并加以论述：

予始者日行一利人事，或二或三或数四。今四十余年，未尝少废。

但随其事而利之，上自卿相，下至乞丐，皆可行。惟行悠久，乃有利益。（明·姚儒《教家要略》②）

这些先贤，都强调了行善要勤要久，只有不断地积累平时微小的善行，才能成就自己的品德。

"属词更听三年后，为善须无一念乖。"这是宋代著名文学家苏辙的孙子苏籀所写七绝《示儿子诩》的首、颔联，他教导儿子，连缀字句为文章不是一朝一夕之功，一定要勤学苦练才有成就；做善事要诚心实意

①陈宏谋. 五种遗规［M］. 北京：线装书局，2015：288.

②楼含松. 中国历代家训集成4［M］. 杭州：浙江古籍出版社，2017：2160.

地帮助他人，不能抱有功利思想，更不得投机取巧。倘若带着功利之心去为善，期望自己的所谓善行得到别人的赞赏甚至回报，这样的善行就不算真的善行，甚至一不小心还会逆变成恶行。

袁黄在《积善之法》篇中，提出了一个“满善半善”的概念。他说一个人做善事，内心不可叨念，仿佛自己做了一件不得了的善事；如果能够这样，那么就随便你所做的任何善事，都能够成功而且圆满。若是做了一件善事，那颗心总是惦念这件善事。果真如此，虽然他一生都很勤勉地做善事，但是只不过是半善而已。真正的善行善举，要能够达到“三轮体空”的境界，即内不见布施的我，外不见受布施的人，中不见所布施的物。

“善欲人见，不是真善”（清・朱用纯《治家格言》）。在传统家训里，许多家庭教育者不仅训诫子孙要勤于行善，而且还要注意“隐善”。

明代举人王澈所撰《王氏族约》，其中有《善行》一篇，列举张公艺忍让睦族、窦禹钧节俭赈贷、朱承逸代人偿债、徐孝祥掩金弗取等“先哲之懿行”，以为“后人之标表”，教导子孙务要多行善事。他说：

> 日行利人事，此即立人达人之心，万物一体之意也。……有势位者厥施易普，固当乘时作福。在凡人则随其力量所及，以尽此心焉可也。
>
> 君子为善，惟自尽其心耳，非为报也。（明・王澈《王氏族约・善行》[①]）

晚清“维摩室居士”庄受祺在其家训《维摩室遗训》里，勉励儿子

①楼含松. 中国历代家训集成 3［M］. 杭州：浙江古籍出版社，2017：1748-1749.

做善事要“日有所积，时有所为”。他十分赞赏了凡先生以“功过格”敦德的方式，要求儿子每日必须做几件有益于人的善事，件件都记录在功过簿中，“一年能积千善”，则积善之念必由勉强至自然，最终坚定为善之志、摒除懈惰之心。他还要儿子“发一大心誓”，“行一善事绝不为名，绝不为利”，只“求心之所安”。

总之，与人为善、行善积德，是修身养性的本质要求，也是一个人优秀品德的外在表现。家无论贫富，人无论贵贱，都能够随缘济众、勉力而为。但存一念善心，斗粟可种无涯之福，一文可消千劫之罪；倘若夹杂私心，纵使助人黄金万两、广厦千间，也不过是沽名钓誉的伪善之辈而已，算不得真正的有德之士。正如徐祯稷所言：“以嗜荣之心嗜学，以积贿之心积善，圣贤其远哉?”（《耻言》）

第八章　彰善瘅恶，齐家非刑即礼

战国时期，在孟子与荀子隔空对人性本原的问题进行讨论时，又有一个人提出了与孟、荀不同的观点，这个人名叫告子。告子说，“食色，性也”“性无善无不善”，他认为食欲和喜爱美好的东西都是人的本性，无所谓性善与性恶。于是，“人性本善”“人性本恶”“性无善无不善”就构成了中国古代哲学家对人性的三种认识。

三种认识究竟哪一种更正确、哪一种更有说服力？此后并无最终的定论，关于人性的思考与讨论至今仍在进行。“食色，性也”，不是人类的专利，而是整个动物界的共性。但人类通过劳动从“动物”这个群体中脱颖而出，与“禽兽”最大的区别不是语言和使用工具，而是“伦理”，正如袁采所言：

> 饮食，人之所欲，而不可无也，非理求之，则为饕为馋；男女人之所欲，而不可无也，非理狎之，则为奸为滥；财物人之所欲，而不可无也，非理得之，则为盗为贼。人惟纵欲，则争端启而狱讼兴。圣王虑其如此，故制为礼以节人之饮食、男女，制为义以限人之取与。（宋·袁采《袁氏世范》[①]）

伦理是规范人们各种行为的基本准则，它限制了人们对饮食的非理所求、对男女的非理而狎、对财物的非理所得，持“礼”以节制饮食，秉“义”以谨慎取予。

因此，以礼义制人欲，是古今教育家、思想家乃至普通家庭教育者

①袁采. 袁氏世范［M］. 上海：上海人民出版社，2017：82.

一贯的主张。

孔子是主张作礼以制人欲的倡导者，他说：

> 道德仁义，非礼不成……鹦鹉能言，不离飞鸟；猩猩能言，不离禽兽。今人而无礼，虽能言，不亦禽兽之心乎？夫惟禽兽无礼，故父子聚麀。是故圣人作，为礼以教人，使人以有礼，知自别于禽兽。（《礼记·曲礼》①）

道德仁义，不遵循礼就不能完成。鹦鹉虽然能够说话，但是它仍然脱不开飞禽的种类；猩猩虽然能够说话，但是仍然脱不开禽兽的种类。人如果不遵循礼，虽然会说话，不还是与禽兽一样吗！只因为禽兽没有礼，所以才经常出现两代乱伦的行为。因此，圣人制定礼来教导人们，使人们有了做人的规范，知道自己和禽兽的本质区别。

“存天理灭人欲”是朱熹理学思想的重要观点之一。他说：

> 孔子所谓“克己复礼”，《中庸》所谓“致中和”，“尊德性”，“道问学”，《大学》所谓“明明德”，《书》曰“人心惟危，道心惟微，惟精惟一，允执厥中”；圣贤千言万语，只是教人明天理，灭人欲。（黎靖德《朱子语类》②）

朱熹认为，孔孟等先贤所阐述的道德观点虽然很多，但是归纳起来无非就是“教人明天理，灭人欲”。他笔下的“天理”，就是礼义等道德

①陈澔. 礼记集说［M］. 上海：上海古籍出版社，1987：2.

②黎靖德. 朱子语类（第1卷）［M］. 杨绳其，周娴君，校点. 长沙：岳麓书社，1997：184.

规范，“人欲”则是指超出了人的正当要求，用不正当手段获得满足的欲望。

在传统家训文化中，亦有不少以礼义制人欲的训诫。唐相州洹水（今河北魏县）人杜正伦，在其著作《百行章》中，写了这样一段话：

> 情色之处，无能为之；不改原火，盛风便加，嫉妒因兹而起。细寻斯事，幻化皆空；废寐思量，何曾有实？苦言重戒，必须割之。若也不依，岂成人子？（唐·杜正伦《百行章·割行章第六十》①）

这里的“情色”就是指人的欲求，人的欲求本就是原始的不能避免的，若不加以控制，就会像草原上的野火，经风一吹便愈加炽烈，人们之间的忌妒甚至敌视也因此而起。故此对这些非分之想，务当割舍，若不如此，怎能为人子女？

然而，在礼义与人欲的限制与反限制过程中，对于一些欲向善但意志不坚定的人来说，欲念常常会挣脱礼义的约束，进而主宰着他的情感与行为。传说孔子受到邀请，与卫灵公一起出外游玩。卫灵公带着他美貌的妻子南子同坐在第一辆马车上，随行的大臣们坐在第二辆马车上，而孔子则坐在第三辆马车上。这种礼遇，在孔子看来是对自己传道的不尊重，因此他感叹道：“吾未见好德如好色者也！”

从没见过喜爱道德像喜爱女色一样的人，虽然是孔子对此情此景有感而发，却揭示了人们在修养道德过程中一个普遍存在的现象：“为善如负重登山，志虽确，而力犹恐不及。为恶如乘骏走坂，虽不加鞭策，而足亦不能制。”（宋·李邦献《省心杂言》）虽然多数人都愿意崇德向

---

①楼含松. 中国历代家训集成1［M］. 杭州：浙江古籍出版社，2017：72.

善，能够自觉修身养性、以礼制欲，但在道德修养尚未进入较高境界的时候，人们的道德情感还处在自然王国状态，人欲的本性还会如园中之韭，不时冒头，需要不断地剪除；更有一些率性而为的顽劣子弟，置伦理于不顾，巧取豪夺，不仅放任自己道德沦丧，而且他们的失德行为还会形成“破窗效应”，诱使人们仿效，破坏整个社会的风气。

因此，为了达到道德教育的目的，仅采用积极有效的施教方法（如前述的榜样示范、环境濡染、因材施教等）远远不够，还须“显罚以威之，明赏以化之”（唐·李世民《帝范》）。只有彰善瘅恶，以明刑弼教，才能够取得教育的实效。

非赏罚，则无以启向善背恶之心

> 上非赏罚，则无以为劝善惩恶之道。下非赏罚，则无以启向善背恶之心。是则赏罚者，不惟家长当行，而家众皆所当知也。
>
> ——（明）曹端《家规辑略》①

人性之初究竟是善是恶，如果从孟子与告子那场大辩论开始计算，迄今两千余年，依然没有一个较为统一的结论，但这并不妨碍人们在对善恶本质认识不一致的基础上达成另外一个重要的共识：抑恶扬善。无论是“性善”论者、“性恶”论者还是“性无善无不善”论者，都一致主张要通过惩处恶行、弘扬善行，来开启人们向善背恶之心。

---

①楼含松. 中国历代家训集成 3［M］. 杭州：浙江古籍出版社，2017：1649.

孔子有感于“吾未见好德如好色者也”，主张以直报怨，以德报德。他的学生问他：“以德报怨，何如?”孔子以不可思议的语气反问“何以报德”?接着明确答道：“以直报怨，以德报德。”他认为，用公正无私回报恶行，用感激、恩德来报答善行，这才是维护公序良俗最好的举措。公正无私回报恶行，必然要对恶行进行抑制、惩罚；用感激、恩德来报答善行，必然要对善行进行赞扬、褒奖。因此，孔子“以直报怨，以德报德”的主张，其实就是抑恶扬善的主张。

孟子相信性善论，认为人生来就具备仁、义、礼、智四种品德。但他接着说，“求则得之，舍则失之”，主张人要经常通过内省去保持和扩充这些品德，否则将会丧失这些善的本性。因此，孟子“求则得之，舍则失之”的观点，也是抑恶扬善的主张。

荀子是性恶论的代表人物。他虽然也和孟子一样认为食色、喜怒等是人的先天性情，但他的人性论观点与孟子恰恰相反。认为人性只限于食色、喜怒、好恶、利欲等情绪和欲望，不论“君子”“小人”都一样，因此“人之生也固小人”。但他认为“性也者，吾所不能为也，然而可化也”。这个“化”，就是道德教育，就是抑恶扬善的过程。

明代著名思想家王阳明，晚年对自己的心学理论总结为：“无善无恶心之体，有善有恶意之动，知善知恶是良知，为善去恶是格物。”认为人之初心性与道相合，是无善无恶的；但随着意念的产生，善恶、好坏也随之而来；而人的良知，看到恶的现象会痛恨，看到善的事物就喜欢，这是一个弘扬内心善的过程；内心的善经过弘扬，就能主动去除私欲所产生的恶行，主动去行善积德。可见，阳明先生的“四句教”，实际上也是人自我的“抑恶扬善”。

一、彰善瘅恶，同归于善

抑恶扬善的目的，在于使全体社会成员同归于善。假如一个社会、一个家庭对善行视而不见，那么就会严重伤害善人善行的情感、泯灭善人善行的热情，善人善行将会与日俱减；对恶行放任自流，就会使恶人恶行受到庇护与纵容，恶人恶行将在社会、家庭肆无忌惮地蔓延。就好比有人打破了一幢建筑物中某一扇窗户的玻璃，而这扇窗户又得不到及时维修，别人就可能受到某些示范性的纵容去打烂更多的窗户。久而久之，这些破窗户就给人一种无序的感觉，在这种公众麻木不仁的氛围中，犯罪就会滋生、猖獗。因此，扬善抑恶不仅是褒奖或惩处某一个个体的善行或者恶行，而是要在整个社会、家庭营造好善恶（厌恶）的道德氛围，使善行善念得到赞赏与鼓励，恶行恶念受到指责与抑制，培养全体成员向善背恶之心，最终携手向道德高地攀登。

在民间传统家训典籍中，古代家庭教育者对彰善瘅恶的意义有许多精妙的表述，列举几例如下：

吾族之人，不皆善人也，不有善可录者乎？不皆不善人也，不有恶可书者乎？非藻鉴以临之，按迹以稽之，何以别淑慝而示劝惩？乃立彰善、瘅恶二匾于祠，善可书也，从而书诸彰善之匾；恶可书也，从而书诸瘅恶之匾。屡善则屡书，而善者知所劝；屡恶则屡书，而恶者知所惩，使其惩恶而为善，则亦同归于善，是亦与人为善之意也。树德务滋，与众旌之；积恶不悛，与众弃之，人何不改恶趋善哉！（歙县东门《许氏宗谱·家规》① ）

①卞利. 明清徽州族规家法选编［M］. 合肥：黄山书社，2014：144.

作者认为，他们许氏家族中，不全是有德君子，也不全是无德小人，若不记录他们日常的言行，按迹考核鉴别，怎么能够区别善恶而对他们进行奖惩呢？因此要在祠堂立彰善、瘅恶两簿，记录族众的善恶行为。屡善则屡书，让行善者知道对他的奖赏，以坚定他们崇德向善的信心；屡恶则屡书，让为恶者知道对他的惩罚，促其改过自新，最后同归于善。所以，瘅恶也是与人为善的本义。行善得到表彰、作恶遭到族人的背弃，在这样的环境下，谁能够不改恶而趋善呢！

> 赏罚之权，操之政府，不容侵越。然不有轩轾之分，又无以别善恶而资观感。今广家训之义，设为法戒事项于左。（绩溪鱼川《耿氏宗谱·卷五·家族规则》①）

车前高后低为“轩”，前低后高为“轾”，这里的“轩轾”喻指高低轻重。这位家庭教育者认为，奖赏与处罚的权力虽然在政府，但是对一个家庭（族）来说，如果对家庭（族）成员的德行没有高低轻重之分，则不能区别善恶而形成向善背恶的家风。因此，根据家训所阐述的道德规范，又在其后设立一些惩戒事项，以起到抑恶扬善的作用。

> 齐家之道，非刑即礼。刑与礼，其功不同。用刑则积惨刻，用礼则积和厚，一也；刑惩于已然之后，礼禁于未然之先，二也；刑之所制者浅，礼之所服者深，三也。汝能动遵礼法，以身率物，斯为上策。（明·袁黄《训儿俗说》②）

---

①卞利．明清徽州族规家法选编［M］．合肥：黄山书社，2014：198．

②楼含松．中国历代家训集成 4［M］．杭州：浙江古籍出版社，2017：2585．

袁黄是迄今所知的中国第一位具名的善书作者，他的著作《了凡四训》被称为“中国三大善书”之一。他所主张“非刑即礼”的齐家之道，其内涵也是落脚在“抑恶扬善”之上。其中，“刑”自然是指刑罚，是对“恶”的惩处；“礼”是指用道德劝化人从善。他认为刑与礼功能不同，一个是“抑”，一个是“扬”；一个惩于恶行形成之后，一个劝于恶行未施之前。但目标一致，用礼以使为善者恒善，用刑以使为恶者改恶迁善，达到人人都能崇德向善的效果。

在我国古代，有一位妇孺皆知的惩恶扬善典范人物，他就是北宋不畏权贵、铁面无私的清官——包拯。包拯一生疾恶如仇，他在晚年留下的家训令人振聋发聩：

> 后世子孙仕宦有犯赃滥者，不得放归本家；亡殁之后，不得葬于大茔之中。不从吾志，非吾子孙。仰珙刊石，竖于堂屋东壁，以诏后世。（宋·包拯《家训》①）

这不仅是包拯对其子孙的训诫，也是他自己一生的真实写照。自天圣五年（1027年）登进士第至嘉祐七年（1062年）去世，无论是任建昌（今江西永修）知县还是权知开封府，无论是任枢密副使还是龙图阁直学士，他始终不改廉洁公正、立朝刚毅，不附权贵、铁面无私之本色。在执政理讼中，不论是皇亲国戚还是至亲骨肉，他都善恶分明，秉公对待。只要是善良的，他就要弘扬；只要是邪恶的，他就要惩罚，为端正一方的社情民风起到很大的推动作用。为此，后世撰写对联称

①包拯. 包拯集校注［M］. 杨国宜，校注. 合肥：黄山书社，1999：263.

赞他："正气塞乾坤，事属公私须有别；丹心昭日月，人归善恶自分明。"

古代家庭（族）的彰善瘅恶，不仅态度明确，而且大都有行之有效的实施办法。例如安徽绩溪程氏宗族的"彰瘅规"规定：在程氏祠堂里，设立《彰善簿》一册、《瘅恶簿》一册。《彰善簿》首页书"择善十训"，《瘅恶簿》首页书"择恶十二戒"。每年春秋两祭时，全族老少齐集祠堂，以一人站在东阶，朗诵《彰善簿》中的"择善十训"；以一人站在西阶，朗诵《瘅恶簿》中的"择恶十二戒"。朗诵完毕后，就由族众推举符合"择善十训"标准的人和事，逐条记入《彰善簿》，并请此人到祠堂的阶上，"颁神惠饮之"，以示对他做善事的褒奖。如果此人在《彰善簿》中有多次记录，则免予交纳亡故族人的丧葬分摊费，而且本人死后的丧葬费可享受由全族公摊的待遇，以作为族人的榜样。同样，对于有实迹证明违犯了"择恶十二戒"的族人，则将他的不良行为记录在《瘅恶簿》中，并传此人立于祠堂的阶下，由族长或主事对其进行训诫、斥责。如有多条记录即屡教不改的，则于此人死后公布他的恶行，然后将之革出本族。"彰瘅规"最后说，实行这些劝惩之法，是为了使族众因为这种抑恶扬善的门风而自觉检点言行、控制欲念，最终达到族众具皆崇德向善的目的。

二、教之双翼，有赏罚之二端

抑恶扬善不能仅停留于规定，而要有看得见、摸得着的具体措施或行为。对此，古代先贤们有很多生动的论述。如西汉经学家刘向指出：

夫有功而不赏，则善不劝，有过而不诛，则恶不惧。（西汉·刘向《说苑·政理》①）

意为有了功劳而不奖赏，善行就得不到鼓励；有了错误而不处罚，恶人就不害怕。

东汉思想家荀悦说得更为尖锐：

赏以劝善，罚以惩恶。……赏不劝谓之止善，罚不惩谓之纵恶。（东汉·荀悦《申鉴·政体》②）

意思是通过奖赏鼓励人们向善，通过处罚惩治人们的恶行。该奖赏的不奖赏，就是压制善行、扼杀善行；该惩罚的不惩罚，就是庇护恶行、纵容恶行。

同为东汉名臣的河内林虑（今河南林州）人杜乔，更是指出了赏罚不分的严重后果，他说：

夫有功而不赏，则为善失其望；奸回而不诘，则为恶肆其凶。故陈斧钺而民不畏刑，班爵位而人不乐善。（东汉·杜乔《上书谏封梁冀子弟及中常侍等③》）

指出对有功的人不加赏赐，就会使为善的人感到失望；对邪恶的人不加惩罚，就会使作恶的人更加肆无忌惮。那时，即使将砍头的利斧放

①刘向．说苑今注今译［M］．卢元骏，注释．天津：天津古籍出版社，1977：191.
②荀悦．申鉴［M］．龚祖培，校点．沈阳：辽宁教育出版社，2001：2.
③严可均．全后汉文（下）［M］．北京：商务印书馆，1999：596.

在面前，也没有人畏惧；将封爵官位摆在面前，也没有人动心。无论是为善的人内心失望还是作恶的人肆无忌惮，后果是人的善念泯灭、恶行猖獗，社会风尚必将正气不足、邪气嚣张。

扬善与惩恶，是一个问题的两个方面，缺一不可。如果只扬善而不惩恶，扬善的微弱效果势必被恶行的迅速泛滥所吞噬，因此不惩恶就难以做到扬善。只惩恶而不扬善，一则道德水平只能维持在最低程度，不能激励人们向道德的更高境界迈进；二则虽然惩处了恶行恶人，但是难免留下英雄流血又流泪的遗憾，浇灭了人们勇于为善的热情。只有二者相互作用，才能使教育获得成效，使正气得以弘扬。可见，赏功罚过，是抑恶扬善的具体实施。“赏厚可令廉士动心，罚重可令凶人丧魄”(唐·韩愈《论淮西事宜状》)。抑恶扬善的最终目的，就要达到这样的效果。

“赏罚分明”一词，出自《汉书·张敞传》：“敞为人敏疾，赏罚分明。”西汉时期，有位大臣名叫张敞。当时渤海、胶东一带盗贼猖獗，他们拉帮结伙，抢掠商家店铺，洗劫豪门富户，甚至攻击官衙。当地的官吏们对这些违法的事情既不敢禁，也不敢管。在这种风气的影响下，很多原本比较守法的百姓也被迫为盗，致使盗贼越发猖獗。于是张敞主动申请去那里治理整顿，行前上书皇帝说：“社会秩序和风气极差的地方，如果没有赏罚分明的举措，就无法要求人们止恶向善。请皇上答应我一个请求，那就是追捕盗贼有功的人员，所得奖赏高于三辅。”皇帝同意了这个请求。张敞一到胶东，就发出布告：盗贼必须停止活动，如果互相举报，可以将功折罪；官差追捕盗贼有功，可以上报尚书省，调升为候补县令。这样一来，盗贼纷纷弃邪归正，争相戴罪立功；差吏们也个个奋勇追捕，有几十人因立功而任候补县令。没有多久，当地盗贼绝迹，社会安定。

家庭（族）与之同理。在一个家庭（族）中，如果赏罚不明，不仅易出不肖子孙，而且还会带坏家庭（族）中其他子弟，败坏家风。因此古代家庭教育者将赏功罚过当作激励子孙崇德向善的两件利器，普遍运用在家庭道德教育实践中。

明代天启元年举人韩霖，在其家训中谈到教训子孙的方式方法时，认为一味的严厉，是“不善教”的表现，主张按照童幼的成长特点以“劝勉”为主。他以风与太阳“争解人衣”为例，来说明“劝勉”与“严训”哪个作用更大：先是风大发神威，一阵狂吹，希望将人的衣服掀起刮落。然而人见大风吹来，愈发地将衣服裹紧。太阳则不然，它将阳光洒照在人的身上，人们感受到阳光的温暖沁入肌骨之内，渐渐热燥起来，不知不觉中解开衣扣，继而脱下衣冠。由此得出教育“不必过严”，而应有“诱掖奖劝之方”。这个“诱掖奖劝之方”就是明赏罚。他说：

> 教之翼，有赏罚之二端焉。如鸟双翼，如舟双桨，废一不可。盖德蒙誉者勉焉，恶遭辱者退焉。（明·韩霖《铎书·教训子孙》[①]）

他把赏罚原则比喻为鸟的两翅、船的双桨，鸟缺一翅不能飞翔，船少一桨不能正常航行。同样，奖赏善行能够使为善者得到鼓励，从此愈加向善；恶行受到惩罚能够警示作恶者迷途知返、改过迁善。

安徽绩溪锦谷程氏家族，在订立本族祠规时，以官家刑罚作用为鉴，指出：

---

①韩霖.《铎书》校注［M］. 孙尚扬，肖清和，等校注. 北京：华夏出版社，2008：104.

尝观朝有政，刑罚是也，以济教化之不行；家有政，赏罚是也，以振风俗之多敝。……是知善俗醇风半成于朝廷之法令，半成于家政之激劝矣。（绩溪锦谷《程氏宗谱·卷四·凡例》① ）

他们认为，朝廷治国理政，离不开刑罚，因为它可以补充教化的不足；家庭（族）治家，必赏罚分明，这样才能兴利除弊、端正门风。好的风气一半形成于国家的刑罚约束，一半形成于家庭的赏罚激劝。主张“以赏罚为激劝”为主要形式，寓激劝于彰善、瘅恶之中，“善则劝、恶则诫”，以期族众善者益善，恶者改过从善、同归于善。

前面提到的安徽绩溪程氏宗族，认为要建立好的教化、宣扬好的风气，非赏善惩恶而不可。他们在“彰瘅规”里写道：

从来善不因赏而劝，恶未有不因惩而改。《书》云：“彰善瘅恶，树之风声。”上之化民以此，况先人眷怀孙子，隐昭法戒，俾善者益善，不善者改而为善，劝惩宜亟亟矣。（绩溪锦谷《程氏宗谱·彰瘅规》② ）

“善欲人知，不是真善”。对于为善者本人来说，为善并不是为了取悦别人，更不是为了得到奖赏，而是人格具有一定道德习惯的自然展现。因此，“善不因赏而劝”是指那些追求最高道德境界、立志修养人格的个人，与社会、家庭扬善的角度不同，更不是否定“赏善”的作用。而“恶未有不因惩而改”，无论是对为恶者个人，还是对社会的抑恶扬善机制，都有不言而喻的意义。只有彰善瘅恶才能建立好的教化、

①卞利．明清徽州族规家法选编［M］．合肥：黄山书社，2014：333.
②卞利．明清徽州族规家法选编［M］．合肥：黄山书社，2014：407.

宣扬好的风气，国家对百姓是如此，何况父祖对子孙呢？在宗谱族规中昭示彰瘅条款，就是为了鼓励善者益善，不善者改过从善，因此赏善惩恶是家庭教育中一件很急迫的事情。

三、赏者必当其功，罚者必当其罪

《战国策·秦策三》中有这样一句话："赏必加于有功，刑必断于有罪。"大意是，受奖赏的必须是有功之人，受刑罚的必须是有罪之人。这句话是范雎针对封建王朝由于宗族、门第、等级等关系所形成的有功不奖、有罪不罚的弊端，向统治者提出的治国理政方略。在家庭教育中，会不会出现"赏不加于无功，罚不加于无罪"（《韩非子·难一》）的现象？答案是肯定的。不仅会出现这种现象，而且概率还非常大。在一个家庭（族）里，虽然成员大多有血缘联系，也没有门第、地位之别，但是偏爱现象的存在，难免会出现该赏的不赏、该罚的不罚，甚至该罚反赏、该赏反罚的现象；而且由于对善人善事的赞赏和对恶人恶事的憎恨，也难免会出现赏不配功、罚不当罪的现象；亦由于对善事、恶事稽查不准，更难免会出现错、漏的偏差。

那么，如何做到赏罚分明、不失其当？在传统家训中主要有如下做法。

一是立簿制牌，记录善、恶行状。记录家庭成员为善、行恶的事迹，是赏善罚恶的重要依据。凡立有彰善瘅恶家规的家庭，一般都备有"劝惩簿""规例牌""功过格"之类的书面记录，用以登记家庭成员平日的善行或恶行，然后通过一定的仪式进行奖惩，以褒奖有德君子、惩治不肖子孙。

例如浙江"义门"郑氏为考核家庭成员的道德功过，特别建立了一种道德台账，名曰“劝惩簿”，而且指明要“择端严公明，可以服众者一人”，作为“监视诸事”并掌管此簿。《郑氏规范》规定：

立劝惩簿，令监视掌之。月书功过，以为善善、恶恶之戒。有沮①之者，以不孝论。

又规定：

造二牌，一刻“劝”字，一刻“惩”字。下空一截，用纸写帖。何人有何功，何人有何过，既上劝惩簿，更上牌中。挂会揖处，三日方收，以示赏罚。（元·郑太和《郑氏规范》②）

“劝惩簿”与“劝惩牌”并存，不仅给族人的善恶记录加了一道双保险，不至于遗漏和重复，而且“簿”“牌”的功能不完全相同，“劝惩簿”的记录适用于每月一次的考核（月书功过），有点事后算总账的意思；“劝惩牌”则挂在家众会拜的地方三天，让人人都能看得到，以示对为善、行恶之人的褒奖或警示，起到及时劝惩的作用。

又如休宁富溪程氏，在“训规条约”的第一条规定：

家之最长者为家长，推有齿德、众所敬服者一人为家正，辅家长，总主家教；有学行公直、果断精健廉干者二人为典礼、典事，辅行《家训》，彰善纠恶，摄理庶务。凡推举彰善稽过，家长主之，

①沮：阻止。

②费成康. 中国的家法族规［M］. 上海：上海社会科学院出版社，2016：226.

家正佑之，摄理者奉而行之，论而书之。

可谓分工明确、职责清楚。又于第三条规定：

立规例牌四扇，家正收执，以训勉其子姓；彰善、纠过簿两本，典礼、典事者收执，但遇善恶，随即书之。至期审议，以定赏罚。

与上文郑氏家族的赏罚制度基本相同。为使家众的善、恶行状记录准确无误，还在第四条规定：

摄理庶务之人，出入不常，故立牌，随牌交授，随牌更代。交牌之际，必禀家长、家正，推择更代，仍以年月日期某人代掌，书于《彰善簿》，以便查考。（休宁富溪《程氏家规·训规条约》① ）

这比《郑氏规范》更为严谨，摄理庶务的人毕竟不是专职的，有可能外出很久（古代交通不是很便捷），那么就要有人接手记录。因此，又立了一块交接牌，记载交接的情况，以明确责任。

不得不说，古代家庭教育者在教育子弟的品行修养上，不仅殚精竭虑，而且还充满智慧。

二是赏必当功，罚必当罪。赏罚分明最重要的内涵就是赏罚得当，

①卞利. 明清徽州族规家法选编［M］. 合肥：黄山书社，2014：180-181.

不偏不倚。“赏者必当其功，不可以恩进；罚者必当其罪，不可以幸免。”（《包拯集·上殿札子》）这是宋代清官包拯针对当时有法不依、执法不明的弊端，写给宋仁宗赵祯奏折上的一句话，提出要治理好国家，法令要彰明，而且要依法行事、公平赏罚。奖赏一定要和功劳相当，而不能加恩使其有所增加；处罚一定要和罪过相当，而不能垂幸使其有所减免。“赏必当功，罚必当罪”也成为赏善罚恶的基本原则。

唐太宗李世民撰《帝范》以教太子，内容既是治国理政之策，也是治家修身之道，所以后世大都将他的训诫列入传统家训范畴。在“赏罚”一篇，他引用了《汉书》的一段话：

> 赏及无功，无以劝善；罚及无罪，无以惩恶。惟赏与罚，不可不当。

这里，也是强调了一个“当”字。那么，如何才能做到赏罚得当？李世民提出了两条判断标准：

其一看众人的反应：

> 赏一人而天下悦者赏之；罚一人而天下惧者罚之。

就是说，如果奖赏了某个人，其他人都很高兴，说明奖赏得当，就应该奖赏；如果惩罚了某个人，其他人都受到震慑，说明惩罚得当，就应该惩罚。

其二看当事人的反应：

赏者不德君，功之所致也；……罚者不怨上，罪之所当也。（唐·李世民《帝范·赏罚第九》① ）

就是说，被奖赏的人并不感念君主的恩惠，因为他所得到的奖赏，是他立下功劳所应得的；被惩罚的人并不怨恨君主，因为知道他所受到的处罚，完全是他罪有应得的。

歙县潭渡孝里黄氏家族，为了确保对族中不肖子弟的处罚公正无偏，在家训中专置“议惩恶”一项，提出两条措施：

一则证据确凿，公众评议：

子姓有不孝不悌、败伦伤化，确有证据者，公议责逐。

二则如有诬罔，同罚而罚：

其无确据而挟私诬罔者，即以其罚罚之。（歙县潭渡孝里《黄氏家训·议惩恶》② ）

这两条字数不多，却相当严谨。某人是否有不良行为，不是谁信口开河说有就有的，必须拿出确凿的证据来。这还不算，还须摆在桌面上，让家众进行评判，证据是真是假、恶行是轻是重，然后根据事实“公议责逐”。假如有人由于私心而对他人诬陷毁谤，一经查实，就要按照其诬陷的“罪名”对等处罚。就是说，诬陷得越严重，得到的处罚就越重。

---

①唐太宗，唐仲友. 帝范 帝皇经世图谱附录（一）[M]. 上海：商务印书馆，1937：32-33.
②卞利. 明清徽州族规家法选编 [M]. 合肥：黄山书社，2014：300.

清初武进（今属江苏常州）人金敞在其《宗约》中为子孙规定，为赏善罚恶，“祠内公置二簿，一名《登善录》，一名《惩艾录》，公付族长收执”。在登记善恶事迹时，“必当会所众面者，示至公也，即族长亦不得私记”。就是说，记录善恶事迹必须当着族众的面来完成，以显示公允。族长只有保管的责任而无“私记”的特权，从制度上杜绝了赏不当功、罚不当罪的事例发生。

确保赏必当功，罚必当罪，还要注意不因怒以诛，不因喜以赏。在一个家庭（族）中，不能要求所有子弟都聪明优秀，也要正确对待那些愚笨顽劣的子弟，在赏罚上对事不对人。如果凭着好恶而滥用赏罚，极有可能出现因怒以诛、因喜以赏的情况。

三是罪疑惟轻，功疑惟重。也有一些家庭教育者认为，惩罚不过是一种手段，警示改过才是目的。因此，在使用惩罚手段时，也要注意给被惩罚者改过自新的机会。

南宋理学家、东莱先生吕祖谦认为，家庭（族）中的处罚应该有温情的一面，要给受罚人留一条退路。他说：

> “赏必当功，罚必当罪”，刻核之论也。“罪疑惟轻，功疑惟重”，君子长者之心也。以君子长者之心，则自无刻核之论。如“君子不尽人之欢，不竭人之忠，去其臣也必可使复仕，去其妻也必可使复嫁”，如此等论，上下薰蒸，则太平之功可立致也。芝草生，甘露降，醴泉出，皆是此等和气薰蒸所生。（宋·吕祖谦《少仪外传》[①]）

---

①楼含松. 中国历代家训集成 1［M］. 杭州：浙江古籍出版社，2017：571.

这段话的意思是，“赏必当功，罚必当罪”这种提法有点苛刻，“罪疑惟轻，功疑惟重”才是君子、长者的心胸。怀着君子、长者的心胸决定如何处罚，就没有苛刻之嫌。比如，君子不能要求别人违背意愿、强作欢乐来迎合自己，不可要求别人毫无保留地奉献忠诚，革职的臣下要让他有复职的机会，休弃的妻子也要让她有再嫁的自由。这样一来，和谐之风自然出现。田野生长芝兰之类的小草、天上降下甜美的露水、地下冒出甘甜的泉水，这些都是和谐的环境所生出的。

黟县环山余氏“家规”、绩溪鱼川耿氏“家族规则”等，也体现了“惩前毖后、治病救人”的原则。

黟县环山余氏，立有“劝惩簿”四扇三个等级，根据个人的德行对号登记。其中，“族内有孝子顺孙、义夫节妇及有隐德异行者，列为一等；务本力穑、勤俭于家，为第二等；能迁善改过，不得罪乡党宗族者，为第三等”。每月初一这一天，家长率族众到祠堂，参拜祖先之后，就对前一个月族中发生的善恶事迹以及赏罚决定进行公告。对于以前有过但能够勇于认错且有悔改表现的，写入“劝善录”予以褒奖，并列为第三等。“有违规扑罚者”则“随事轻重”，录入“记过簿”以示“警醒”；有过三次记录而不改的，加倍处罚；三年会再考一次，仍然未改的，再加倍处罚。如对处罚不服的，则削去族籍，在四通八达的地方张榜公布。

绩溪鱼川耿氏，在祠堂中分立“失德”“败行”两本记事簿，族人如有违犯其家规第三章“遵守事项”、阻挠家规第六章“扶助事项”以及有其他失德事迹的，则登记其名字、事实于“失德簿”；如有破坏家规第四章“劝导事宜”、触犯家规第五章“禁戒事项”以及有其他败行事迹的，则登记其名字、事实于“败行簿”。本着惩罚是为了促使其改过迁善的目的，耿氏家规对罚则特地增加了几条较为人性化的规定：一是在失德、败行进行登记之前，由族正、族长传知或函知本人，责令其悔改；如能够及时且有事实证明确已悔改的，可以免其登记。二是已经登记录入“失德簿”“败行簿”之后，如果本人自知悔悟，力改前非，则为之注“改过”字样。三是“如实系改行修善，逾年无过，则为之加入‘注销’字样。”四是“再逾二年后，实有道德、事业可纪”，就能够恢复正常身份，与其他没有记录的族人一样，可以享受褒奖等待遇。

金敞对族中“事有不善”之人，在使用罚则之前多次留有敦促其改过的机会：

> 惟事有不善，初不遽登记，止对众谕戒，听其自新。至再犯，则书名于《惩艾录》，下仍空其行间，后如悔改，众证得实，则并其名而去之。如仍不悛，始当众据实直书，其尤大者，则公首之官，以凭究治。祠中不与会食。（清·金敞《宗约》[①]）

初次发现有人行止不良，并不急于记入《惩艾录》，而是当众提出口头训诫，以促使其改过自新；如果再犯，就在《惩艾录》中写上名字，但在下方留出空行，以后如有悔改表现，经过族众证明属实，则将名字从《惩艾录》抹去；对于怙恶不悛的，才当着族众的面据实记录其人的为恶事迹，恶迹特别显著的，则报官府依律惩治。

①楼含松. 中国历代家训集成 6［M］. 杭州：浙江古籍出版社，2017：3824.

善者以有所劝，而为善愈力

凡人之心，为善则安，为不善则不安，初非以有所劝而始为善，有所惩而始不为恶也。然善者以有所劝，而为善愈力，恶者以有所惩，而去恶愈决，则善者日益多，恶者日益少，不可谓非宗党之福也。

——（清）金敞《宗约》①

在我国古代，有一个颇具特色的“彰善”制度——旌表。所谓“旌表”，就是官府为了表彰人们在孝、悌、忠、信、礼、义、廉、耻等“八德”方面有突出事迹所立的牌坊或赐予的匾额。《清史稿·孝义一》总结清代的旌表制度时写道：“清兴关外，俗纯朴，爱亲敬长，内壼而外严。既定鼎，礼教益备。定旌格，循明旧。”其中，“旌格”就是有关旌表的规章制度。这个制度的功能与目的，在于为全社会树立一个劝化万民的道德典范，以坚定人们崇德向善、修身养性的信心和决心。在裙带关系和门第观念严重的封建时代，旌表虽然主要用来为帝王将相、官宦士绅树碑立传、歌功颂德，但也有市井草民的一席之地。与帝王将相不同，这些被“旌表”的草民既没有显赫的地位，也没有卓著的功勋，帮助他们获得荣誉的是他们崇德向善的实际行动。

据《宋书·孝义传》记载，南朝会稽永兴县（今浙江永兴）有一位

---

①楼含松. 中国历代家训集成6［M］. 杭州：浙江古籍出版社，2017：3823.

名叫郭世道的农民，因为孝敬父母、诚实守信的仁厚风范而受到当地人的敬重和夸赞。元嘉四年（427 年），朝廷派遣大使巡行天下，散骑常侍袁愉将他的淳厚德行上奏给朝廷，宋太祖深为嘉许，诏令旌表，悬榜闾门，免除他的赋税和劳役，并把他居住的村庄独枫里改名为孝行里。郭世道的儿子郭原平，秉承了父亲的孝心和仁厚品德，除了事亲至孝外，还尽一切绵薄之力广施善行，不受任何恩惠。郭原平又以种瓜为业，靠卖瓜维持全家的生计。但每次到集市去卖这些农产品，他总是按照同类产品市价的一半出售。日子久了，城里人都知道了他家的情况，于是在买他东西的时候总是主动增加价钱。买卖双方彼此相让，郭原平坚持比别人的价格低才同意收钱。

通过这个典故，可以看出两个现象：一是郭世道、郭原平父子，由于受到旌表而在生活中处处自律，这固然与他们仁厚的道德品质有很大关系，但旌表对他们的激励作用也不能忽视。通过“彰善”，使为善者感受到社会对自己行为的肯定与赞赏，因而“善者以有所劝，而为善愈力”。二是街坊邻居得知他家受到“旌表”，特别是被他们仁厚的道德行为所感动，买东西时主动增加价钱，说明他们父子的仁厚品德成为街坊邻居效仿的榜样。

社会教育如此，家庭教育亦如此。

一、善者以有所劝，而为善愈力

在明人王祖嫡的家训著作《家庭庸言》自序中，有这样一段话：“长洲张幼于寄《家儿私语》，多载其所行善事，或谓其藉是自扬。”意思是长洲（今苏州市区）人张幼于（大名张献翼，吴中奇士）向家里寄回一本名为《家儿私语》的小册子，其中记载的多为一些“家儿”所做的善事，被别人说是借助这个小册子对儿子自夸自赞。

这段话提出了一个问题，在家庭教育中，应不应该“彰善”？

传统家训文化对这个问题的回答是肯定的。王祖嫡在这段话之后，以“非也”两个字表明了自己的看法，并用反问的语气说，为家风传承着想，将这些善行善事记录下来遗留给后辈不好吗？

从人性的角度看，彰善能使人受到鼓舞、增强道德内化（道德修养）与外化（道德践履）的信心。

明代举人韩霖将人的道德修养分为两个阶段，一为善念初生阶段，一为善念扩充阶段。

> 为善之人，初则方寸之中，浮沉阒息，淡无嗜好，沉静则内欲不萌，外诱不入，胸中自无障碍。虚明则所发无不善念头，触处都是天理，善念初生柔脆微眇，持此应物，好生将息，无令物欲摧折。（明·韩霖《铎书》[①]）

这是善念初生阶段人性的表现。在这一阶段，人的内心比较平静，各种欲望也逐渐淡化，不再生出非分之想，外面的诱惑也不能影响向善的愿望，所想的无一不是为善的念头，触及之处无一不是大善。但这时善念只是初生，为善的念头还很脆弱微小，经不起摔打，必须精心呵护，不能让为善的念头在萌芽中摧折。

向善即制欲。有意于向善之人，必须抑制和舍弃各种不当的欲求，为了与人为善，还可能要牺牲一些个人的正当利益。当面临物质需要与精神追求抉择的时候，人的内心对于义、利的取舍将会十分矛盾。一旦

---

①韩霖.《铎书》校注［M］. 孙尚扬，肖清和，等校注. 北京：华夏出版社，2008：148-149.

选择了为善，就意味着物质利益减少，而如果外界对这种付出毫无反应，则向善的热情可能会有所冷却。因此，要精心呵护“柔脆微眇”的初生善念，除了本人加强自身的道德修养外，外界应该适时辅以适当的彰显，以鼓舞他们的向善之心。

> 自一念至万念，一分至万分，务令圆满尽足，无少欠缺。万善既备于己，须要执持坚定，九死百折，万感千触，勿令摇撼得动，是谓坚定。工夫到此，苦心极力之态，务令尽消，渣滓圭角之迹，必须都化，是谓浑融。地位到此，不着色相，不落思为，义精仁熟，道成德至矣。（明·韩霖《铎书》①）

这是一个从“善念初生”到“道成德至”的过程。在这个过程中，要经历“九死百折，万感千触”的善、恶之考验，消除从善很苦很吃力的勉强之心，化解偶尔冒出头的不良之念，将仁德的理念与自身融为一体，从“要我从善”转变为“我要从善”，这才算得“义精仁熟，道成德至”。

但是，在道德修养中，是成为虞舜这样的道德君子，还是堕落成盗跖之类的无德小人，不过是在一念之中。韩霖仅将人的修养划分到“善念扩充阶段”而没有“养成”阶段，是基于“善人未尝无欲念”的现实，乃至道德修养如负重登山、如激流泛舟，稍有松懈便不进反退，因此道德修养永远都只能在路上。只有坚定道德理想、坚持修身养性，才能负重前行、逆流而上。而在遇到沟沟坎坎、激流漩涡的时候，离不开外力的推动。

---

①韩霖.《铎书》校注［M］. 孙尚扬，肖清和，等校注. 北京：华夏出版社，2008：149.

有鉴于此，古代家庭教育者在教育子孙“善欲人知，不是真善”道德理念的同时，亦对家庭“彰善”提出了切实可行的具体措施。

在绩溪华阳邵氏宗族的《家规》中，单列了一条“彰善”之规。

> 三代以还，全人罕觏。苟有一行一节之美，如孝子顺孙、义夫节妇，或务学而荣宗，或分财而惠众，是皆祖宗之肖子，乡党之望人，族之人宜加敬礼。贫乏则周恤之，患难则扶持之。异日修谱，则立传以表扬之。（绩溪华阳《邵氏家规》① ）

短短一段文字，包含了“彰善”的意义、标准、荣誉、奖则等内容：三代之后，后人难以亲眼见到先人的善行，因此有彰善的必要。只要族人有一行一节的善行，比如孝顺、节义、光宗耀祖、扶贫济困等，于家族是有德行的子孙，于家乡是有声望的人士，全族的人都要敬重他们、礼待他们。如果他们生活贫困，其他人要予以周济、抚恤，如果他们遇到危难，其他人要援手扶助；到下一次修谱的时候，还要将他们的善行事迹写成传记，以示表彰。

明永嘉（今浙江温州）人项乔撰著的《项氏家训》，为训诫子孙“毋作非为”，特设“计过、旌善簿两扇，以纪族人行检”，其中有“彰善”的规矩称：

> 其间立志学好、有一善可称者，族正、司礼报书于旌善簿。有能敦崇道德，为孝子顺孙、义夫节妇及居官清慎勤、尽忠报国、光前裕后、为众所推者，族正呈举风励，死后仍附主于祠，永同始祖

①卞利．明清徽州族规家法选编［M］．合肥：黄山书社，2014：163.

配享。（明·项乔《项氏家训》[1]）

其彰善的办法与前邵氏宗族的大同小异，只要立志向善并有一件可以称道的善行，就可以报告族正、司礼登记在旌善簿中。但凡具有敦崇道德、孝子顺孙、义夫节妇及居官清慎勤、尽忠报国、光前裕后等显著事迹而又被族众共同推举的，由族正向族长呈举，在全族范围内进行勉励、嘉奖。而更大的奖赏是死后永远享受世祖的待遇，这个待遇可算是隆厚至极。因为在一个氏族中，随着年代的推移，祠堂里敬奉的祖宗牌位越来越多，为了不影响后人对近祖的敬奉，就对远祖的牌位实行“祧”的制度，除了始祖为“不祧之祖”外，其他远祖就要逐步被“祧”出来移至他处。这些获得“彰善”的人，死后的牌位能够享受“不祧”的待遇，可说是顶格的荣誉。

绩溪泉塘葛氏宗族，也有类似的“彰善”礼遇，不过不是牌位的“不祧”，而是准予在祠堂里面架设匾额、悬挂旌旗，其《祠规》设“架匾各例”一条。

孝子准于左右献庑架匾，节烈准于下堂左右献庑架匾，科甲以上得奉钦赐出身，准于正献正间架匾撘旗，祠首备办果酒敬贺。（绩溪泉塘《葛氏宗谱·祠规》[2]）

能够在本族祠堂里面悬挂表彰匾额，这是对为善者莫大的奖赏。根据善行的大小，悬挂的地方也有所不同：孝为“八德”之首，因此，

①楼含松．中国历代家训集成 4［M］．杭州：浙江古籍出版社，2017：2119.
②卞利．明清徽州族规家法选编［M］．合肥：黄山书社，2014：346.

“孝子”可在祠堂正堂的左右两侧架设匾额；获“节烈”荣誉的人则在祠堂的下堂左右架设匾额；能够入朝为官那是光宗耀祖的事，一族中能出一人也是全族的光荣，所以得到朝廷任命的人可以在祭祀大厅的正间架设匾额、悬挂旌旗。

将嘉言懿行记之于谱，在本族万世留名，也是古代家庭“彰善”措施中很高的规格。

明代永嘉（今浙江温州）人王澈制定《王氏族约》，“立嘉善簿一扇，分敦礼、尚义二类。……凡善恶司纠详察之，每遇朔望，宗祠拜揖毕，司纠同族众以类书于簿。”明文规定两类善人死后可以在族谱中书写其传记：一类是“行检高下，以敦崇道德、言行足为师表者”，除在“嘉善簿”中评为优等之外，“死则于谱传之”；一类是子孙居官，能够“廉勤正直，尽忠体国，恪守官箴”，而且“治行卓越、惠泽及民及有功德，为宗族乡邻所庇赖者，没后于谱传之。”

在古人看来，人们为善或为恶虽然有时只在一念之间，但是为善与为恶，却是衡量人道德修为的试金石。由于“善恶等级相悬，如天距地，难以比例”（明·韩霖《铎书·毋作非为》），所以道德境界有高下之分。如孝为“八德”之首，但孝亦有大小，“扬名显亲，上也；克家干蛊，不坠先人之志，次也；服劳奉养，又其次也”（清·张习孔《张黄岳家训》）。故此古代传统文化根据人的道德修为，将人分为圣人、贤人、君子、小人。古代家庭教育者培养子孙的目标，虽然大多都能够根据实际出发，对孩子量资而教，但内心都有子孙“求贤得贤、求圣成圣”的良好愿望。因此，在一些家庭（族）中，为了鼓励子孙向道德的更高境界进修（当然也有获得家庭荣誉的冀图），除了在家庭（族）内褒奖之外，还订立了旌表推举申报的规定。

如金敞订《宗约》规定：

> 祠内公置二簿，一名《登善录》，一名《惩艾录》，公付族长收执。……如有善行，公论佥同，当即面同族众，记载《登善录》。如本人力行十年而不懈，则扁记祠堂，以彰懿范，公同举报，以候旌奖。(清·金敞《宗约》①)

稍晚于金敞的平越（今贵州福泉）人王士俊，于家训中立赏、罚二式，其赏式规定：

> 小善则奖之，书于籍。有能积善不倦，或大功宜录，则公呈于官，以听褒赏，且公赠匾联。(清·王士俊《闲家编》②)

二、见人之善，慕而效之

在前文我们曾说过，抑恶扬善是一个问题的两个方面，它们相辅相成，共同保障与促进社会、家庭道德环境不断优化。一个只注重抑恶而不注意扬善的社会（家庭），在“惩恶”这个“达摩克利斯之剑”的威慑下，也许令人不敢胡作非为，但它也可能仅仅是使人不敢作恶而已。不敢作恶和不想作恶是两个层面的道德境界。迫于外部约束而不敢作恶，但缺乏内在驱动亦不去为善，这种现象和持有这种人生观的人并不鲜见。而一个充满生气的社会（家庭），不仅需要杜绝“为祸别人”的无德行为，还需要弘扬“有利别人”的精神风尚。否则，助人为乐、尊

①楼含松. 中国历代家训集成6［M］. 杭州：浙江古籍出版社，2017：3823-3824.
②楼含松. 中国历代家训集成9［M］. 杭州：浙江古籍出版社，2017：5290.

老爱幼、扶危济困、乐善好施等美德，将只是美好的愿望而不是美丽的现实。

因此，“彰善”的意义，除了“善者以有所劝，而为善愈力”之外，更重要的还在于它的社会效果“俾不能者知所劝”（休宁富溪《程氏宗族祖训家规·训规条约》）。使那些没有善行的人知道社会提倡什么、反对什么，起到典型引导、见贤思齐的作用。从教育的角度看，“彰善”的作用比耳提面命式的说教，无疑更为有效。由此可见，家庭教育中的“彰善”，实际上是“典型示范”方法的特殊形式。“彰善”的示范作用，主要体现在以下两个方面：

一是对身边发生的善行进行表彰，能使人感觉到道德模范人物并不神秘，与自己也没有多大距离，继而产生“见人之善，慕而效之”的念头。

方弘静对道德模范能够启发人见贤思齐的心态作了生动的描述，他说：

> 见人之善，慕而效之，当自省曰：“彼人也，我亦人也，何可不如彼哉？”（明·方弘静《方定之家训》①）

意思是，看见别人所做的善事，除了敬慕之外，还会产生效仿的念头。心说他是人我也是人，都很普通，没什么区别，他能做到（这样），难道我就不如他？一旦产生这样的念头，就会在日常生活中，有意无意地以道德人物为榜样，在言语行为上注意约束自己、施惠于人，通过善行收获荣誉感、自豪感和快乐感，积小善为大德，由希贤而成贤。

---

①楼含松. 中国历代家训集成 4［M］. 杭州：浙江古籍出版社，2017：2292.

明莆阳（今福建莆田）人方昕是引导子孙“见人之善，慕而效之”的“大师级”家庭教育者。他撰写的《集事诗鉴》，将父子、夫妻、邻居、贫贱等三十对关系，全部以道德模范的事迹为“鉴”，以便子孙对照仿效。如“子之于父当鉴顾恺”“叔之于侄当鉴郗、鉴谢安”“邻居当鉴王吉”等。其中“贫贱则励固穷之操当鉴谢侨”一项，用谢侨制止儿子将书换钱度日的事例作为子孙“虽贫穷也不失操守”的榜样：“谢侨素贫，尝一朝无食，其子启欲以‘班史’质钱，答曰：‘宁饿死，岂可以此充食乎！’饥食渴饮，人之常尔，一日之计不办，而侨之子请以其书质钱，贫可知矣。侨宁饿死而不从，亦可谓固穷之异乎人者。”南朝人谢侨，家里很穷，有一天竟断了粮食无米下锅。儿子对他说，想拿家中的《汉书》质押几文钱救急，他回答说：“宁可饿死，怎能用书换钱买粮食！”方昕评价这个道德典故时说，饿了要吃饭，渴了要饮水，这是人之常情，一天也不能缺少。谢侨的儿子请求以书换钱，贫困到什么程度可想而知。但谢侨宁可饿死也不同意，可以说是安于贫贱穷困异于常人啊！

在现代，这个典型事例与道德没有关系，但在崇尚文化而科技又不发达的古代，人们对于写有文字的纸张甚至纸片看得非常神圣，不允许作无关文化的他用，更不能丢在地上践踏，否则是对圣人的大不敬。而将神圣的书籍拿去换钱，不啻是对圣人的亵渎。

我们可以从王士俊《闲家编》里找到佐证。王士俊将“不能惜字”视为“罪孽”，他用很大的篇幅来说明“字纸必惜”的道理。

士大夫置身青云，承前启后，获上治民，建功树业，推其最下，笔耕墨耘，以资俯仰，道皆由此。我日借其力，日赖其养，而又狼藉芟毁之乎？且亦知其宝贵矣，而又视为草菅尘块乎？（清·

王士俊《闲家编》①)

主张将“不能惜字”的行为“律以天诛之条”。“惜字”与“饱腹”孰重孰轻，由此可见一斑。

所以，身为读书人为了吃饭而不顾操守，自然是谢侨的大忌。方昕将这个事例作为“贫贱则励固穷之操”的典范，是希望子孙效仿先贤，修养“威武不能屈、富贵不能淫、贫贱不能移”的人格操守。

二是对家庭（族）成员的善行进行表彰，可以使子孙克服“忽卑近而慕高远”的心态，不以善小而不学，不以善小而不为。

王祖嫡在《家庭庸言》的自序中谈到撰写这部家训的初衷，他说从古至今家训之类的书籍不下百余种，然而子孙能够遵照执行的十无一二。但父母总是希望儿孙有出息，并不会因为不能遵行而不进行家训教育。鉴于此，他将平日所见所思记录下来，命名为《家庭庸言》。意思是尽量不作那些“高远难行”的道德要求，而以平凡生活中所涉及的行为规则为主要训诫内容，“以故予所行煦煦小惠，亦偶及之，不欲子孙忽卑近而慕高远也。”

“忽卑近而慕高远”是道德修养的常见现象。人们通常对先圣前贤、道德楷模无比敬慕、非常向往，希望自己有朝一日也能够成为大德至善、人人称羡的道德君子，却对身边的善人善行不屑一顾，认为他们的道德修养和道德行为“不过如此”。殊不知不积跬步无以至千里，不积小善不能成大德。勿以善小而不为，勿以恶小而为之，是崇德向善的起点和正道。

在《论语》中，有一段孔子与学生谈“志”的记载：

①楼含松. 中国历代家训集成 9［M］. 杭州：浙江古籍出版社，2017：5289.

颜渊、季路侍。子曰："盍各言尔志？"

子路曰："愿车马衣轻裘与朋友共，敝之而无憾。"

颜渊曰："愿无伐善，无施劳。"

子路曰："愿闻子之志。"

子曰："老者安之，朋友信之，少者怀之。"（《论语·公冶长第五》①）

翻译成白话就是，颜渊、子路侍奉孔子时，他说："何不各自说说你们的志向呢？"子路说："我愿我的车马衣裘，和朋友共用，用坏了也不觉着遗憾。"颜渊说："我愿不自我夸耀，不把劳苦之事施加给别人。"子路说："希望能听听老师的志向。"孔子说："（我的志向是）使老人安享晚年，使朋友信任我，使少年感怀我。"

三国魏何晏集解的《论语正义》对此评价说："子路重伦轻利，不失任恤之道，义者之事也。颜子劳而不伐，有功而不德，仁者之事也。夫子仁覆天下，教诫爱深，圣者之事也。"（《论语正义·卷六》）子路轻财重义，他的道德行为人人可学；颜子有善而不自称、不施劳于人民，达到了仁的境界；孔子的老安、友信、少怀，视三者如一家人，境界更高。

南宋初期学者、教育家张栻评论说：

子路盖欲克其私于事事物物之间者，其志可谓笃，而用功可谓实矣。……学者有志于求仁，则季路之事，亦未宜忽也。要当如此

①程昌明. 论语［M］. 太原：山西古籍出版社，1999：51.

用力，以为入德之途，则夫颜子之事，可以驯致。不然，慕高远而屑卑近，将终身无所进益而已耳。（宋·张栻《张栻集》① ）

他的意思很清楚，有志于求仁，不能忽视在事物之间用功。像子路这样脚踏实地以行日常小善为入德的途径，也是可以达到颜子那样的仁德境界的。不然的话，一心向往大仁大德而不屑于做琐屑细小的善事，那么他的道德修为将终身没有进步。

三、彰善之辞宜显，俾不能者知所劝

“彰善”形式的影响与合理性，是“彰善”效果强与弱、好与坏不能忽视的因素。

首先，“彰善”活动要形成一定的声势，以扩大善行善事的影响，加深家众对善行善事的记忆。

明朝永乐年间举人曹端认为，赏善罚恶这条家规，不仅家长应当坚持实行下去，而且还要让全族的人都知道有这条规矩，知道赏过什么人、罚过什么人。即“是则赏罚者，不惟家长当行，而家众皆所当知也。”（《家规辑略》）为了贯彻这个指导思想，他对赏罚的形式作出规定：每三个月进行一次考察，根据家众所为的善恶事迹，分为三等九申。对于善恶事迹显然彰著的，由众子孙禀告家长，家长率所有家众相告于祠堂，击鼓于堂昭告事迹、书之于榜悬挂于壁，使家众得以耳闻目见。不仅如此，还要告诉受赏罚人的亲戚、朋友，以期广为人知。其中被考察为“上上者，簪花告祠，男则邀亲宾享于祠堂，以谕荣之；妇则

①张栻. 张栻集（上）［M］. 邓洪波，校点. 长沙：岳麓书社，2017：41.

会茶于祠堂，赏纱绫手帕……以彰其善”。

扩大“彰善”影响的做法，主要是两个途径：

一是会众告谕。一般家庭（族）的“彰善”活动，都是集中家众于一起，当众宣告要表彰的善人善行善事，宣布表彰的荣誉，颁发奖品证书，通过仪式感增加家众的印象与触动。如“江南第一家”郑氏家族，赏善罚恶由全族人公推出来的“监视”负责，凡监视莅事之时，必须集家众到祠堂，“鸣鼓细说”，全体家众须“肃听之”；又如安徽绩溪大谷程氏“彰瘅规”列有“彰善十训”和“瘅恶十二戒”，每年春、秋两季，全族“少长咸集，以典礼一人立东阶，朗诵彰善簿；一人立西阶，朗诵瘅恶簿”，目的很明确，就是为了“劝惩之法行，子姓庶几知所观感矣”。

二是张榜挂匾。将被彰善人的事迹详细书写在彩色纸张上，张贴在家众经常进出的显眼之处，并保持一定的时间，供家众时时观看；或将奖赏的荣誉制作成牌匾（古代十分盛行），悬挂在家众经常聚集的场所，以加强彰善的视觉冲击力。如绩溪城西周氏宗谱规定：“祠内挂匾，……孝行汇书匾于寝室东廊；节烈汇书匾于寝室西廊。”前述《郑氏规范》第二十九条规定：“造二牌，一刻‘劝’字，一刻‘惩’字，下空一截，用纸写帖。何人有何功，何人有何过，既上劝惩簿，更上牌中挂。会揖处三日方收，以示赏罚。”

其次，表彰善行善事既要实事求是，不夸大也不缩小，更不能大帽子底下空洞无物，要从道德层面对善行善事进行梳理总结，详简得当，做到“彰善”内容有血有肉，能够给人以思想启示和感受到道德楷模的感召力。

休宁富溪程氏家族的《训规条约》在列出彰善瘅恶的具体条文之后，强调“子孙有立德、立功、立言，亢宗善俗者；妇女有孝行、贞烈者，生则馈胙以奖之，殁则揭名以祭之，仍书于籍以示劝”。为了使彰善瘅恶活动能够取得实效，还特地增加了一条彰善的活动要求：

> 彰善之辞宜显，如有人孝行，则书曰“△事其亲，能云云”，可谓孝矣。俾不能者知所劝；纠过之辞宜婉，如人有不悌，毋直曰“不悌”，但云“△事兄之道，有未尽善。姑书以俟”。或能会日自陈者，众又从而诱掖奖劝之。（休宁富溪《程氏家训·训规条约》①）

这里的“彰善之辞宜显”，主要有两个意思，一是要突出被褒奖者所行善事的道德指向，比如他的行为是“孝悌”还是“忠信”，是见义勇为还是扶危济困，不能记流水账、数萝卜下窖；二是要昭显被褒奖者所行善事的具体行为，即有具体的事迹支撑，根据所做的事实进行表扬，发扬细微于光大，决不能泛泛而谈。比如表彰某人的孝行，不能说一句“某人孝感天地”完事或写他一天做了几件事，而要“某人事其亲，能如何如何，可谓孝矣”。“某人事其亲”说明施予善行和享受善行双方的关系，“能如何如何”就是行善的具体事实，“可谓孝矣”将平凡的行为上升到道德层面，完成彰善的目标指向。

例如，唐初杨绍宗妻王氏，两岁时生母亡故，为继母鞠养长大。15岁那年，父亲又战死于征辽的战争中。不久继母也去世。因父亲战死沙场，尸骨无存，王氏就立父亲的形象，与生母和继母葬在一起，并在墓侧盖了两间草庐，为父母守灵，并承担起为祖父母养老送终的责任。唐高宗李治感其孝行，特颁诏“旌表”。以下是高宗李治的“旌表杨绍宗

---

①卞利. 明清徽州族规家法选编［M］. 合肥：黄山书社，2014：182.

妻王氏诏”：

> 故杨绍宗妻王氏，因心为孝，率性成道。年迫桑榆，筋力衰谢。以往在隋朝，父殁辽左，招魂迁葬，负土成坟，又葬其祖父母等，竭此老年，亲加板筑。痛结晨昏，哀感行路。永言志行，嘉尚良深。宜标其门闾，用旌敏德[①]。

这个彰善诏用较少的文字表达了三层意思。一是对王氏的善行在伦德上作了精练的概括：“因心为孝，率性成道。年迫桑榆，筋力衰谢。”即王氏以心为孝，以孝为心，按照自己认定的道德目标（行孝）全心全意地去做，直到晚年，身体与精力都衰退。二是对王氏的孝迹进行了完整的叙述：“以往在隋朝……哀感行路。”通过这段文字，读者基本知道了王氏的行孝事迹。三是朝廷对王氏孝行的旌表态度：要永远宣传和赞美王氏这种志向和操行，并在她家的门庭上悬挂匾额，以嘉勉她的德行。

最后，彰善的目的是树立道德楷模，作为人们学习、效仿的样板，因此对道德事迹的宣传要给人以可敬、可信、可学、可及的触动，绝不能任意拔高道德标准，甚至宣扬违反人性的道德主张。

在我国古代，历代封建统治者和一些封建士大夫为了维护统治阶级的既得利益，极力宣扬一些貌似高尚其实荒唐无稽的道德行为，如埋儿奉母、女不二适等，这些道德行为，看似至高、至上，实是扭曲甚至违反了人性，它不仅没有给人以“见贤思齐”的感触，而且还令人恐惧与厌恶，这是对中华民族传统美德的抹黑与反动。

---

①刘昫，等. 旧唐书 第4册［M］. 陈焕良，文华，点校. 长沙：岳麓书社，1997：3250.

令人欣慰的是，古代家庭教育者大多都很反感与排斥这种泯灭人性的道德取向，他们虽然非常重视家庭（族）声誉，以彰显家众善行为荣，但是对附记于传的嘉言懿行都要进行严格的甄别与订正，绝不允许夸大其词，误导子孙。例如集中共议、张榜公示等办法，本章有多次提及，不再赘述。仅以“邓攸弃子全侄”这个典故，说明真实可信才是“见贤思齐”的真正动力。

清代衢州（今浙江衢县）人周召在他的家训著作《双桥随笔》写了一则邓攸弃子全侄的典故：东晋大臣邓攸的弟弟很早便过世了，留下一个小孩被邓攸收养。当时正值社会动乱，邓攸带着妻儿和侄子逃亡他乡。吃光了食物，敌人却再次逼近。邓攸对妻子说：“我的弟弟死得早，只留下了这个孩子。现在如果我们带着两个小孩逃命，大家都会死。不如放下我们的孩子，带着弟弟的孤儿逃走吧。”妻子听后泪如雨下，却也无法可施（在封建社会，女性地位十分低下）。于是，邓攸就把自己的亲生儿子送到山上，弃于草丛之中。儿子哀哀啼哭，远远地跟着父亲，挨到天黑，又回到父母身边。第二天，邓攸又将儿子送到山上，为了防止儿子再次回家，就用绳索将儿子捆在树上。

在我国古代，有一个道德观念叫作“不爱其亲，而爱他人者，谓之悖德；不敬其亲，而敬他人者，谓之悖礼”，侄儿能否看作“他人”姑且不论，但儿子是亲生的，抛弃儿子甚至将之捆绑在深山的大树上，饥渴而死的概率是极大的。如此“不爱其亲”，是有德还是悖德，不辩自明。

对此，周召甚为不满。他认为，儿子既能追着父亲的身后回家，说明骨肉情深，即便不能两全，也可以让亲生儿子找一个可以安身立命的处所，让他有个活命的机会，绑在树上岂非害他性命？父子之间亦有天性，何忍至此？他断言“此亦必无之事，盖誉之太过而反没其真耳”，怀疑这是“郭巨埋儿”的翻版，因为这是违背天理人情的荒谬绝伦之事。

虚构的典范不仅不能起到示范的效果，且因“记人之善而过其实，有反足以增后世之疑者”，不可不引以为戒。

恶者知所惩，使其惩恶而为善

> 王道明而黜陟行，春秋成而褒贬著。窃春秋之余意，行于一家，以辅相王道之所不及，奚为而不可？……非藻鉴以临之，按迹以稽之，何以别淑慝而示劝惩？……恶者知所惩，使其惩恶而为善，则亦同归于善，是亦与人为善之意也。
>
> ——歙县东门《许氏宗谱·卷八·家规》①

道德修养的本质是制欲向善，即以社会公认的伦理观念抑制内心所产生的不当欲望。而抑制不当欲望的方法不外乎两种，一是自律，二是他律。对于大多数人来说，已经脱离动物的原始本性，对伦理产生了高度的认同感与自觉性，虽然他们的内心世界还会产生一些不当的欲求，但是能够凭借自身的伦理观念压制这些“非分之想”，使它不形于色、不践于行，这就是人的自律行为。但也有少数极端利己主义者，在他们看来，物欲永远都比伦理重要，只要心有所欲，他们就会置伦理道德于

①卞利．明清徽州族规家法选编［M］．合肥：黄山书社，2014：144.

不顾，必尽一切手段而得之。为了维护社会公平与正义，保障绝大多数人的合法权益，社会就有必要对他们进行约束。对少数不服从约束且有不善行为的，还须给予惩罚。这种约束与惩罚，就是他律。

对恶行进行及时、恰当的惩处，是维护道德底线的最后保障，也是保持社会、家庭风清气正的有效手段。这种手段在古代家庭教育活动中的表现形式，就是在传统家训中经常出现的“瘅恶”。古人认为，“从来善不因赏而劝，恶未有不因惩而改。……隐昭法戒，俾善者益善，不善者改而为善，劝惩宜亟亟矣。”（绩溪大谷《程氏宗谱·彰瘅规》）

古代思想家、教育家乃至家庭教育者，无论是“性善论”者还是“性恶论”者，对人的行为的评价标准只有两个：善或恶，不存在非善非恶的情况。宋代理学家朱熹说：“天理人欲，不容并立。”（《孟子集注·文公上》）“人只有个天理人欲，此胜则彼退，彼胜则此退，无中立不进退之理，凡人不进便退也。”（《朱子语类》卷十三）

明代举人韩霖深以为然，亦认为人的行为“只是理欲消长两端”，因此要在理消欲长的初期对其进行训导，还要对其小错小恶实行惩戒，才能“使其惩恶而为善”。为了说明这个道理，他在家训中细致地描述了不善之人道德蜕变的过程：

> 为恶之人，念头之始，浮泛纷纭，乱想胡思，略无张主。次则心一散乱，自不清宁，不知简点，不受拘束，遇正经事偏不耐烦。次则不论物理人情，不揣心头体面，一切简略粗疏，昏忘差错，任他人怨笑而莫之顾。次则邪事偏欢，邪人偏爱，自家管不住自家身心，愧悔虽切，改图实难。次则恶路日熟，良心日蔽，如晦夜浓云，海潮重雾，全无愧悔之意，深疾规谏之言。次则恣意任情，毫

无忌惮，如中风狂人，脱韁奔马，何所不为，何所不至。次则如灯将灭而光一乍大，从此添油，尚可返照，良心将死，亦有猛然觉悟时，此是人鬼关，生死只争一线。次则众叛亲离，人亡家败，到来追悔，万万无及矣。（明·韩霖《铎书》[①]）

刚开始只是把持不住，欲念和伦理之间发生斗争，这个时候如果有外力的引导，还可以抑欲向善；继而心中一乱，行为上开始不受拘束、不知检点，耻辱感渐渐消失，开始不顾廉耻，抛开伦理道德以满足私欲，这个时候如果能够对其恶行进行惩戒，也许可令其幡然悔悟，改邪归正；再后来恶路日熟、良心日蔽，逐渐恣意任情，毫无忌惮地为非作歹，这个时候他已经听不进甚至反感所有的规谏，最终将是众叛亲离、人亡家败的结局。

不善之人，最初并非大奸大恶，他们的道德滑坡，都会有一个逐渐改变的过程，所以要在国法“够不着”之前，道德教育本身应具有“瘅恶”的措施。

古代家庭教育的“瘅恶”措施，由轻到重主要有四种方式：明告其过，令其悔悟；小过鞭扑，惩创自新；屡挞不改，子放妇出；捻恶贻累，鸣之于官。

一、明告其过，令其悔悟

天下有不可悔之恶三，不可赎之罪三。曰弑父与君，曰淫行渎伦，曰妄杀人。……人苟不犯此三条，何过不可改？（明·秦坊

①韩霖.《铎书》校注［M］. 孙尚扬，肖清和，等校注. 北京：华夏出版社，2008：148.

《范家集略》[①] ）

弑父弑君、淫行渎伦、胡乱杀人，是古代不赦之大罪。不犯这三宗大罪，其他的过错罪孽都是可以被谅解的，只要他改过自新。在纳入家庭“瘅恶”的行为中，一般来说，都是尚不构成犯罪、不触犯国法的小错小恶。家长们固然“恨铁不成钢”，需要动用家法对这些不肖子弟进行惩戒，但除非万不得已，往往都能够保持理性，坚持以训诫教育为主，督促子孙认识错误，改过迁善，避免体罚带来伤身、伤情的后果。

明代思想家袁黄被诬陷罢官后，在家闭门不出，潜心研究如何劝人积善改过，对劝善很有心得。他的《了凡四训》是善书中的经典之作，劝善更是全书的重点和宗旨，“积善篇”占了全书一半的篇幅。在弼教方面，他提倡以记“功过格”的方法“隐恶扬善”“迁善改过”，让人们进行道德自律，达到自我修养、完善人生的目的。他说：

> 齐家之道，非刑即礼。刑与礼，其功不同。用刑则积惨刻，用礼则积和厚，一也；刑惩于已然之后，礼禁于未然之先，二也；刑之所制者浅，礼之所服者深，三也。汝能动遵礼法，以身率物，斯为上策。不得已而用刑，亦须深存恻隐之心，明告其过，使之知改。切不可轻口骂詈，亦不可使气怒人。……我家戒杀已久，此最美事，汝宜遵之。（明·袁黄《训儿俗说》[②] ）

齐家教子的方法，无非就是两种，一是道德教化，一是刑罚惩戒。

---

①楼含松. 中国历代家训集成 5 ［M］. 杭州：浙江古籍出版社，2017：3093-3094.

②楼含松. 中国历代家训集成 4 ［M］. 杭州：浙江古籍出版社，2017：2585.

袁黄的劝善思想，是重于“教”而轻于“刑”。他认为“教”与“刑”功能不同，效果也不一样，其区别有三：第一，刑罚本身的形式容易使受教育者形成凶狠刻毒的意识；道德劝化则有利于培养受教育者温和敦厚的性情。第二，刑罚是属于事后惩处，是“亡羊补牢”的无奈之举；道德劝化则是属于事前预示，属于“未雨绸缪”的积极举措。第三，刑罚施加于被教育者之“身”，对错误的认识也许只是“知其然”；道德劝化施加于被教育者之“心”，对错误的认识既“知其然”更“知其所以然”，为今后改恶迁善夯实了思想基础。正因为做法不同而效果迥异，为人家长要以教导为上策，指出错误，让人知错则改，不可动辄打骂。

被称为“南宋中兴贤相”的赵鼎在晚年作家训《家训笔录》，人到暮年，恐死之将至，因此该家训并不像《颜氏家训》《袁氏世范》那样洋洋洒洒，而是将齐家教子诸多问题浓缩成三十项训辞，以遗训子孙。其中第四项就谈到了“瘅恶”原则：

> 子孙所为不肖，败坏家风，仰主家者集诸位子弟堂前训饬，俾其改过。甚者影堂前庭训，再犯再庭训。（宋·赵鼎《家训笔录》[①]）

影堂，即宗庙。子孙有败坏家风之类的不肖行为，由该家庭的家长召集所有的子弟，在堂前当众教训戒勉，以敦促其改过从善。情节较重的，则要召唤全族子孙齐集宗庙，在宗庙的大厅中当众训诫，再犯再训。

休宁富溪程氏家族的“瘅恶”制度，本着治病救人的原则，对本族

①赵鼎. 山右丛书 忠正德文集［M］. 李蹊，点校. 上海：上海古籍出版社，2018：169.

操行不检点的子弟，根据先劝诫、后勉罚、再责斥的程序渐次展开。

> 子弟操行不检及违训者，初则谕之以礼，戒之以法；再犯，告于众而共勉之；勉之不可，则罚之；恃顽不服，则责之，仍斥绝之，不容宴胙。能自新者，复之。其犯悖逆、奸恶、盗贼者，则责令父母经公理治，毋得纵其辱先。（休宁富溪《程氏宗谱·彰瘅规》① ）

初犯者，由其家长对他进行针对性的道德教育，并指出他违犯了哪条家规，希望能够自觉地改过；如果再犯，就要会聚家众，当众诫勉；经诫勉仍然不改者，就要进行处罚；对于少数屡教不改之徒，则要按家规责打，并不允许在宗庙设宴款客（家有红白喜事，会宾朋和族众在祠堂举办宴席，是家族成员应该享受的待遇），待其改过自新之后才能恢复资格。至于有悖逆、奸恶、盗贼的恶行，其父母不能私自处理，必须根据族规由族长进行处罚，不能容许他辱及先人。

明告其过的处罚，是传统家训“瘅恶”措施最常用的一种方式，这虽然是以口头训诫的形式进行的，并未伤及不善者的身体发肤，但往往都是在全体家（族）人面前当众训诫，在非常讲究个人和家庭声誉的古代，也是比较严厉的处罚，不仅对当事人有惩戒作用，对其他家（族）众亦有震慑和警醒作用。

---

①卞利．明清徽州族规家法选编［M］．合肥：黄山书社，2014：181．

二、小过鞭扑，惩创自新

据《后汉书·刘宽传》记载，东汉时期宗室名臣、汉高祖刘邦的十五世孙刘宽，为官清正，温仁多恕。他任南阳太守时，善于从心理上治理辖地，对于部下或百姓犯错，他只是用蒲草编的鞭子抽打几下而已。受罚者虽然感受不到痛苦，但是当着众人接受责打，毕竟很没面子。故此感到耻辱而思悔改，从而达到教育的目的。

“蒲鞭示辱”，不在于“鞭打”，而在于“示辱”。因此，古代家庭常用“鞭扑”“惩创”，其目的是敦促不善者改过自新。

安徽歙县东门许氏家族将“小过鞭扑”作为一条重要的家规刊于族谱之内，并详细说明以“小过鞭扑”作为家规的指导思想、作用与使用规则。

> 古人扑作教刑，又云“蒲鞭示辱”。盖以过之小而鞭扑行焉，辱之也，教之也，非有伤残于肌肤，使之惩创以自新也。父兄之于子弟，隐忍含容，以至渐流于恶，是贼之也。凡因小过、情有可宥者，而欲尽抵于法，亦非所以爱之也。莫若执之于祠，祖宗临之，族长正、副斥其过而正之，箠楚以加之，庶其能改而不为官府之累，其明刑弼教之行于家者乎？（歙县东门《许氏宗谱·家规》[①]）

首先说明“鞭扑”这种形式自古有之，是用来提高教育效果的辅助措施，它的意义在于让受鞭扑者感到耻辱而非伤残身体，令他知耻而后

①卞利. 明清徽州族规家法选编［M］. 合肥：黄山书社，2014：150.

改过自新。如果父兄对于子弟的小过置之不理，就会渐渐流于大恶，这是害他们。或者子弟有小过，按情理可以宽恕，却想着要按照国法来处置，这也不是爱他们所应该做的事。倒不如将他带到祠堂，当着祖宗的面，由族中主事的人对他进行训诫，用鞭子抽打几下，希望他能迅速彻底地改正自己的错误，免得增加官府的工作负担。这种明刑弼教的方式怎么不在家（族）里实行呢？

绩溪梁安高氏家族的《家法》里，也有“杖责罚跪”的规定：

> 杖责罚跪：凡小子无知，得罪尊长，或与女子戏谑，及窃人物件者，其父兄随时在家自加杖责，仍令长跪服罪。
>
> 以上各家家法，不必入祠。
>
> 成人以上，得罪于父母尊长；窃取族内物件；在族外有奸淫事迹；与族内妇女笑谑；聚赌。以上由分长或族长引入支祠或宗祠祖前，杖以竹板。杖之轻重多寡，视其罪之大小、身之强弱。既责，仍诚心化导，务期悔悟。（绩溪梁安《高氏宗谱·卷十一·家法》[①]）

这里，对杖责的等级及数量作了不同的规定，无知小儿“得罪尊长，或与女子戏谑，及窃人物件”等，属于小过，由父兄在自己家里杖责与罚跪，令其认错服罪；成人以上得罪尊长、窃取族内物件、在族外有奸淫事迹、与族内妇女笑谑、聚赌等，是为大恶，须由族长或分支的族长带到宗祠或分祠，用竹杖责打。责打的轻重、数量，按照罪恶的大小、身体的强弱灵活掌握。责罚之后，要对其耐心教育训导，使其认识

---

①卞利．明清徽州族规家法选编［M］．合肥：黄山书社，2014：230．

到自己的过错，由悔恨而醒悟，在以后能够痛改前非。

黟县环山余氏宗族，同样立有鞭扑的家规，但有趣的是，受鞭扑的人可以罚钱或罚工的形式抵偿。其《家规提纲》第二条规定：

> 凡所谓罚者，扑之，从一至三十。愿罚一钱，抵扑一十；妇人罚布一丈，抵扑一十。妇人有应扑者，从其夫并姑或伯叔祖母扑之，其轻重俱要丽事。凡言加等，以五递加；言倍罚者，照数倍罚。（黟县环山《余氏宗谱·卷一·家规》[①]）

罚一钱抵鞭扑一十，顶格处罚也仅以三钱全部抵偿，这种刑罚不算很重；但对妇女而言，织布一丈抵鞭扑一十，以古代织机的工作效率，其抵罚的条件苛刻得多。

小过鞭扑，重要意义是“知耻”教育，它虽然对受罚人的身体没有造成什么损伤，但是对他们的思想影响较大，有的可能是一辈子的记忆与教训，使他们幡然悔悟、改过自新。

例如《颜氏家训》中，记述了南朝梁的名将王僧辩母亲的教子事迹：

> 王大司马[②]母魏夫人，性甚严正。王在湓城时，为三千人将，年逾四十，少不如意，犹捶挞之，故能成其勋业。（北齐·颜之推《颜氏家训·教子第二》[③]）

①卞利. 明清徽州族规家法选编［M］. 合肥：黄山书社，2014：185.

②王僧辩曾被封为南朝梁的大司马。

③颜之推. 颜氏家训［M］. 檀作文，译注. 北京：中华书局，2017：8.

王大司马（总管军队的大官）的母亲魏夫人，性情向来甚为严正。王大司马在湓城（今江西九江）时，做过统帅三千人的将军，即便他官高权重，而且已年过四十，稍微不顺他母亲的意，就要挨一顿打。正是因为母亲管教严格，王僧辩才能够成就他的勋业。

北宋名相寇准，在他九岁那年父亲去世，仅由寡母抚养。寇准从小天资聪颖，才智出众，却又贪玩、叛逆，对自己的言行举止也很放纵，尤其喜欢飞鹰逐犬、用弹弓打鸟。寇准的母亲性情严正，见少年寇准如此表现，多次劝诫，有时教诲不力，还以家法侍候。这一天，老夫人又见小寇准准备出去和狐朋狗友们鬼混，不禁怒极，顺手捋下秤杆上的秤砣，向寇准扔去，不料砸中寇准的脚背，顿时鲜血直流。可能是这次教训太过深刻，寇准从此一改平日的荒唐行为，日夜发奋读书，终于学有所成，成为北宋初期著名的政治家和诗人。但这时，含辛茹苦的老母亲已经故去，而寇准每当见到自己脚上的疤痕，就想起母亲的严教，总是流泪不止。

三、屡挞不改，子放妇出

在古代，被驱逐出家族或者从族谱上除名，是一种最严厉的处罚，而且一旦受到此种处罚，后果甚为严重：一是家庭蒙羞。中国的传统文化，历来看重家庭声誉，古人推崇的“八德”，“孝”居于首位，而孝有大小，“扬名显亲，上也”，所以光宗耀祖、光大门楣，是孝中之大孝。不让祖宗蒙羞、不让家族丢脸，也是一个人对家庭（族）的承诺与义务。若被革族除名，家庭声誉便一落千丈，被人背后指指点点，家庭其他成员也将成为被鄙视的对象。二是个人失所。一旦被除名削籍，就意味着从此与这个家庭（族）断绝了关系，丧失了作为家庭（族）成员的所有物质利益与精神利益。例如生前不得再参加宗族礼仪、不能享受本族的物质利益，死后姓名不允许载于族谱、祠堂里不供奉牌位（不供奉牌位意味着没有人祭奠），等等。这就等于在阴阳两界被剥夺了一切物质和精神的权利。

故此，一个家庭（族）如果出现恶行累累、屡教不改的不肖子孙，往往都会祭出“削籍除名”这个撒手锏，以维护家庭（族）声誉，端正家庭门风。

司马光撰著的家训《温公家范》，几乎通篇都贯彻了“治家必以礼为先”的原则，然而在另一部专以居家仪节作为论述对象的《居家杂仪》中，他又明确了对子孙失德违规的处罚：

> 凡子妇未敬未孝，不可遽有憎疾，姑教之。若不可教，然后怒之。若不可怒，然后笞之[1]。屡笞而终不改，子放，妇出。然亦不明言其犯礼也。（宋·司马光《居家杂仪》[2]）

意思是，对于儿子、媳妇有不孝敬尊长的行为，不能骤起嫌隙之心，不妨对他们进行训勉教导；若不虚心接受教导，就要加以训斥；训斥而又不改，就要动用家法责打；多次责打仍然不改的，儿子削籍出族，媳妇休回娘家。但对外也不明言他们犯的什么过错——所谓家丑不可外扬，这是基于维护家族声誉的考量。

绩溪泉塘葛氏宗族的祠规，明确犯有“忤逆不孝”和“败伦渎礼”两大恶行的，前者先是“律以家法，惩予重责”“如怙恶不悛，或忤逆

①怒，斥责；笞，鞭笞。

②陈宏谋. 五种遗规［M］. 北京：线装书局，2015：161.

大甚，送官惩治，生死毋许入祠”。后者因“有玷声名”，径自“斥革，生死毋许入祠。若甘为盗贼，亦必革出，不许入祠，以示儆戒”。所谓不许入祠，并不仅仅说此人不能入祠这么简单，而是无论此人年纪多大、辈分多高，其族众无论大人小孩、尊贵卑贱，都不必以尊长对待。

绩溪梁安高氏宗族对于削籍出族的规定，既有人性化的一面，又有“法不容情”的特征。该族《家法》第二条规定了“逐出革胙”的基本原则与适用条款，对于“悖逆不孝者”“殴打有服尊长者”“盗卖宗谱及祖坟地基，砍卖祖坟切近荫木，致伤祖墓者”“在族内奸淫、乱伦明确者”，一律逐革。其中，“悖逆不孝”是大罪，但若“父母在，又不能逐出，姑从宽，由分长、族长捆入祠堂重责，悔悟即已。倘终父母之世，曾不悔悟，于其父母没后，即将此子逐出境外，革去祠胙，生前死后，永不归宗”。就算此人在别的方面有善行善举，或其子孙有善行，都不能赎回“悖逆不孝”的罪孽。如果此人的妻子没有不孝的恶行，“则生前同逐，而其妇死后，仍准入谱”。

这其中，父母在世，应逐不逐，体现了家法的人性化一面。父母作为“悖逆不孝”的受害者，尽管逆子受到了应有的惩罚，但也因此“失去了”儿子，对他们来说也是不小的打击，在他们健在的时候只是对其子“重责”，对父母也是一点安慰。

在民间家庭特别是比较大的氏族，多有类似这样的家法、家规，限于篇幅，不作过多的介绍。

四、捻恶贻累，鸣之于官

中华民族历来崇尚“谦和”“忍让”的品格，提倡“家和万事兴”的治家理念，“戒争讼”是治家的基本原则之一。如“居家戒争讼，讼则终凶”（明·朱用纯《治家格言》）、“戒刁讼，戒好讼，戒唆讼”（明·吕坤《宗约歌》）、“昧者不察，往往自县而州，自州而台部，词讼不已，必欲求胜，宁不自取终凶之祸哉”（元·郑至道《琴堂谕俗编·戒忿争》），等等，但对于家庭出现奸恶之徒而又怙恶不悛时，为了维护家庭声誉和家风，则需大义灭亲，送官究办。

家法治轻不治重，家法所以济国法之所不及，极重，至革出祠堂，永不归宗而止。若罪不止此，即当鸣官究办，不得僭用私刑。山乡恶俗，有重责伤人及活埋者，此乃犯国法，非行家法也。（绩溪仙石《周氏宗谱·家法》[1]）

古代私刑泛滥，许多大姓家族，仗着山高皇帝远，对本族有罪之人（也有挟私泄愤的）滥用如“浸猪笼”“贴加官”等私刑，其手段之残忍，令人发指。周氏族规明确指出“家法治轻不治重”，是对国法不及之处的补充，主张家众有罪超出家法适用的规定，即送到官府按国法处置。对那些重责伤人、活埋沉江等滥用私刑的行为，则视为“山乡恶俗”，以“恶”治恶本身就是犯罪。

歙县东门许氏家规，则表示对那些放任恶行不管的家庭难以理解，其《家规》有“送官惩治”一条，首先批驳了某些家庭蓄意“掩罪”的行为：

今之所谓“良民”，不劳官府而治者也。盖其以善自淑，以时输赋，与世相安于无事，而又奚恶之可惩哉？彼不为良民，而身犯

---

①卞利．明清徽州族规家法选编［M］．合肥：黄山书社，2014：236.

罪戾。(歙县东门《许氏宗谱·家规》[①])

意思是，有些人自我标榜为安分守己的善良百姓，家里的事情自己就能管理好，用不着官府操心。因为我能够以道德约束子弟，按时缴纳赋税，与世相安无事，哪里有什么罪恶可以惩治的呢？这些人不能算作安分守己的善良百姓，而是身犯罪过。随后对本族《家规》作出如下规范：

其不率教训，不守家规，自不应以上，情不可恕，法不可贷，是不免于经公也。芟夷良莠，以植嘉谷，齐心协力，竟（径）送官司，以正国法，是可容一毫私意于其间乎？是可徇一人之私轻贷而不举乎？(歙县东门《许氏宗谱·家规》[②])

意思是，凡不接受教育训诫，不遵守家规，就不应该像上面说的那样，于情不可原谅，于法律不能宽恕，不免要报官府经公处置。除去杂草才可以种植庄稼，因此（全族）要齐心协力，将其纠送官府，惩处他的恶行来端正和维护国法，怎么能够因为一己私念轻易饶恕而不举报呢？

当然，送官究办不是为了甩掉包袱、弃这些作恶子弟于不管不顾，而是因为他们屡教不改，“家法治轻不治重”，按照他们的罪孽，只能“经公”处置。

北宋初年名臣王旦，在其《文正遗训》中说：

---

①卞利. 明清徽州族规家法选编［M］. 合肥：黄山书社，2014：150.

②卞利. 明清徽州族规家法选编［M］. 合肥：黄山书社，2014：150.

叔伯尊长，当以教养子孙为务。若子孙不遵教训，强暴梗戾，轻则缚送祠堂笞责，重则鸣之于官。不可姑息涵容，以致稔恶贻累。（宋·王旦《文正遗训》[①]）

子孙犯罪，身为父母家长甚为痛心，送官惩治是万不得已，还是为了下猛药治顽症，敦促这些犯了大错的子弟浪子回头，方不至任其罪恶深重、招致祸害，陷入万劫不复之地。

①楼含松. 中国历代家训集成 1［M］. 杭州：浙江古籍出版社，2017：142.

参考文献

[1] 卞利. 明清徽州族规家法选编[M]. 合肥：黄山书社，2014.

[2] 葛志强，陈风，刘静仪. 中国家规[M]. 太原：山西教育出版社，2017.

[3] 崇文. 中国好家风：历代传世经典家训[M]. 北京：时事出版社，2018.

[4] 从余. 中国历代名门家训[M]. 上海：东方出版中心，1997.

[5] 费成康. 中国的家法族规[M]. 修订版. 上海：上海社会科学院出版社，2016.

[6] 高淳县地方志编纂委员会. 高淳县志（1986—2005）[M]. 北京：方志出版社，2010.

[7] 李楠. 传世家训家书宝典[M]. 北京：西苑出版社，2006.

[8] 梁启超. 新民说[M]. 北京：商务印书馆，2016.

[9] 梁启超. 中国人的启蒙[M]. 北京：中国工人出版社，2016.

[10] 林之满，于永玉. 中华典故[M]. 北京：中国戏剧出版社，2002.

[11] 刘维. 三字经，千字文[M]. 哈尔滨：黑龙江科学技术出版社，2015.

[12] 楼含松. 中国历代家训集成(1~12)[M]. 杭州：浙江古籍出版社，2017.

[13] 马誉国，马吉照. 父母课：我国传统家庭教育经典译注大全[M]. 合肥：安徽人民出版社，2013.

[14] 毛策. 孝义传家：浦江郑氏家族研究[M]. 杭州：浙江大学出版社，2009.

[15] 荣德生. 荣德生文集[M]. 上海：上海古籍出版社，2002.

[16] 汤丽桃. 指导你人生的名人名言[M]. 北京：蓝天出版社，2011.

[17] 万明钢. 文化视野中的人类行为——跨文化心理学导论[M]. 兰州：甘肃文化出版社，1996.

[18] 王贵元，汪龙麟. 朱子箴言录[M]. 北京：北京广播学院出版社，1992.

[19] 王俊. 中国传统民俗文化 中国古代家风[M]. 北京：中国商业出版社，2017.

[20] 王琪. 胎教百科[M]. 北京：中国妇女出版社，2014.

[21] 王爽. 中国家训[M]. 海口：海南出版社，2018.

[22] 王卫平，李学如. 苏州家训选编[M]. 苏州：苏州大学出版社，2016.

[23] 王午戌，张秀芬，陈圣安．中华名言大观[M]．北京：改革出版社，1997.
[24] 王艳峰．中华传统美德文言类纂[M]．哈尔滨：黑龙江人民出版社，2015.
[25] 王志艳．中华美德读本[M]．哈尔滨：黑龙江人民出版社，2006.
[26] 毋不敬．重拾家规[M]．北京：中国言实出版社，2016.
[27] 夏家善．历朝母训[M]．郑天一，元绍瑞，闫富英，注释．天津：天津古籍出版社，2017.
[28] 余欣然．中国历代家书精华[M]．北京：中国社会出版社，2005.
[29] 张崇琛．中华家教宝库[M]．长春：吉林人民出版社，2005.
[30] 张鸣，丁明．中华大家名门家训集成[M]．呼和浩特：内蒙古人民出版社，1999.
[31] 赵振．中国历代家训文献叙录[M]．济南：齐鲁书社，2014.
[32] 周秀才．中国历代家训大观[M]．大连：大连出版社，1997.
[33] (清)史洁珵，弘化社．德育古鉴[M]．苏州：古吴轩出版社，2015.

后　　记

以家训、家范、家规、家乘等文字形式为特征的中国传统家训文化，是中华民族优秀传统文化的重要组成部分。它既是古代家庭开展家庭教育必备的教材，也是古代家庭育德教子实践的理论升华和经验总结。传统家训文化作为封建社会的历史产物，不可避免地被打上封建时代的烙印，精华与糟粕共存于一体。但作为中国优秀传统文化的组成部分，弘扬与传承中华民族传统美德始终是它的主流，其鲜明的施教思想、良好的道德规范、灵活的训诲方法和完备的弼教措施，蕴涵着古代家庭教育者的经验和智慧，其中很多具有时代价值的观点和方法，对于新时代家风建设活动，具有非常宝贵的启发与借鉴作用。

中共中央总书记习近平指出，“我国今天的国家治理体系，是在我国历史传承、文化传统、经济社会发展的基础上长期发展、渐进改进、内生性演化的结果”（2014 年 2 月 17 日在省部级主要领导干部学习贯彻十八届三中全会精神全面深化改革专题研讨班开班式上的讲话），因为“只有坚持从历史走向未来，从延续民族文化血脉中开拓前进，我们才能做好今天的事业”（2014 年 9 月 24 日在纪念孔子诞辰 2565 周年国际学术研讨会暨国际儒学联合会第五届会员大会开幕会上的讲话）。着眼于此，我在内涵丰富的传统家训文化中，撷取古代家庭教育者关于家教思想与教育方法的认识与经验，并以自己浅显的理解进行归纳整理，独立成书，以期对传承与弘扬传统家训文化略尽绵薄之力，并对新时期开展的家风家教活动有微小裨益。本书所有章节，均借用传统家训中的名言警句作为标题和文章中的主要观点，以保持传统家训文化的思想特色和语言特色，“原汁原味”地向读者介绍古代家庭教育者在教育实践中的智慧与经验。家训箴言浅近明了，家教事例感人肺腑，笔者希望借此拙著，帮助读者具体又生动地感受传统家训在家风建设中的作用与魅力。

在撰写本书的过程中,得到了校院领导和有关专家的大力支持与指导,得到了有关城乡家训馆工作人员和相关家庭的热情接待与大力协助,参阅了国内出版的大量家训资料,特别是楼含松主编的《中国历代家训集成》和卞利编著的《明清徽州族规家法选编》。在此,谨向有关领导、专家、家训著作的作者和协助搜集资料的人员表示衷心的感谢!

何桂美
二〇二一年十月于武汉